滨海盐碱地
粮食作物丰产增效

◎ 赵海军　李宗新　林海涛　主编

中国农业科学技术出版社

图书在版编目（CIP）数据

滨海盐碱地粮食作物丰产增效 / 赵海军，李宗新，林海涛主编. —北京：中国农业科学技术出版社，2021. 4

ISBN 978-7-5116-5273-7

Ⅰ. ①滨… Ⅱ. ①赵… ②李… ③林… Ⅲ. ①滨海盐碱地–粮食作物–高产栽培 Ⅳ. ①S51

中国版本图书馆 CIP 数据核字（2021）第 064111 号

责任编辑 李 华 崔改泵
责任校对 贾海霞
责任印制 姜义伟 王思文

出 版 者 中国农业科学技术出版社
北京市中关村南大街12号 邮编：100081
电 话 （010）82109708（编辑室）（010）82109702（发行部）
（010）82109709（读者服务部）
传 真 （010）82106650
网 址 http: // www.castp.cn
经 销 者 各地新华书店
印 刷 者 北京中科印刷有限公司
开 本 787mm × 1 092mm 1/16
印 张 15.5
字 数 330千字
版 次 2021年4月第1版 2021年4月第1次印刷
定 价 98.00元

《滨海盐碱地粮食作物丰产增效》

编委会

前　言

粮食增产亟须寻找新的“增长极”。粮食增产是国家粮食安全的有力保障，但受耕地面积的制约，我国粮食生产早已进入单产决定总产的时代，且单产进入缓慢增长期。受自然禀赋和生产条件的影响，我国区域粮食单产水平差异较大，高产区粮食单产水平已经很高，增产难度加大；而包括黄河三角洲滨海盐碱地在内的中低产区单产水平仍较低，但增产潜力巨大，因此，将成为我国粮食总产新的“增长极”。

盐碱地是我国极为重要的后备土地资源，其改造治理和合理开发利用，是保障国家粮食安全不可或缺的重要途径。盐碱地是盐土、碱土和各种盐化、碱化土壤的统称。盐碱地在全球分布广泛，据联合国教科文组织和粮农组织不完全统计，全球有近百个国家有盐碱地分布，陆地总面积为1.49亿km^2，盐碱地面积约0.095亿km^2，约占陆地总面积的6.4%，且以每年约30万hm^2的速度在增长。我国是盐碱地大国，面积约为5.4亿亩，占全国可利用土地面积的4.88%，广泛分布在包括西北、东北、华北及滨海地区在内的17个省（区），在我国障碍性土壤中极具代表性。

因水盐运动的频繁发生，使滨海盐渍土的改造治理和合理开发利用在所有盐碱地中极具挑战性。我国有1.8万km海岸线，滨海盐碱地分布十分广泛，呈带状分布在天津、河北、山东和苏北沿海低平原地区，主要是因为受到海水影响、土壤蒸发、填海造田工程、砍伐森林、围湖产盐等因素的影响而形成，面积约3 100万亩，具有农业发展潜力的可占区域内耕地总面积10%以上，是我国中低产田开发利用的主要对象。仅黄河三角洲地区就有约400万亩中低产盐碱田有待开发利用，是区域内净增后备耕地资源的一个主要方向。过去几十年，我国在改良利用盐碱地技术方面投入了大量人力、物力和财力，积累了很多经验和做法。20世纪80年代，中国科学院牵头实施了盐碱地治理和中低产田改造工程，共改造治理约1 000万亩盐碱地为粮食高产田，然而对滨海盐碱地的成功开发却是近几年的事。2013年，中国科学院牵头启动实施了“渤海粮仓”科技示范工程，整治20万亩滨海盐碱土地，带动1 000多万亩中轻度盐碱地粮田增产增效，大幅度提升了黄河三角洲粮食综合生产能力，为保障国家粮食安全作出了重要贡献。但是，到目前为止尚未有适合滨海盐碱地粮食绿色种植模式和增产增效技术的归纳总结，一定程度上阻碍了滨海盐碱地粮食单产和总产的稳步提高。为此，山东省农业科学院邀请国内有关专家，在充分吸收和借鉴国内外相关研究进展的基础上，结合其所在团队的研究成果和知识积累共同编著本书。

本书力求学术性和实用性有机结合，是山东省农业科学院近20年来滨海盐碱地粮食作物种植研究成果的集中反映，也是新时期国内外盐碱地粮食种植理论和技术的系统总结，目的是给广大读者介绍清楚滨海盐碱地的成因、分布、特性以及改良方法和滨海盐碱地粮食作物生长发育特点及其高产高效栽培技术，以期为滨海盐碱地粮食作物绿色高产高效生产提供较为通俗的技术指导。全书共有十章，第一章概述了滨海盐碱地的成因、分布、特性以及改良方法；第二章重点阐述了滨海盐碱地水肥调控；第三章介绍滨海盐碱地多水源高效利用；第四章至第九章详细阐述了滨海盐碱地粮食作物（小麦、玉米、水稻、高粱、谷子、甘薯）的生长发育特点与栽培技术；第十章介绍了滨海盐碱地复合型作物种植模式及其技术要点。各章后面附参考文献，供读者进一步查阅和参考。但是，需要提醒注意的是，本书涉及的盐碱地粮食作物种植及生产技术多是以黄河三角洲滨海盐碱地为例介绍的，鉴于我国各地盐碱地的类型、特性及生态气候特点有很大差异，读者一定要因地制宜地选择好作物种类和种植模式，配套以适宜的栽培技术实现盐碱地绿色高效开发利用。希望本书能为从事盐碱地改良和利用的广大科研人员、农技推广人员、农民和新型经营主体负责人等提供参考。

本书在编写过程中得到山东省现代农业产业技术体系玉米创新团队栽培与土壤肥料岗位专家项目（SDAIT-02-07）、山东省重点研发计划项目（2017CXGC0307、2017CXGC0304、2019GNC21500、2019JZZY010723）、“环渤海山东增粮技术集成与示范（2013BAD05B06）”等项目的支持，在此深表感谢。

由于编者水平有限，本书未能把滨海盐碱地粮食作物种植技术各方面知识阐述详尽，且涉及大量土壤学、植物营养学、作物栽培学、水利工程学等领域的内容，书中难免有不妥及疏漏之处，敬请读者批评指正。

编　者
2021年3月

目　录

1 滨海盐碱地的分布与改良

盐碱地又称盐渍土，是一种在全球广泛分布的土壤类型，是一系列受盐碱作用的盐土、碱土及各种盐化、碱化土壤的总称。除南极洲尚未调查外，其余六大洲均有盐渍土分布。盐渍土在我国分布广泛，从热带到寒温带、滨海到内陆、湿润地区到极端干旱的荒漠地区，均有大面积盐渍土分布（王遵亲等，1993）。我国盐渍土总面积约为3 600 × 10^4hm^2，占全国可利用土地面积的4.88%，其中耕地中盐渍化面积达到920.9 × 10^4hm^2，占全国耕地面积的6.62%（石玉林，1991；全国土壤普查办公室，1998）。西北、华北、东北及沿海地区是我国盐渍土的主要集中分布区域。

盐渍土理化性质不良，对生长于此的作物产生不同程度的抑制作用，甚至导致作物死亡，严重影响作物产量。盐渍土面积及质量受人为因素影响强烈，任何不当的农业管理措施，都将会造成土壤退化，加重或导致土壤的盐渍化。相反，若能合理改良、利用盐渍土，则有利于提升土壤质量，缩小盐渍土面积。我国人均耕地本来就少，且随着城市化进程的加快，农用地变为建设用地，造成耕地面积锐减，日益威胁国家粮食安全。盐渍土是我国最主要的中低产土壤类型之一，也是我国重要的后备土地资源。因此，防止耕地盐渍化及合理改良利用盐渍土则是破解当前耕地不足难题、保障我国粮食安全的一条重要途径。滨海盐渍土是盐渍土中的一个重要类型，受形成时间短、肥力低、盐分大、水位高、水盐运动频繁等因素的影响，改良效果易反复，故滨海盐渍土一直是盐渍土改良的重点和热点。虽然前人对我国盐渍土的面积、分布、成因和改良利用均有报道，但对滨海盐渍土却没有系统的总结，多以零星的报道为主。本书全面系统地总结了我国滨海盐渍土的分布、生态特点以及改良技术，结合自身工作提出了改良滨海盐碱地的措施，以期在我国滨海盐渍土改良与利用方面为科研工作者提供基础资料，为基层农技人员提供技术指导。

1.1 滨海盐碱地的分布

1.1.1 中国盐碱地的类型

根据全国土壤分类原则和盐渍土发生特点，中国的盐渍土分为盐土和碱土两类，其中，盐土又可分为滨海盐土、草甸盐土、潮盐土、典型盐土、沼泽盐土、洪积盐土、残余盐土和碱化盐土8个亚类；碱土可分为草甸碱土、草原碱土和龟裂碱土和镁质碱土4个亚类。我国各省份主要盐渍土类型见表1-1。

表1-1　全国各省盐渍土主要类型

区域	省（区、市）	主要盐渍土类型
长江以北	黑龙江	盐土：草甸盐土、沼泽盐土；碱土：草甸碱土
	吉林	盐土：草甸盐土、沼泽盐土、碱化盐土；碱土：草甸碱土
	辽宁	盐土：草甸盐土、滨海盐土、潮盐土、沼泽盐土、碱化盐土
	内蒙古	盐土：草甸盐土、碱化盐土、潮盐土、沼泽盐土、典型盐土；碱土：草甸碱土、草原碱土、漠境龟裂碱土
	宁夏	盐土：草甸盐土、潮盐土、沼泽盐土、残余盐土；碱土：漠境龟裂碱土
	甘肃	盐土：草甸盐土、碱化盐土、潮盐土、沼泽盐土、典型盐土；碱土：镁质碱土
	新疆	盐土：草甸盐土、沼泽盐土、典型盐土、残余盐土、潮盐土、洪积盐土；碱土：漠境龟裂碱土、镁质碱土
	陕西	盐土：草甸盐土、潮盐土、沼泽盐土、残余盐土
	河南	盐土：潮盐土、草甸盐土；碱土：草甸碱土
	山东	盐土：滨海盐土、沼泽盐土、潮盐土
	山西	盐土：碱化盐土、潮盐土；碱土：镁质碱土、草甸碱土
	河北	盐土：草甸盐土、沼泽盐土、典型盐土、残余盐土、潮盐土、洪积盐土
	天津	盐土：滨海盐土、潮盐土
长江贯穿	青海	盐土：沼泽盐土、典型盐土、洪积盐土、残余盐土
	江苏	盐土：滨海盐土；碱土：草甸碱土
	上海	盐土：滨海盐土
	西藏	盐土：草甸盐土；碱土：漠境龟裂碱土
长江以南	浙江	盐土：滨海盐土
	广西	盐土：滨海盐土
	广东	盐土：滨海盐土、酸性硫酸盐盐土
	福建	盐土：滨海盐土

（续表）

区域	省（区、市）	主要盐渍土类型
长江以南	海南	盐土：滨海盐土、潮盐土
	台湾	盐土：滨海盐土

滨海盐碱地所属土壤类型主要是滨海盐土。滨海盐土是滨海地区盐渍土母质经过海水浸渍和溯河倒灌为主要盐分补给方式的积盐过程发育的土壤。在《全国第二次土壤普查工作土壤分类暂行方案》中，滨海盐土列为盐土土类的一个亚类，本书依据《中国土壤》土壤分类系统，将滨海盐土列作为土类划归盐土亚纲、盐碱土土纲。滨海盐土又可细分为滨海盐土、滨海沼泽盐土、滨海潮盐土3个亚类。滨海地区土壤表层（0～20cm）含盐量超过0.8%即划为滨海盐土，含盐量≤0.8%的土壤为盐化潮土（阎鹏等，1994）。由此可见，滨海盐碱地并不是一个完整的土壤类型概念，更多地体现为地域概念，泛指受过海水浸渍和溯河倒灌积盐过程影响的土地，其土壤类型涵盖滨海盐土、滨海潮盐土、滨海沼泽盐土。

1.1.2 中国盐碱地的分区

盐渍土的形成及分布与成土母质、气候、地形、水文条件、人类活动等均有密切关系。中国幅员辽阔，气候多样，盐渍土在全国各个地区几乎均有分布，但大面积的盐渍土主要分布于干旱、半干旱地区和沿海地带及地势较低，径流较滞缓或较易汇集的河流冲积平原、盆地、湖泊沼泽地区（张学杰等，2001）。根据土壤化学性质，可将我国的盐渍土分为8个盐渍区：滨海湿润—半湿润海水浸渍盐渍区；东北半湿润—半干旱草原—草甸盐渍区；黄淮海半湿润—半干旱耕作—草甸盐渍区；内蒙古高原干旱—半漠境草原盐渍区；黄河中上游半干旱—半漠境盐渍区；甘、蒙、新干旱—漠境盐渍区；青、新极端干旱—漠境盐渍区；西藏高寒漠境盐渍区（刘文政等，1978）。

1.1.3 滨海盐碱地的分布

各类型盐渍土均有分布，但滨海盐土分布较为广泛，第二次全国土壤普查数据显示，我国草甸盐土面积约为1 044 × 10^4hm^2，滨海盐土面积约为211.4 × 10^4hm^2（王卓然，2017）。滨海盐土沿着我国1.8 × 10^4km的海岸线呈宽窄不等的平行状分布，在沿海各省（自治区、直辖市）几乎均有分布，但其特征、面积随海岸线长短、海岸类型的不同，存在很大差异。长江以北的沿海地区多为平原海岸，滩涂面积较大，因此盐渍土多呈片状大面积分布，而长江以南地区多为基岩海岸，盐渍土多呈斑状或窄条状分布。我国大部分的次生盐土属于潮盐土，主要是受地下水、地表水以及人为活动等不良作用引起的，一般分布于主要灌区内，尤其是黄淮海冲积平原分布最为广泛。长江以北的沿海平原地区是我国最大的滨海盐渍土分布区，这一区域的面积高达1 500万亩（1亩≈667m^2，1hm^2=15亩，全书同）。

我国沿海各省均存有大面积盐渍土，其中又以江苏面积最大，占其总面积的8.48%。该地带盐渍土形成多因江河泥沙入海后，海潮顶托淤积成陆，海水中盐分积累于土中，加之近年来滨海地区人为大量抽取地下水，导致海水倒灌，大面积次生盐渍土也由此而生。山东、河北等省份土壤亦呈现大量盐渍化，这些省份地处黄河、淮河、海河冲积平原，土壤中沙壤土及壤土盐分含量较高。原因是土壤质地轻，毛管空隙大，水分上升较快，同时黄淮海平原地下水位较高，使得盐分上升于地表的时间短，加速了土壤的盐渍化。该地区春季干旱多风，冬季寒冷干燥，造成土壤表层积盐，降水主要集中于夏中秋初，且多以暴雨的形式集中出现，致使积盐、脱盐在一年内反复进行。该区中盐渍化程度以山东最为严重，其盐渍土面积占总面积的6.75%，占耕地面积的14.1%，而山东又是我国重要的耕作区，近年来由于重灌轻排的灌溉方式，加重了其盐渍化程度。

1.2 滨海盐碱地的生态特点

1.2.1 滨海盐碱地区气候特点

滨海海浸盐渍区北起辽东半岛，南至我国台湾西海岸、雷州半岛、海南岛及南海诸岛的滨海一带，根据地理位置和气候特点，可分为北部、中部和南部。北部，无霜期165～225d，≥10℃持续期150～210d，积温3 200～4 500℃，1月平均温度-14～0℃，7月平均温度24～29℃，年降水量400～800mm，干燥度1.0～1.5，沿海常有台风袭击。中部，无霜期240～365d，≥10℃持续期200～300d，积温4 500～8 000℃，1月平均温度0～15℃，7月平均温度26～30℃，年降水量800～2 000mm，干燥度0.5～1.0，沿海常有台风袭击。南部，无霜期全年，≥10℃持续期300d以上，积温8 000～9 500℃，1月平均温度15～22℃，7月平均温度30℃左右，年降水量1 000～2 000mm，干燥度0.75～1.0，沿海常有台风袭击。

黄河三角洲是滨海盐渍土分布最集中的地区，境内有盐土面积43.0×10^4hm^2，约占全国滨海盐土面积的1/5。黄河三角洲地处中纬度，属于暖温带半湿润大陆性季风气候区。基本气候特征为冬寒夏热，四季分明。春季干旱多风，早春冷暖无常，常有倒春寒出现，晚春回暖迅速，常发生春旱；夏季，炎热多雨，温高湿大，有时受台风侵袭；秋季，气温下降，雨水骤减，天高气爽；冬季，天气干冷，寒风频吹，雨雪稀少，主要风向为北风和西北风。黄河三角洲四季温差明显，年平均气温11.7～12.6℃，极端最高气温41.9℃，极端最低气温-23.3℃，年平均日照时数为2 590～2 830h，无霜期211d，年均降水量530～630mm，70%分布在夏季，平均蒸散量为750～2 400mm。

1.2.2　滨海盐碱地区的地形与地貌

滨海盐碱地多分布在黄河、海河、淮河、长江等诸河的尾闾，多属海拔高程10m以下的滨海平原和滩涂。在渤海沿岸，地面比降为1/10 000～1/7 000，局部甚至为倒比降。滨海平原微地貌大致可分为滨海微斜平地、浅平洼地、决口扇形地、古河床高地。由于海拔和地面比降较低，地下水径流排泄不畅，特别是滨海盐渍土北部地区，地下径流几近停滞，周期性的潮汐，使海水浸渍倒灌，范围可达10～20km，因此该地的土壤和地下水中盐分都很高。

黄河三角洲是典型扇形三角洲，属河流冲积物覆盖海相层的二元相结构，地势低平，海拔高度1～13m，西南高，东北低，自然比降1/12 000～1/8 000。由于黄河三角洲新堆积体的形成以及老堆积体不断被反复淤淀，造成三角洲平原大平、小不平，微地貌形态复杂，主要的地貌类型有河滩地（河道）、河滩高地与河流故道、决口扇与淤泛地、平地、河间洼地与背河洼地、滨海低地与湿洼地以及蚀余冲积岛和贝壳堤（岛）等。由黄河多次改道和决口泛滥而形成的岗、坡、洼相间的微地貌形态，分布着沙、黏土不同的土体结构和盐化程度不一的各类盐渍土。这些微地貌控制着地表物质和能量的分配、地表径流和地下水的活动，形成了以洼地为中心的水、盐汇积区，是造成“岗旱、洼涝、二坡碱”的主要原因（图1-1）。

图1-1　滨海盐碱地微地貌盐分累积差异

1.2.3 滨海盐碱地植被特点

滨海地区植被群落的种类与分布与土壤盐渍状况密切相关，积盐最严重的滨海盐土为光板地。植被群落按耐盐能力由强到弱的顺序是：稀疏黄须菜群落、盐蒿群落、獐毛群落、茅草群落。所以在海边滩涂上分布最多的是黄须菜群落，其中鹿角黄须菜可以生长在含盐量为6%的土壤中。从海边滩涂向内陆依次分布着以盐蒿和碱蓬为主的盐蒿群落，以马绊草、碱蔓菁、柽柳为主的獐毛群落，茅草群落。茅草群落的土壤盐渍程度较轻，在合理规划后，土壤可以垦殖。盐生植被减少了地面蒸发，积盐程度降低，并且可以减缓地表径流，促使水分下渗淋洗盐分。另外，盐生植被可以增加土壤的生物积累，提高土壤肥力。不同的盐生植被群落之间存在演替现象，随着环境条件的改变，土壤的积盐程度发生变化，其群落也开始演替。

1.2.4 水文地质特点

滨海地区处于陆地和海洋的过渡地带，地下水运动趋向平缓，在一定条件下处于水平停滞状态。滨海盐土的地下水具有以下特点：一是滨海盐碱地地下水埋深一般在1～2m，很少超过3m，水平运动微弱，蒸发与垂直补给强烈；二是潜水矿化度高，一般在3～50g/L，甚至高达100～200g/L；三是水化学类型均为氯化物钠型和氯化物钠镁型，与海水化学类型相一致，氯离子占阴离子总量的80%～90%，钠离子占阳离子总量的70%～80%；四是随着潜水矿化度的增减，各阴离子的含量也相应变化，尤其以Cl^-和HCO_3^-变化较为显著，阳离子相对比例较稳定，（K^++Na^+）：Mg^{2+}：Ca^{2+}的百分含量的比值大致为7：2：1，矿化度增大时，氯化镁含量也增加，矿化度减小时，Na^+相对含量并不减少，但HCO_3^-百分含量相对增大，因而，可能出现含$NaHCO_3$的碱性水。

地下水的形成大致有埋藏海水、现代海水蒸发浓缩和降水渗入淡化3种途径，前两者均为高矿化水。滨海地区的地下水矿化度和水化学类型受海水的影响和沉积土层的控制。以黄河三角洲的滨海盐碱地为例，黄河三角洲位于渤海沿岸，属缓慢沉降区，黄河沉积物沉积塑造了广阔的滨海平原和滩涂，为赋存海水创造了条件。渤海沿岸地势平坦，日高潮线在海拔2m左右，日潮带宽一般3～6km，月高潮线海拔3m左右，年高潮线为4m左右。当潮水在宽广的潮间带往复涨落时，海水中的盐分随之浸渗到潮间带的堆积层中；当退潮时，潮间带裸露，堆积层中的地下水通过地面蒸发而浓缩。经过长期的地下水强烈蒸发浓缩、土层积盐、淋盐和海水盐分不断补给等复杂过程，逐步形成高矿化度地下水。其矿化度和水化学特征见表1-2。

表1-2 山东省滨海地区高矿化地下水、海水的水化学特征

地点	矿化度	各离子含量（me/L）						
	（g/L）	CO_3^{2-}	HCO_3^-	Cl^-	SO_4^{2-}	Ca^{2+}	Mg^{2+}	Na^++K^+
无棣县沙头村	60.1	0.0	3.3	974.4	65.5	22.6	162.5	858.2
寿光市大家洼	164.0	0.0	5.6	2 684.0	199.5	60.7	695.2	2 133.1
寿光市大家洼北海滩	162.9	0.0	7.0	2 686.0	99.0	44.8	550.8	2 196.5
老弥河入海口	38.9	0.0	6.0	564.0	78.8	60.2	95.1	493.4
莱州市土山乡防潮坝北	137.6	0.0	6.6	2 197.3	200.7	57.0	515.5	1 832.2
寿光市羊口镇	122.3	0.0	5.6	1 955.9	182.5	68.8	482.7	1 592.5

1.2.5 海水浸渍下的滨海盐碱地盐分累积特点

1.2.5.1 积盐过程

盐渍土的形成过程主要有现代积盐过程、残余积盐过程和碱化过程，滨海盐碱地的形成主要与现代积盐过程有关。现代积盐过程是形成各种现代盐渍土的最主要的一种成土过程。盐渍土多半分布在地形低洼、地面和地下径流汇聚、出流不畅、地下水位过高及盐分积聚的地方。地面水和地下水以及母质中含有的可溶盐类，由于干旱及半干旱气候的影响，在强烈的地表蒸发作用下，通过土体毛管水的垂直和水平运行向地表累积，这是土壤现代积盐过程最典型的形式。土壤现代积盐过程又有以下几种情况。

（1）海水浸渍影响下的盐分累积过程。我国沿海各省（自治区、直辖市）漫长的滨海地带和岛屿四周，广泛分布着各种滨海盐渍土。滨海盐渍土的盐分主要来自海水，而且积盐过程先于成土过程是其独有的特点。滨海盐渍土不仅表层积盐重，而且整个剖面含盐也很高，地下水的矿化度大。土壤和地下水的盐分组成和海水一致。除少数酸性滨海硫酸盐盐渍土外，均以氯化物占绝对优势。

（2）地下水影响下的盐分累积过程。地下水影响下的盐分累积过程在各种现代盐渍土形成过程中，除洪积盐渍土外，不良的地下水状况是引起土壤积盐的根本原因。离海岸线较远的滨海盐碱地，其积盐强度首先取决于地下水埋藏深度与矿化度，同时也必然受气候干旱程度与土壤性质的影响，但地下水埋藏深度则是决定因素，而地下水埋深又受地形地貌影响。地下水作用下的积盐特点是土壤表层明显积盐，而心底土的盐分含量自上而下明显地逐渐递减。土壤上部强烈积盐层的盐分含量和厚度，随气候干旱程度的增加而增加，土壤盐分组成和地下水盐分组成基本一致。

（3）地下水和地面渍涝水影响下的盐分累积过程。除主要受地下水作用外，地面

渍涝水也明显地影响积盐过程。地面渍涝水不仅可恶化地下水状况，而且还可通过土壤毛管侧向运动直接影响土壤积盐。这种盐渍过程形成的盐渍土有明显的特点，即土壤盐分的表聚性特别强。盐分在整个土壤剖面中的分布呈“哑铃”状，两头高，中间低，地表有极薄的积盐层，盐分含量在1%～2%，甚至3%～5%，而心底土含盐一般小于0.1%或0.1%～0.2%，极少超过0.3%。在地下水和地表水含盐均较低的情况下，地表土壤积盐层富含氯化物，而显示与地下水和地表水盐分组成不一致性的特点。

1.2.5.2 土壤积盐特点

（1）土壤积盐的地域特点。土壤盐分累积受气候影响，当气候干燥时，随着水分的蒸发土壤下部的可溶性盐随水来到土壤表层，表现为土壤盐分的积累；当气候湿润多雨时，土壤表层的盐分随着雨水向土层深层移动表现土壤盐分的淋溶。中国地域广阔，不同地域气候迥异，土壤累积盐分存在差异。中国北部滨海盐碱地与中部滨海盐碱地盐分累积与淋溶交替进行，受降雨和干燥度影响，北部累积占优势，中部淋溶略大于累积，一般表层有盐结皮。南部滨海盐碱地土壤盐分以淋溶为主，累积微弱。盐分类型主要为氯化物和酸性硫酸盐，其中北部滨海盐碱地以氯化物占绝对优势。

（2）土壤积盐的基本特点。滨海盐土盐分积累特点，第一，土壤盐分含量因离海岸远近而异，距海岸越远，脱离潮汐影响的时间越长，土壤含盐量就越低，反之，土壤含盐量就越高（表1-3）；第二，剖面各土层含盐量都较高，剖面盐分分布图呈柱状，这与内陆盐土“T”形的剖面盐分分布图明显不同，但由于气候的影响，土壤盐分有一定程度的表面聚集性，形成盐皮，表土层盐分含量也略高（表1-4）；第三，土壤盐分组成与海水基本一致，Cl^-的含量占阴离子总量的70%～90%，其次是SO_4^{2-}离子，阳离子以Na^+为主，占阳离子总量的80%以上，其次是Mg^{2+}（表1-5、表1-6）；第四，土壤盐分在积累和淋失过程中，随着土壤含盐量的变化，盐分的离子组成也发生相应的变化（表1-6），这种变化受水化学规律的支配。随着土壤全盐量的降低，Cl^-相对含量降低，HCO_3^-相对含量升高，当土壤全盐量低于0.2%时，HCO_3^-的含量占优势，而SO_4^{2-}含量变化不显著，在全盐量为0.4%～1.0%，SO_4^{2-}呈现两个比较明显的转变点；第五，土壤盐分状况与地下水矿化度及化学类型有一定的相关性（表1-7），当地下水矿化度<10g/L时，土壤一般为中度或轻度盐化，地下水矿化度>10g/L时，土壤盐分的积累明显加强。土壤的盐化度对土壤盐分组成有影响，轻盐化的土壤盐分组成以HCO_3^-·Cl^--Na^+·Mg^{2+}为主，重盐化的则以Cl^--Na^+为主，这说明土壤盐分组成不完全受水化学条件和海水的影响，而是受可溶盐迁移和积累的地球化学规律所支配；第六，滨海盐渍土土壤含盐量变幅大，全盐含量高至1.6%，低至0.1%。

表1–3　距海岸线远近不同地点的滨海盐土盐分含量（%）

地点与土壤类型	0 ~ 20cm	0 ~ 100cm
渤海湾南岸滨海盐土	0.962 ~ 1.100	0.638 ~ 1.113
渤海湾南岸滨海潮盐土	2.773 ~ 3.142	1.163 ~ 1.728
莱州湾沿岸滨海盐土	1.101 ~ 2.055	0.525 ~ 2.056
莱州湾沿岸滨海潮盐土	3.913 ~ 4.422	3.212 ~ 3.928

表1–4　莱州湾南部滨海盐土不同土层深度范围的含盐量

剖面编号	地下水矿化度	0 ~ 100cm	100 ~ 200cm	200 ~ 300cm
	（g/L）	土体含盐量（%）	土体含盐量（%）	土体含盐量（%）
1	10.92	0.41	0.43	0.44
11	7.56	0.31	0.20	0.27
12	12.76	0.46	0.27	0.43
15	23.28	0.66	0.36	0.49
17	34.57	1.13	1.02	1.08
19	13.39	0.55	0.63	0.48
21	10.34	0.95	0.77	0.36
22	10.01	0.52	0.40	0.37
23	23.45	1.02	0.90	0.88
24	23.63	0.87	0.69	0.67
30	12.33	0.33	0.45	0.50
31	30.32	0.99	0.75	0.85

表1–5　莱州湾滨海盐土1m土体土壤含盐量与盐分离子组成

剖面编号	含盐量	HCO_3^-	Cl^-	SO_4^{2-}	Ca^{2+}	Mg^{2+}	Na^++K^+
	（%）	（me/100g土）					
28	0.59	0.62	8.67	0.17	0.30	1.08	8.07
116	0.84	0.27	19.36	0.84	3.91	1.63	15.93

（续表）

剖面编号	含盐量（%）	HCO_3^-	Cl^-	SO_4^{2-}	Ca^{2+}	Mg^{2+}	Na^++K^+
		（me/100g土）					
199	2.37	0.29	37.09	3.23	9.28	6.19	25.07
262	3.66	0.22	58.99	4.64	14.2	15.04	34.14
285	4.44	0.20	73.90	3.39	10.36	19.31	47.82
322	5.39	0.19	91.92	2.33	12.67	24.49	57.28
249	5.78	0.23	100.42	1.28	9.72	28.04	64.16
434	6.68	0.23	112.23	3.88	16.86	25.98	73.49

表1-6　滨海盐渍土与内陆盐渍土土壤含盐量与盐分离子组成比较

区别	土壤全盐含量（%）	占阴离子总量的（%）			占阳离子总量的（%）			Cl^-/SO_4^{2-}	Cl^-/HCO_3^-
		Cl^-	SO_4^{2-}	HCO_3^-	Ca^{2+}	Mg^{2+}	Na^+		
鲁西南区	0.6～1.0	55.1	8.1	36.8	8.9	25.2	65.9	6.8	1.5
	0.3～0.6	69.8	11.6	18.6	17.5	34.5	48.0	6.0	3.8
	0.1～0.3	40.6	17.6	41.6	20.4	28.7	50.9	2.3	1.0
	<0.1	25.1	13.8	61.1	35.6	25.8	39.1	1.8	0.4
鲁西北区	0.6～1.0	67.3	28.4	4.8	15.5	22.2	62.8	2.4	15.7
	0.3～0.6	54.5	34.0	11.5	6.9	18.2	74.9	1.6	4.7
	0.1～0.3	32.1	34.9	33.0	10.9	20.2	68.9	0.9	1.0
	<0.1	30.4	19.2	50.4	22.6	30.7	46.7	1.6	0.6
鲁北滨海区	>1.0	94.7	4.4	0.9	7.8	11.6	80.6	21.5	105.2
	0.7～1.0	88.9	7.9	3.2	6.9	6.0	87.1	11.3	27.8
	0.4～0.7	85.2	8.8	6.0	7.6	5.7	86.7	9.7	14.2
	0.2～0.4	69.7	12.8	17.5	8.1	5.5	86.4	5.5	4.0
	0.1～0.2	43.3	12.3	44.4	10.1	3.0	86.9	3.5	1.0
	<0.1	23.6	13.3	63.1	25.5	9.0	65.5	1.8	0.4

表1-7　滨海盐渍土盐分状况与地下水化学类型（莱州湾滨海地区）

盐渍化程度	土壤含盐量（%）	地下水矿化度（g/L）	土壤盐分组成类型	地下水化学类型
非盐化（脱盐化）	0.1	9.3	HCO_3^- · Cl^-–Na^+ · Mg^{2+}	Cl^-–Na^+（为主） Cl^-–Na^+ · $Ca^{2+}$$Cl^-$–$Na^+$ · Mg^{2+}
轻盐渍化	0.1～0.2	10.5	HCO_3^- · Cl^-–Na^+ · Mg^{2+}（为主） HCO_3^- · SO_4^{2-}–Na^+ · Mg^{2+}（为次） Cl^- · HCO_3^-–Na^+	Cl^-–Na^+（为主） Cl^-–Na^+ · Mg^{2+}
中盐渍化	0.2～0.4	12.6	Cl^- · HCO_3^-–Na^+（为主） Cl^-–Na^+ · Mg^{2+}（为次）	Cl^-–Na^+（为主） Cl^-–Na^+ · $Mg^{2+}$$Cl^-$–$Na^+$ · Ca^{2+}
重盐渍化	0.4～0.6	22.8	Cl^-–Na^+（为主） Cl^- · HCO_3^-–Na^+（为次）	Cl^-–Na^+（为主） Cl^-–Na^+ · Mg^{2+}
盐土	1.0	23.7	Cl^-–Na^+（为主） Cl^-–Na^+ · Mg^{2+}（为次）	Cl^-–Na^+（为主） Cl^-–Na^+ · Mg^{2+}

1.2.5.3　影响土壤积盐的因素

（1）气候条件。气候是影响区域水盐运动的主要因素，其中又以降水和地面蒸发强度与土壤盐渍化的关系最为密切（王遵亲，1993）。由于降水季节性分布不均的特点，导致土壤中水盐的上行运动和下行运动，表土积盐过程与脱盐过程的季节性变化，使易溶盐在土壤—潜水中频繁转移交换，一年中呈现积盐—脱盐—积盐的过程。以黄河三角洲滨海盐碱地为例，春季降水较少，而蒸发强烈，潜水中的盐分随毛管水上升到表土，水去盐留，表土盐分增加，是一年中盐分积聚的高峰期。夏季则是一年中降水集中和土壤脱盐的季节，在雨季到来前经过春季的强烈蒸发，潜水位达到一年中的最低位，有利于土壤的脱盐，是土壤淋溶脱盐阶段。秋季气温下降，降水减少，但雨季刚过潜水位较高，也有利于表土盐分的积聚，形成年内第二个盐分积聚高峰。冬季虽然降水少，蒸发较大，但上层土壤处于冻结期，土层冰冻深度一般30cm以上，土壤中的水分主要以气态形式向上层转移凝结，盐分运动基本停止，表土盐分处于蒸发稳定阶段。蒸发量和降水量的比值（简称“蒸降比”）反映了一个地区的干湿程度，同时也反映该地区的土壤水分状况及土壤积盐情况。黄河三角洲滨海盐碱地土壤含盐量与蒸降比显著正相关，呈幂函数关系，表现为蒸降比越大，土壤含盐量越高；蒸降比越小，土壤含盐量越低。

（2）成土条件与母质性质。滨海盐土的成土母质受区域地质条件控制。以黄河三角洲为例，山东省渤海沿岸均为泥质海岸，黄河夹带的大量泥沙入海，当黄河沉积物还处于水下堆积阶段时，被海水浸渍而成为盐渍淤泥，也就是说滨海盐土在未经历成土过程之前其成土母质已经历地质积盐过程，当盐渍淤泥脱离海水成陆后，间或受到黄河尾间漫流沉积物的覆盖，在大气蒸发强烈而降水较少的条件下，一方面高矿化的地下水通过蒸发不断向土壤补充盐分；另一方面海水入侵或溯河倒灌都加剧了积盐过程。

土壤质地影响盐分积累，这是因为不同的土壤质地，有着不同的毛管性状，因而土壤质地决定了土壤毛管水上升高度和上升速度，以及水的入渗性能，从而直接影响潜水蒸发的速率和水盐动态特征。一般情况下，从沙壤土到黏土，土壤质地越黏重，土壤含盐量越低，土壤盐渍化程度越轻。黄河沉积物以粉沙、粉沙质壤土为主，其毛管作用强烈，也促进了盐分积累。鲁东和鲁东南沿海为岩石海岸，滨海盐土的母质为流程较短的季节性河流沉积物，质地较粗且不均一，毛管作用弱，其发育的滨海盐土一般含盐量也较低。

土体构型直接影响着作物的生长发育，土壤肥力状况及水盐的上下运行规律，是土壤的重要物理性质。沙体土壤含盐量最高，土壤盐渍化程度最重，夹黏趋轻，黏体最轻。由于黄河三角洲在成土过程中多次受黄河泛滥冲刷，沙、壤、黏相间，夹沙、夹黏位置有心、腰、底之分，层次厚薄不等，形成了较复杂的剖面层次。不同土体构型的沙、黏结构状况，决定着土壤毛管孔隙及非毛管孔隙等物理性状，直接影响着土壤中水盐的垂直运动。

（3）地形、地貌。滨海盐土主要分布在滨海微斜平地、浅平洼地边缘和滩涂。地形地貌条件不仅影响制约着土壤的水热状况，也控制着土壤水盐运动的方向、强度，进而决定着滨海盐土的发育和分布。图1-2反映了地形对土壤积盐的影响，各土层土壤含盐量按由低到高的顺序整体表现为河滩高地<缓岗<微斜平地<洼地<海滩地。此外，在小范围内，微地形的变化也会引起盐分的再分配，在微小起伏的地形上，当降雨或灌水时，低处积水多，淋溶作用强，高处受水少，而且蒸发作用强，水分由低处向高处不断补给，盐分在高处积聚；而在土壤透水性不良的情况下，含一定盐分的水从高处流往低洼处，由于水分蒸发盐分便在低洼处积累，使土壤盐渍化加重。但往往微地形环境条件复杂，土壤含盐量存在较大差异。

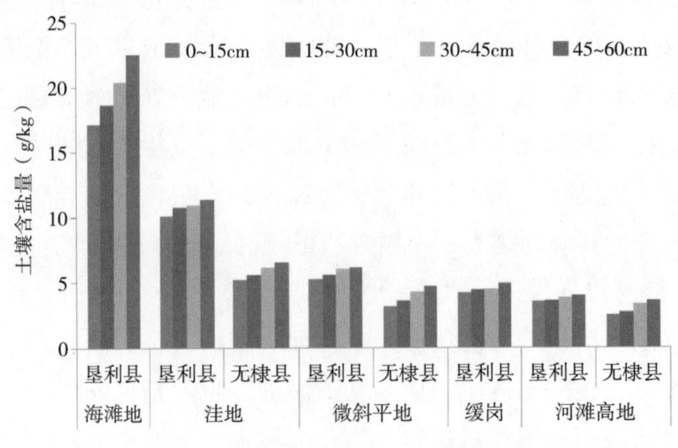

图1-2　地形对土壤盐分累积的影响

（4）地下水。地下水在盐渍化土壤的发育演变过程中起着重要的作用。因为盐土是在地下水位高、矿化度大、潜水中的盐分经蒸发浓缩，使土壤含盐量增高而形成的，因而，潜水埋深和地下水矿化度对土壤含盐量的垂直和水平运动规律，对土壤的形成演变和利用方向起着重要的作用（王遵亲，1993）。

高矿化的地下水通过蒸发不断向土壤补充盐分从而影响滨海盐碱地土壤积盐。土壤盐分状况与地下水矿化度有一定的相关性。以地处黄河三角洲的滨海盐碱地为例，其土壤含盐量与地下水矿化度显著正相关，且呈指数函数关系。表现出的规律为，地下水矿化度越高，土壤含盐量越高；地下水矿化度越低，土壤含盐量越低（图1-3）。

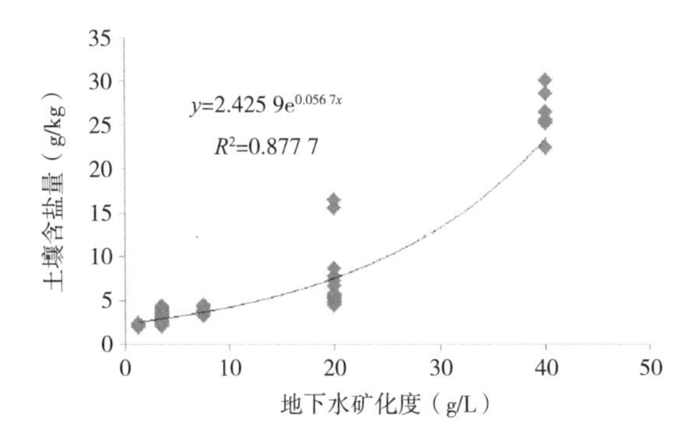

图1-3　地下水矿化度对土壤盐分累积的影响（以垦利县为例）

地下水埋深反映了地下水通过蒸发向土壤补充盐分能力的高低。在其他外界因素相同条件下，例如在成土母质、地形、地貌、气候条件、植被类型、地下水矿化度相同的条件下，地下水埋深越深，土壤含盐量越低，埋深越浅，土壤含盐量越高。以地处黄河三角洲滨海盐碱地为例，土壤含盐量与潜水埋深显著负相关，呈幂函数关系（图1-4）。

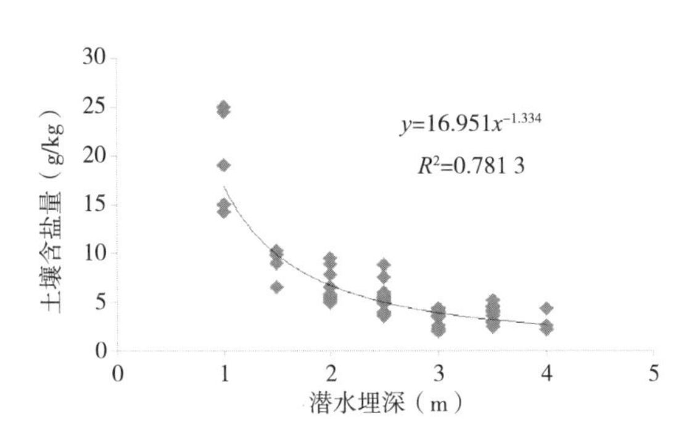

图1-4　地下水埋深对土壤盐分累积的影响（以垦利县为例）

（5）植被类型。植被的形成、发展和演替是与所在地区的土壤、环境条件密切相关，并互为影响的。土壤环境条件的改变必然引起植物群落的组成、结构的改变；同样，植物群落的演变也影响并反映土壤环境因素的变化，因此，根据植被的分布，一般可以判断土壤盐渍化程度的高低。以黄河三角洲滨海盐碱地为例，农用地土壤含盐量明显低于未利用地。土壤含盐量从大到小的植被类型为光板地>碱蓬>柽柳>马绊草>芦苇>白茅>高粱>棉花>水稻>冬小麦>玉米，自然植被的土壤含盐水平高于栽培作物。有植被覆盖的土壤含盐量明显低于裸露的光板地，说明植被能够减弱土壤的蒸发，有效减少地表积盐。植被一方面能够增加土壤覆盖度，减少土壤水分地表蒸发，有利于较少积盐；另一方面绿色植物可把土壤、水和大气中的营养元素选择性的吸收起来，在太阳能的作用下，制造有机物质，累积在土壤中，改变土壤的理化性状。因此，在同一类型不同植被条件下，其生物积累作用差异很大。覆盖度大的土壤生物积累作用就大，土壤有机质含量就高，土壤水分由作物蒸腾取代地表蒸发，因而盐分较少被带到地表，减轻了盐渍化的危害。有研究表明，土壤含盐量与植被覆盖度（是指植被冠层的垂直投影面积与土壤总面积之比）呈显著负相关，且呈对数函数关系，覆盖度越大，土壤含盐量越低，反之越高。

（6）人类活动。土壤是农业的基本生产资料，作为人类的劳动对象，人类活动势必使土壤发生一系列的变化，尤其是在黄河三角洲地区，土壤开垦利用时间比较晚，随着农田水利建设、施肥和耕作制度的改变，使当地土壤发生了很大的变化。人类不合理的生产活动会导致土壤盐分的积聚，如引用黄河水灌溉，由于灌排水利工程不配套，用水管水制度不健全，重灌轻排，修筑水库，大蓄大灌，使大量黄河水渗入地下，引起了部分地区的潜水位升高，造成了土壤的次生盐渍化。另外，大面积的毁林毁草开荒垦种，也促使了土壤的盐渍化。同时，由于耕作粗放造成土地不平、土壤有机质含量下降等都有可能导致强烈的积盐作用。与此相反，人们合理的生产活动有助于土壤脱盐和土壤不良性状的消除。例如，合理的灌溉可以达到蓄淡淋盐的效果，增施有机肥，可以有效地改善土壤结构，阻碍水盐上升，临界深度也较小，土壤盐化也会减轻。另外，精耕细作，平整土地，也可减缓地表蒸发，有利于减轻地表积盐。

（7）综合影响。各种因素对滨海盐碱地积盐的影响是交织在一起的，诸如地面高程、地形、地貌、潮位、离海边远近、植被、潜水（埋深、矿化度、水化学类型）、土壤类型等因素。在这些因素的综合影响下，滨海盐碱地形成了独特的盐分分布与组成格局（表1-8）。各种因素对滨海盐碱地积盐的影响程度是存在差异的，表现为地下水矿化度>植被覆盖度>潜水埋深>土体黏粒含量>离海远近>相对高程（王卓然，2017）。

表1-8　滨海地区地形地貌、成土条件与土壤积盐的关系

潮位	1890年前潮位	1890年潮位	1938年潮位	多年高潮位	年高潮位	月高潮位	日高潮位
地面高程（m）	7～10	5～7	3.5～5	2.8～3.5	2.0～2.8	1.5～2.0	0～1.5
地貌特征	滨海微斜平原		浅平洼地	滩涂			
潮带	潮上带			潮间带			

（续表）

潮位		1890年前潮位	1890年潮位	1938年潮位	多年高潮位	年高潮位	月高潮位	日高潮位
植被		多年生盐生植物与非盐生植物混生		多年生盐生植物	多年生盐生植物	一年生盐生植物		
潜水	春季埋深（m）	>2.5	1.5 ~ 2.5		1.0 ~ 1.5		0 ~ 1.0	
	矿化度（g/L）	3 ~ 10	10 ~ 30	30 ~ 100	100 ~ 200	50 ~ 100	35 ~ 50	30 ~ 35
	水化学类型		Cl^-−Na^+ · Mg^{2+} Cl^-−Na^+ · Ca^{2+}		Cl^-−Na^+（主），Cl^-−Na^+ · Mg^{2+}（次）			
土壤	含盐量（%）	0.2 ~ 0.6	0.6 ~ 1.5		1.5 ~ 4.0		1左右	
	盐渍类型	硫酸盐氯化物	氯化物为主		氯化钠占绝大多数			
	土壤类型	盐化潮土或盐土	滨海盐土		滨海潮滩盐土			

1.3 滨海盐碱地的改良

1.3.1 盐渍土改良发展历程

我国非常重视盐渍土的改良，从中华人民共和国成立就开始了盐渍土改良工作，至今共经历了3个阶段。一是勘测垦殖和水利土壤改良阶段；二是农水结合，防治次生盐渍化阶段；三是综合治理，巩固提高阶段。

第一阶段，从中华人民共和国成立初到20世纪50年代末。这一阶段主要是开展了盐渍土资源的大规模考察、勘测垦殖、改良和利用的实践，种植水稻改良盐碱地（巫一清等，1959）和建立明沟等排水设施在东北盐碱地改良上取得了明显效果（赖民基等，1959）。种稻改碱是见效快的措施，但在后来发现会造成盐碱“搬家”，旱地盐化，极易迅速返盐。在黄河三角洲地区，引用黄河水灌溉，由于灌排水利工程不配套，用水制度不健全，重灌轻排，修筑水库，大蓄大灌，使大量黄河水渗入地下，引起了部分地区的潜水位升高，造成了土壤的次生盐渍化。另外，大面积的毁林毁草开荒垦种，也促使了土壤的盐渍化。

第二阶段，从20世纪60年代初至70年代初。这一阶段我国基础设施建设和农业发展较快，由于在农业发展过程中存在灌溉工程不配套、排水系统不健全、土地不平整、灌水技术粗放等问题，导致一些地区的地下水位剧烈抬升，土壤次生盐渍化广为发展，严重影响了农业生产发展。在这一阶段，针对次生盐渍化的困扰和危害，土壤科学工作者加强了地下水临界深度及其控制、灌溉渠系的布置和防渗、明暗沟和竖井排水技术等方面的研究，减轻和消除次生盐渍化的危害。同时，研究建立了围埝平种、沟畦台田、引洪温淤、冲沟播种、深耠浅盖、绿肥有机肥培肥改土、选种耐盐品种和生物排水等农林技术措施。在解决了生产问题的同时，也很好地解决了盐渍土研究中的一些科学问题。到20世纪70年代初，黄淮海平原、冀鲁豫三省盐渍土面积由320万hm^2减少到140万hm^2（杨劲松等，2008）。

第三阶段，从20世纪70年代中期至今。这一阶段我国启动了多项与旱涝盐碱综合治理相关的国家科技攻关项目，如“黄淮海平原中低产地区的旱涝盐碱综合治理”。盐碱综合治理实践和相关科学研究工作对我国北方各种盐渍土和中低产地区产生了广泛影响，推动了我国盐渍土改良工作的开展。通过治理实践和科学研究，人们认识到，应该以现代科学理论和技术为指导，根据不同条件，建立相应的综合治理模式，推动盐碱治理工作的开展，因此，这一阶段盐碱地采取多目标综合的方式治理。在改善水盐状况的基础上，运用生物措施和农业措施，实行综合治理，农林牧综合发展。黄淮海不同类型区，建立起多个综合治理试验（站）（朱庭芸等，1992）。新疆膜下滴灌、宁夏引黄灌溉、内蒙古咸淡水轮灌等措施，均在盐渍土综合治理和发展上取得了丰硕成果（何雨江等，2010；Chen et al.，2010；杨建国等，2010；王诗景等，2010；杨树青等，2010；孔清华等，2010）。

进入21世纪以来，随着农业发展速度加快和土地资源开发利用强度的提高，一些地区原有的盐渍化问题加剧，同时还出现了一些新的盐渍化问题。在灌溉区扩展、节水灌溉技术大面积应用、设施农业技术的推广应用、绿洲开发、劣质水资源利用、沿海滩涂资源开发、后备土地资源的开发利用以及大型水利工程建设过程中，有关盐渍土资源的利用、管理和盐渍化的防控等方面的研究与技术研发工作受到了科技工作者的广泛重视，在不同利用条件下盐渍土资源的优化管理、盐碱障碍的修复与调控、水盐动态和土壤盐渍化时空规律评估、土地资源高强度利用条件下盐渍化的防控等研究方面取得了一系列研究成果，为我国盐渍土分布区和盐渍区的农业可持续发展、水土资源高效利用和生态环境改善作出了重要贡献。

1.3.2 盐碱地改良的主要措施

1.3.2.1 水利工程改良

（1）水利改良。经过长期的研究和实践，人们对水利措施防治土壤盐渍化的重要性已有清楚的认识。20世纪50年代末到60年代，在盐碱地治理上侧重水利工程措施，以排为主，重视灌溉冲洗，70年代开始强调多种治理措施相结合，逐步确立了“因地制宜，综合防治”和“水利工程措施必须与农业生物措施紧密结合”的原则和观点。60年代中期，成功推广了应用机井（群）进行排灌，这些措施在降低地下水位、将地下水位控制在临界深度以下等方面起到了显著的作用。70年代在我国北方部分地区采用“抽咸换淡”的方法。80年代末期，在山东省禹城市采用了“强排强灌”的方法改良重度盐碱地。即在强灌前预先施用磷石膏等含钙物质以便置换出更多的钠离子，然后耕翻、耙平，强灌后再加以农业措施维持系统稳定。进入21世纪，为了避免大水漫灌引起土壤返盐，微灌用于了盐碱地改良。有研究资料表明，定额喷灌有利于滨海盐碱地表层（0～20cm）土壤脱盐，而且灌溉量越大脱盐效果越明显（魏文杰等，2018），在滴灌条件下，采用施用钙肥—清水—钙肥三段式灌溉施肥方式有利于土壤脱盐（孙海燕等，2008）。

（2）工程改良。水利措施虽被认为是治理盐碱地行之有效的方法，但是在旱地农业中是不经济的。这是因为一方面要冲洗土体中的盐分，另一方面还要控制地下水位的上升不致引起土壤返盐，这就必须具备充足的水源和良好的排水条件，做到灌排相结合。由于建立水利措施投资非常昂贵，且用于维护的费用也很高。基于此，暗管排盐技术和上农下渔台田浅池综合治理模式在治理重度盐碱地方面方兴未艾。山东莱州试验区滨海滩涂重盐碱地的暗管排盐工程的脱盐率可达83.2%（张月珍等，2011）。黄河三角洲地区，利用荷兰暗管排碱技术，采用专业埋管机将PVC渗管埋入地下1.8～2.0m处，将地下盐水引至暗管，集中起来排到明沟中，使灌区当年地下水位下降0.5m，含盐量降低0.1%，能够满足多种作物生长发育要求（黄河三角洲启动盐碱地改良工程，2000）。山东禹城基塘系统工程措施，使浅层地下水地表化，解决了盐渍化问题，同时在洼地池塘养鱼改建治水，改变了洼地原有的自然状况（谷孝鸿等，2000）。东营河口区六合乡的盐碱地“上农下渔”改良模式，有效降低了土壤的总盐量、钠离子和氯离子含量，改善了台田的养分状况，提高了土壤肥力（刘树堂等，2005）。

1.3.2.2 农艺改良

（1）耕作施肥。许多研究认为，整地深翻，适时耕耙，增施有机肥，合理施用化肥，躲盐巧种等都是盐碱土改良利用的有效措施（石元春，1996；潘保原等，2006）。平整土地，是改良土壤的一项基础工作，地平能够减少地面径流，提高伏雨淋盐和灌水脱盐效果；同时能防止洼地受淹、高处返盐，也是消灭盐斑的有效措施。土壤碳，特别是畜禽粪和枯枝落叶等有机物料，来源广，数量大，可以通过坑沤和堆制等腐熟后施入土壤，也可通过机械粉碎直接还田，增加土壤有机质，提高肥力和缓冲性能，降低含盐量，调节pH值，减轻盐害（Bhatti et al.，2005）。土壤肥，早在20世纪70年代末，王守纯就提出在盐渍土区建立“淡化肥沃层”，即在不减少土体盐贮量的前提下，通过提高土壤肥力，对土壤盐分进行时、空、形的调控，在农作物主要根系活动层，建立一个良好的肥、水、盐生态环境，达到持续高产稳产的目的。陈恩凤（1984）、魏由庆（1995）也曾提出“以排水为基础，培肥为根本”的观点，强调通过种植绿肥、秸秆还田、施用厩肥等农业措施，来调控土壤水盐，进行综合治理（王春娜等，2004；牛东玲等，2002）。

（2）地表覆盖。地膜覆盖及其他生物质（如秸秆）材料覆盖均能减少土壤水分蒸发，减缓或防止土壤盐分表聚，降低土壤盐分含量，对增进土壤脱盐和控制土壤返盐以及促进作物生长和产量增加有良好效果（李芙荣，2013；赵名彦，2009；孙泽强等，2011）。覆盖技术尽管能减缓土壤盐碱危害和增加作物产量。但是，覆盖技术只是暂时把盐分控制在土壤深层，未能从根本上排除，从而存在返盐的潜在危险，需继续加强后期科学管理。

（3）铺设隔盐层。耕作层下铺设隔盐层也是盐碱土改良利用的有效措施。在地下水位较高的地区，通过在土体一定深度内埋设一定厚度的秸秆隔层可提高隔层上部土壤含水率，促进盐分淋洗，抑制土壤蒸发，阻隔盐分上行，减轻盐分表聚，结合地膜覆盖时尤为明显（赵永敢，2014；郭相平等，2016；李芙荣等，2013）。

（4）物理改良。20世纪60年代，日本已经将沸石用作土壤改良剂，沸石是一种具有强吸附力和离子交换力的土壤改良材料，可起到保肥供肥改良盐碱土物理性质的作用。施用沸石可减少土壤中的盐分，降低碱化度，缓冲土壤pH值（左建等，1987）。在朝鲜海滨，使用间歇电流处理高盐度的海成黏土，辅以预加压固结处理，可以使土壤抗剪切性增加45%，土壤含水量减少约25%，降低了土壤含盐量（Micic et al., 2001）；磁化水灌溉盐碱土，可提高土壤脱盐率，节省灌溉水量（Constable et al., 2006）。

（5）化学改良。化学改良剂有两方面作用，一是改善土壤结构，加速脱盐排碱过程；二是改变可溶性盐基成分，增加盐基代换容量，调节土壤酸碱度。强碱性苏打盐碱土中添加硫酸铝后，土壤溶液的pH值明显下降，Ca^{2+}、Mg^{2+}、K^{+}、Na^{+}的质量浓度明显增加，土壤的吸水量和吸水速度、毛管水上升高度和速度明显提高。土壤大粒径团聚体数量明显增多，土壤容重变小，孔隙度增大（赵兰坡等，2001）。磷石膏可降低土壤pH值和碱化度，增加土壤团聚体数量，改善通透性，增加黏壤土的渗透速度，提高磷、钙等植物生长所必需的营养元素（张丽辉等，2001）。泥炭和风化煤具有提高土壤孔隙度、降低土壤剖面、耕作层盐分、降低pH值及碱化度、增加养分和增强酶生物学活性等作用（陈伏生等，2004）。糠醛废渣能提高土壤肥力、降低碱化度，使土壤中可溶性Na^{+}和K^{+}的质量浓度增加，促进盐害离子向下淋洗（王志平，2005）。针对我国滨海盐碱地的现状，学者施加不同的化学改良剂，现已广泛使用的主要有康地宝、禾康、德力施、金满田生物菌剂、腐植酸等（杨永利，2004；张凌云，2005）。改良剂与石膏配施效果比单施改良剂好，其中腐植酸与石膏配施的改良效果最佳（刘祖香等，2012）。也有研究表明，采用石膏与牛粪、秸秆、保水剂配合施用改良滨海盐碱地效果良好（王睿彤，2012）。在用碱性淡水淋盐时，施用以脱硫石膏为主要材料添加天然有机类物质支撑的土壤改良剂，达到了盐渍化土壤迅速脱盐并防止碱化的效果（邵玉翠等，2009）。

（6）生物改良。植树造林或种植盐生植物，一是发挥其覆盖土壤的作用，将在一定程度上减少水分蒸发，抑制盐分上升，控制土壤返盐；二是发挥植物的蒸腾作用，降低地下水位，控制盐分向地表积聚；三是发挥植物根系生长可改善土壤物理性状，根系分泌的有机酸及植物残体经微生物分解产生的有机酸还能中和土壤碱性，植物的根、茎、叶返回土壤后又能改善土壤结构，增加有机质，提高肥力（承陶，1992）。种植耐盐牧草，可以通过带走盐分来降低表层土壤盐分（胡伟等，2009）。种植绿肥（如田菁、草木樨、紫花苜蓿）不仅可以降低土壤表层含盐量，还能增加土壤有机质和全氮含量，提高土壤肥力（董晓霞等，2001）。我国辽宁、河北、山东等地均利用水稻、柽柳、白蜡、国槐、豆科灌木、碱蓬、西伯利亚白刺、杜梨、银水牛果、中亚滨藜、碱茅（星星草）、沙枣、小胡杨等植物的耐盐性来改良滨海盐碱地（孙彭力，1993；张立宾等，2006；刘玉新等，2007）。

1.3.3 滨海盐碱地的改良技术

盐碱地形成条件差异大，对植物危害严重。故改良盐碱地应遵循“因害设防，因地治理”的原则，采取相应的技术措施，以便获得较好的改良效果。多年来，我国强调采用综合措施改良盐碱地，即将物理、化学、生物等方法相融合才能起到更好的盐碱地改良效果。

依据《山东土壤》（闫鹏，1994）盐碱地盐渍化程度分类标准，根据土壤盐分含量（百分比），将盐碱地分成5类：脱盐化（<0.1%）、轻度盐渍化（0.1%～0.2%）、中度盐渍化（0.2%～0.4%）、重度盐渍化（0.4%～1.0%）、盐土（>1.0%）。本书将根据土壤的盐渍化程度提出相对应的改良技术。

1.3.3.1 重度盐渍化滨海盐碱地的改良——“台田—浅池”综合改良技术

重度盐渍化滨海盐碱地，一般地势比较低洼（高程7m以下）或地下水水位较高（春季地下水埋深小于2.5m）、地下水矿化度高（10g/L以上），受季节性水盐运移影响明显。这类盐碱地如若不采用工程和灌排措施，很难改良。改良这类盐碱地的关键是增加高程，降低地下水水位，切断上层土壤与地下水的联系，通过灌排措施进行淋盐排盐降低耕层土壤含盐量。“台田—浅池”模式就是解决这类问题的最好模式（田冬等，2018）（图1-5）。

（1）“台田—浅池”综合改良技术思路。“台田—浅池”吸取基塘系统研究与实践成果，应用地理学、农学和景观生态的科学原理，构建的“挖浅池、筑台田、上粮下渔、冬冻夏养、改土洗盐、综合利用”的海冰淡化—土壤改良—种植养殖综合利用模式（图1-6）。它改变了当地的农业生产环境，打破了由区域气候季节性变化特征与地下水矿化共同导致的旱、涝、盐碱共生共存的现象，是利用生态工程措施实现海冰水高效安全灌溉下的台田耕层土壤快速降盐，发展高效种植养殖模式，通过滨海盐碱地利用模式的变化驱动土地利用结构和格局的优化，最终实现生态友好、生产高效的区域土地资源可持续利用（李颖等，2014）。

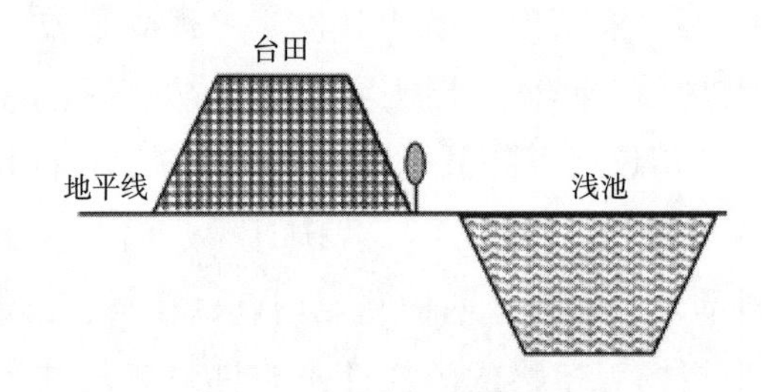

图1-5 “台田—浅池”模式

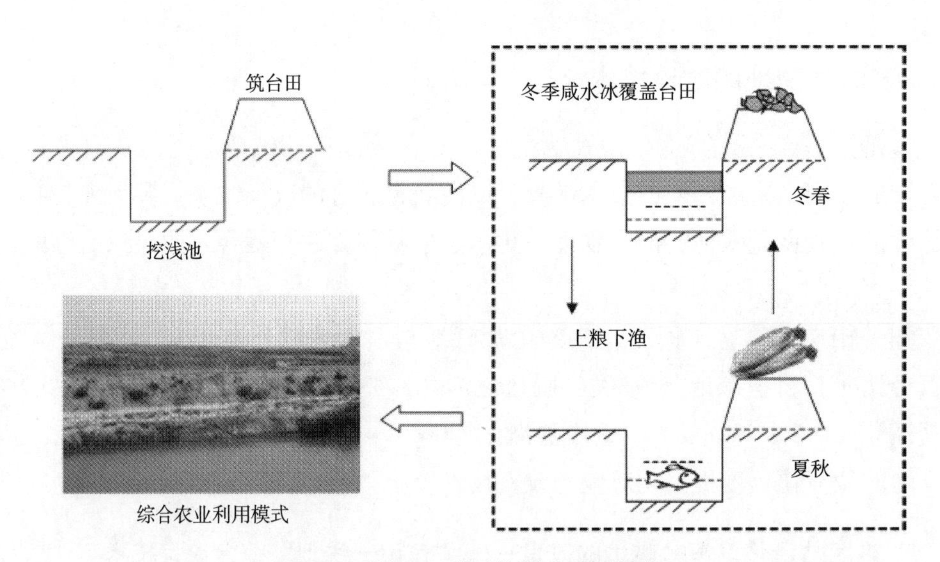

图1-6 “台田—浅池”综合利用模式

（2）“台田—浅池”综合改良科学原理。“台田—浅池”是工程措施、灌排措施与化学改良、农艺、生物改良措施相结合的综合改良技术模式。

工程措施：修建台田，可以提高地表高度，相对降低地下水位，从而减少地下咸水中的盐分通过土壤毛管向地表输送，减弱高矿化度地下水对台田表面土壤积盐的影响。开挖浅池一方面可以提供水产养殖场所，另一方面冬季提供咸水冰资源，通过咸水冰覆盖台田后融化出的水淋洗土壤盐分。冬季台田覆冰是利用海冰重力脱盐后产生的大量淡水增加洗盐水量（咸水的低温结晶过程使其形成的冰体盐度远低于水体。冬季盐度为12.0～14.0g/L的咸水，冻结而成的咸水冰盐度仅为2.8～3.5g/L，降低了75%～80%，从咸水变成了微咸水），提高脱盐效果，并在一定程度上增加土壤含水量。

灌溉措施：台田底部采用弧形覆膜+埋设排盐暗管，结合海冰水进行排盐。

化学改良措施：为了防止土壤淋洗后发生碱化，当进行冬季覆冰时，配施石膏，降低钠离子含量和酸碱度。

农艺措施：平整土地，秸秆还田，增施有机肥，改善土壤结构，培肥地力。

生物改良措施：种植玉米、甜高粱、紫花苜蓿、棉花以及其他耐盐植物，带走土层中的盐分。

（3）“台田—浅池”综合改良技术要点。台田表面通常高于原地表1.7m以上，形成的浅池通常水深在1.5～1.7m。排盐措施采用台田底部铺设弧状膜+暗管处理。暗管距台田底部1.2m处，采取底层衬膜隔盐，衬膜厚度0.1mm，尽量设计成弧形，塑膜上按照0.5m间距，加设沥水排盐暗管（张国明等，2010）（图1-7）。在黄河三角洲滨海盐渍土区冬季采冰，采冰标准为冰厚10cm，平均每年可采冰3次。冬季咸冰水覆盖台田表面的同时覆盖无纺布（图1-8），为防止土壤淋洗后发生碱化，在覆冰的同时配施石膏（林叶彬等，2012）。

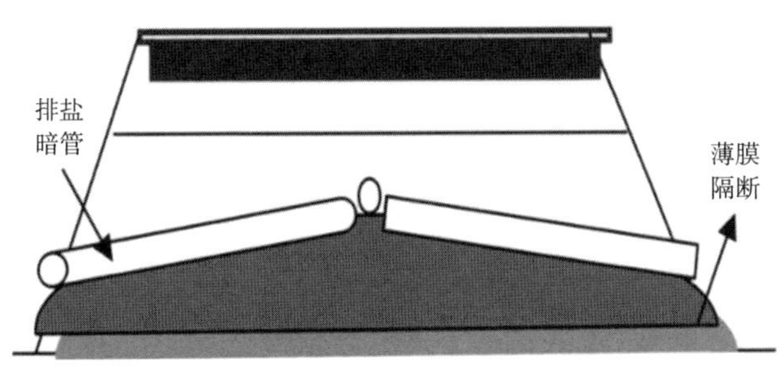

图1-7 底部铺设排盐暗管处理

图1-8 台田覆盖咸水冰

（4）“台田—浅池”综合改良技术改良效果。采用底部弧形覆膜+埋设排盐暗管的排盐措施排盐效果明显，1m土体的脱盐率达35.6%，其脱盐特征为表层>1m土体>耕作层。淤泥质盐碱地台田脱盐效率达47%，结合海冰水灌溉，7—8月，台田排盐效果明显，耕作层的排盐贡献率达138.9%。冬季咸水冰覆盖台田表面可以产生明显的盐渍土脱盐效果。随着冰体的融化，大量土壤盐分被排出，在冰体覆盖无纺布控温条件下，台田土壤表层（0～20cm）脱盐率最高72.4%，含水率增加68.5%，土壤中下层（60～100cm）脱盐率最高可达47.2%。海冰水灌溉棉花、玉米、小麦、大白菜，每亩增产产值分别为249.50元、85.03元、60.75元、496.80元，2008—2009年黄骅实验区的台田—浅池系统种植棉花、玉米、双季油葵等均获得良好收获，投入产出比分别为1∶2.5、1∶3、1∶2.9（张化等，2010，2011；张国明，2006；张国明等，2010）。

1.3.3.2 中度盐渍化滨海盐碱地的改良——“多级阻控淡化—快速增碳肥沃耕层”综合改良技术

中度盐渍化滨海盐碱地，一般地势相对较高（高程7m以上）或地下水水位相对较高（春季地下水埋深大于2.5m）、地下水矿化度相对较高（5～10g/L），受季节性水盐运移的影响明显。这类盐碱地一般都能种植一些耐盐植物，如高粱、夏玉米等，如若采用工程和灌排措施，投资较大，一般农户难以承受，特别是种植经济效益较低的粮食作物的农户。这类盐碱地种植冬小麦，受土壤表层积盐的影响，出苗难；受水盐运移的影响，活苗难；受耕层肥力低、提升慢的影响，壮苗难。因此，改良这类盐渍土的关键在于“淡化肥沃耕层”，淡化耕层的关键在于土壤盐分的多级阻控，而肥沃耕层的关键在于土壤的快速增碳，培肥地力。

（1）“多级阻控淡化—快速增碳肥沃耕层”综合改良技术思路。“多级阻控淡化—快速增碳肥沃耕层”综合改良技术吸取“淡化肥沃耕层”研究与实践成果，以土壤绿色改良剂的高效应用为核心，综合运用物理、化学改良和农艺、生物改良的科学原理（刘广明等，2011），构建的“化肥缓释控盐、吸盐剂吸盐、阻盐剂阻盐”的多级阻控淡化耕层——“秸秆还田原位高效腐解增碳、有机—无机协同增碳、有机肥快速补碳”的快速增碳肥沃耕层综合改良技术模式（图1-9）。它实现了耕层土壤脱盐与地力培肥相统一，通过“肥大吃盐”的原理，以最小的代价获得最大的收益，为中度盐渍化滨海盐碱地发展粮食生产，建设“渤海粮仓”提供了技术抓手。

（2）“多级阻控淡化—快速增碳肥沃耕层”综合改良科学原理。“多级阻控淡化—快速增碳肥沃耕层”是化学改良、农艺、生物改良措施相结合的综合改良技术模式。

化学改良：施用作物专用缓释肥，从源头上控制化肥态盐分的投入量。缓释肥养分缓释，不仅避免了化肥以无机盐的形式一次性大量投入带来的耕层盐分含量升高的问题，而且在灌溉脱盐的同时防止养分流失。土壤盐分阻聚剂，能促使松散的土壤颗粒团聚成颗粒，从而使耕层土壤形成良好的团粒结构，打破土壤原有的毛细管结构。一方面，切断水盐向上运移的通道，阻止土壤返盐；另一方面，提高了灌溉或降水的土壤入渗能力，加快深层土壤的脱盐。盐分吸收剂能够吸收土壤中的盐分，从而降低土壤溶液中盐分的含量。通过缓释肥控盐、阻盐剂阻盐、吸盐剂吸盐，达到淡化耕层土壤的目的。

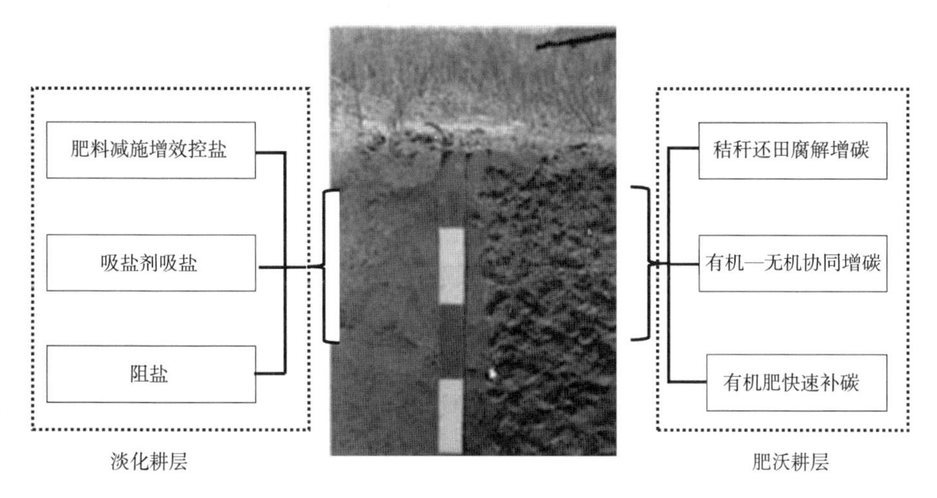

图1-9 重点盐渍化滨海盐碱地综合改良利用模式

农艺改良和生物改良：施用盐碱地专用秸秆腐熟剂使还田秸秆高效腐解，提高土壤有机碳的含量，此外还通过增施高碳有机肥、有机—无机复混肥来使土壤快速增碳，培肥地力，培育壮苗，利用作物对盐分的吸收带走土壤中的盐分，从而降低耕层盐分含量。

（3）“多级阻控淡化—快速增碳肥沃耕层”综合改良技术要点。本技术要点以麦田为例。肥料的准备：缓释肥选用养分释放期为60d的树脂包膜缓释肥（含硫加树脂包膜缓释肥），有机—无机复混肥，磷肥选用过磷酸钙或磷酸脲，钾肥选用硫酸钾，同时每亩配施2kg硫酸锌。养分投入量根据目标产量和测土配方施肥确定。如目标产量<500kg/亩的中低肥力土壤上，推荐施用缓释氮肥（N）10～14kg/亩，磷肥（P_2O_5）5～7kg/亩，钾肥（K_2O）3～5kg/亩。冬小麦播种前，每亩撒施200～500kg腐熟的有机肥（以牛粪堆肥产物为最优）、2kg秸秆腐熟剂、100～150kg阻盐剂（图1-10），撒施完毕后进行耕翻。平整土地，种肥同播（图1-11），要求是施肥深度为种子侧下9～11cm或正下方6～8cm。若种下，开沟下肥器开出沟的深度一般为8～10cm。肥料排出后，周围土壤回落。相对错开（下肥口和下种口横向距离为10～12cm）的开沟下种器开出沟的深度一般为2～4cm，种子落在施肥后回落的土壤上，土壤将种子盖上。镇压轮随即进行镇压。播种后表面撒施粒状吸盐剂或在整地前表面撒施粉状吸盐剂。

图1-10　田间施用阻盐剂

图1-11　冬小麦种肥同播

（4）多级阻控淡化—快速增碳肥沃耕层”综合改良技术改良效果。吸盐剂通过吸盐，能降低表层土壤盐分含量，保障出苗（图1-12）。采用该项综合改良技术，能够保障冬小麦在中度盐渍化滨海盐碱地上出苗，苗齐、苗壮，根系发达，为冬小麦丰产打下基础（图1-13）。

图1–12 吸盐剂表面撒施吸盐效果

图1–13 “多级阻控淡化—快速增碳肥沃耕层”综合改良技术改良效果

1.3.3.3 轻度盐渍化滨海盐碱地的改良——“耕层改碱保肥—增碳改板”综合改良技术

轻度盐渍化滨海盐碱地，一般地势较高（高程10m以上）或地下水水位较高（春季地下水埋深大于2.5m）、地下水矿化度较低（5g/L以下），或是土壤质地黏重、黏粒含量高，土体构型具有夹黏层或通体为均黏质土壤，因此，受季节性水盐运移的影响不明显，再加上长期耕作的影响，耕层土壤盐分含量不高。这类盐碱地一般都能种植粮食作物。受长期灌溉脱盐影响，这类盐碱地一般低盐高碱、缺肥地板，作物难高产。因此，改良这类盐渍土的关键在于“改碱保肥—增碳改板”。

（1）“耕层改碱保肥—增碳改板”综合改良技术理念。“耕层改碱保肥—增碳改板”综合改良技术吸取土壤改良剂改良盐碱地的研究与实践成果（王晓洋等，2012；张乐等，2017），以土壤绿色改良剂的高效应用为核心，综合运用化学改良和农艺、生物改良的科学原理，构建的“化学改良剂改碱、化肥缓释保肥”的耕层改碱保肥——“秸秆还田原位高效腐解增碳、有机—无机协同改板”综合改良技术模式（图1-14）。它实现了改土培肥，为轻度盐渍化滨海盐碱地粮食丰产优质，建设“渤海粮仓”提供了技术抓手。

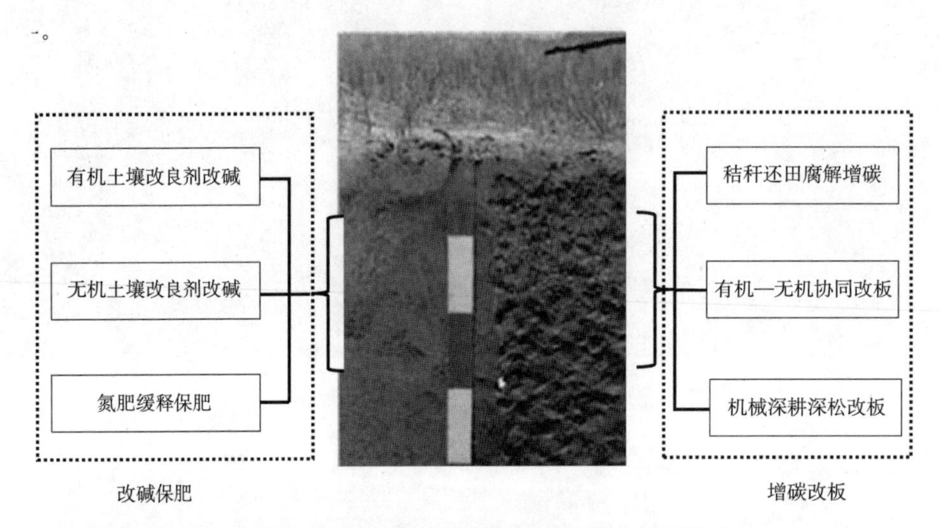

图1-14　轻度盐渍化滨海盐碱地综合改良利用模式

（2）“耕层改碱保肥—增碳改板”综合改良科学原理。“耕层改碱保肥—增碳改板”是化学改良、农艺、生物改良措施相结合的综合改良技术模式。

化学改良：尿素、铵态氮肥施入碱性土壤后，极易产生挥发损失，施用石膏、磷石膏等无机型土壤改良剂或糠醛渣、腐植酸、味精废液等有机型土壤改良剂，通过带入酸性成分来改碱，减少氨挥发，起到改碱抑制氨挥发的作用。此外，施用作物专用包膜缓释肥，可防止大水漫灌条件下（图1-15）氮素流失。通过缓释肥、土壤改良剂的施用，实现改碱保肥。

农艺改良和生物改良：施用盐碱地专用秸秆腐熟剂使还田秸秆高效腐解，提高土壤有机碳的含量，此外还通过增施有机—无机复混肥来使土壤快速增碳，提高土壤有机质含量，使松散的土壤颗粒团聚成颗粒，从而使耕层土壤形成良好的团粒结构，消除土壤板结。另外，通过深耕深松提高土壤的通透性，一方面，加快还田秸秆的腐解，提高土壤有机质，促进耕层土壤良好团粒结构的形成；另一方面，通过耕作，将已板结的大坷垃破碎成小颗粒，人为地增加团粒数量，改良土壤结构，从而消除土壤板结。通过秸秆还田高效腐解、有机—无机协调增碳、深耕深松，实现土壤增碳改板。降碱改土，培肥地力，有利于根系发育，培育壮苗，利用作物对盐分的吸收带走土壤中的盐分，从而降低耕层盐分含量。

图1-15　滨海盐碱地小麦大水漫灌

（3）"耕层改碱保肥—增碳改板"综合改良技术要点。本技术要点以麦田为例。肥料的准备：缓释肥选用养分释放期为60d的树脂包膜缓释肥（含硫加树脂包膜缓释肥），磷肥选用过磷酸钙或磷酸脲，钾肥选用硫酸钾，同时每亩配施2kg硫酸锌。养分投入量根据目标产量和测土配方施肥确定。如目标产量500～600kg/亩的中高肥力土壤上，推荐施用缓释氮肥（N）14～16kg/亩，磷肥（P_2O_5）6～8kg/亩，钾肥（K_2O）4～6kg/亩。冬小麦播种前，每亩撒施20～50kg石膏和20～50kg腐植酸、2kg秸秆腐熟剂，撒施完毕后进行深耕深松。平整土地，种肥同播。返青期苗情较差的或秸秆还田量较大的冬小麦，可在灌溉后耧施10～20kg有机—无机复混肥（总养分20%～30%，氮含量不少于10%）。

（4）"耕层改碱保肥—增碳改板"综合改良技术改良效果。采用该项综合改良技术，能够保障在轻度盐渍化滨海盐碱地生长的小麦，苗全、苗壮，根系发达，增加冬前分蘖，提高基本苗（图1-16），为冬小麦高产打下基础。

图1-16　"耕层改碱保肥—增碳改板"综合改良技术改良效果

参考文献

陈伏生，曾德慧，王桂荣，2004. 泥炭和风化煤对盐碱土的改良效应[J]. 辽宁工程技术大学学报，23（6）：861-864.

承陶，1992. 盐渍土改良原理与作物抗性[M]. 北京：中国农业科技出版社.

董晓霞，郭洪海，孔令安，等，2001. 滨海盐渍地种植紫花苜蓿对土壤盐分特性和肥力的影响[J]. 山东农业科学（1）：24-25.

谷孝鸿，胡文英，李宽意，2000. 基塘系统改良低洼盐碱地环境效应研究[J]. 环境科学学报，20（5）：569-573.

郭相平，杨泊，王振昌，等，2016. 秸秆隔层对滨海盐渍土水盐运移影响[J]. 灌溉排水学报，35（5）：22-27.

何雨江，汪丙国，王在敏，等，2010. 棉花微咸水膜下滴灌灌溉制度的研究[J]. 农业工程学报，26（7）：14-20.

胡伟，单娜娜，钟新才，等，2009. 耐盐牧草生物修复盐渍化耕地效果研究[J]. 生态环境学报，18（4）：1 527-1 532.

孔清华，李光永，王永红，等，2010. 不同施肥条件和滴灌方式对青椒生长的影响[J]. 农业工程学报，26（7）：21-25.

赖民基，方成荣，1959. 改良盐碱地的排水设施[J]. 水利学报（3）：53-66.

李芙荣，杨劲松，吴亚坤，等，2013. 不同秸秆埋深对苏北滩涂盐渍土水盐动态变化的影响[J]. 土壤，45（6）：1 101-1 107.

李芙荣，2013. 滨海滩涂盐渍土覆盖阻盐控盐和土壤质量提升技术模式研究[D]. 合肥：安徽工业大学.

李颖，陶军，钞锦龙，等，2014. 滨海盐碱地“台田—浅池”改良措施的研究进展[J]. 干旱地区农业研究，32（5）：154-160，167.

林叶彬，顾卫，许映军，等，2012. 冬季咸水冰覆盖对滨海盐渍土的改良效果研究[J]. 土壤学报，49（1）：18-25.

刘广明，杨劲松，吕真真，等，2011. 不同调控措施对轻中度盐碱土壤的改良增产效应[J]. 农业工程学报，27（9）：164-169.

刘树堂，秦韧，王学锋，等，2005. 滨海盐碱地“上农下渔”改良模式对土壤肥力的影响[J]. 山东农业科学（2）：50-51.

刘文政，王遵亲，熊毅，1978. 我国盐渍土改良利用分区[J]. 土壤学报，15（2）：101-112.

刘玉新，谢小丁，2007. 耐盐碱植物对滨海盐渍土的生物改良试验研究[J]. 山东农业大学学报（自然科学版），38（2）：183-188.

刘祖香，陈效民，李孝良，等，2012. 不同改良剂与石膏配施对滨海盐渍土离子组成的影响[J]. 南京农业大学学报，35（3）：83-88.
牛东玲，王启基，2002. 盐碱地治理研究进展[J]. 土壤通报，33（6）：449-455.
潘保原，宫伟光，张子峰，等，2006. 大庆苏打盐渍土壤的分类与评价[J]. 东北林业大学学报，34（2）：57-59.
全国土壤普查办公室，1998. 中国土壤[M]. 北京：中国农业出版社.
邵玉翠，任顺荣，廉晓娟，等，2009. 有机—无机土壤改良剂对滨海盐渍土降盐防碱的效果[J]. 生态环境学报，18（4）：1 527-1 532.
石玉林，1991.《中国1：100万土地资源图》土地资源数据集[M]. 北京：中国人民大学出版社.
石元春，1986. 盐碱土改良一诊断、管理、改良[M]. 北京：农业出版社.
孙海燕，王全九，彭立新，等，2008. 滴灌施钙时间对盐碱土水盐运移特征研究[J]. 农业工程学报，24（3）：53-58.
孙彭力，1993. 黄河三角洲滨海盐渍土的形成及改良利用[J]. 山东师大学报，8（4）：19-22.
孙泽强，刘法舜，王学君，等，2011. 覆膜对滨海盐渍土水盐分布和竹柳生长的影响[J]. 山东农业科学（8）：33-35，39.
田冬，桂丕，李化山，等，2018. 不同改良措施对滨海重度盐碱地的改良效果分析[J]. 西南农业学报，31（11）：2 366-2 372.
王春娜，宫伟光，2004. 盐碱地改良的研究进展[J]. 防护林科技，62（5）：38-41.
王睿彤，陆兆华，孙景宽，等，2012. 土壤改良剂对黄河三角洲滨海盐碱土的改良效应[J]. 水土保持学报，26（4）：239-244.
王诗景，黄冠华，杨建国，等，2010. 微咸水灌溉对土壤水盐动态与春小麦产量的影响[J]. 农业工程学报，26（5）：27-33.
王晓洋，陈效民，李孝良，等，2012. 不同改良剂与石膏配施对滨海盐渍土的改良效果研究[J]. 水土保持通报，32（3）：128-132.
王志平，2005. 重度盐碱地的糠醛渣改良与植物修复初步研究[D]. 吉林：东北师范大学.
王卓然，2017. 黄河三角洲典型地区土壤水盐动态规律、影响因素与预测模型[D]. 泰安：山东农业大学.
王遵亲，等，1993. 中国盐渍土[M]. 北京：科学出版社.
魏文杰，程知言，胡建，等，2018. 定额喷灌对滨海盐碱地的改良效果研究[J]. 中国农学通报，34（27）：137-141.
巫一清，胡毓骐，1959. 种稻改良盐碱地的研究[J]. 水利学报（2）：13-16.
阎鹏，徐世良，1994. 山东土壤[M]. 北京：中国农业出版社.

杨建国，黄冠华，叶德智，等，2010. 宁夏引黄灌区春小麦微咸水灌溉管理的模拟[J]. 农业工程学报，26（4）：49-56.
杨劲松，2008. 中国盐渍土研究的发展历程与展望[J]. 土壤学报，45（5）：837-845.
杨树青，叶志刚，史海滨，2010. 内蒙古河套灌区咸淡水综合利用灌溉模式的研究[J]. 农业工程学报，26（8）：8-17.
杨永利，2004. 滨海重盐碱荒漠地区生态重建技术模式及效果的研究——以天津滨海新区为例[D]. 北京：中国农业大学.
张国明，史培军，岳耀杰，等，2010. 环渤海地区滨海盐碱地不同排盐处理下的台田降盐效率[J]. 资源科学，32（3）：436-441.
张国明，张峰，吴之正，等，2010. 不同盐质量浓度海冰水灌溉对土壤盐分及棉花产量的影响[J]. 北京师范大学学报（自然科学版），46（1）：72-75.
张国明，2006. 环渤海地区海冰水农业灌溉及综合利用试验研究[D]. 北京：北京师范大学.
张化，王静爱，徐品鸿，等，2010. 台田及海冰水灌溉利用对洗脱盐的影响研究[J]. 自然资源学报，25（10）：1 668-1 665.
张化，张峰，岳耀杰，等，2011. 环渤海地区海冰水资源农业利用研究[J]. 环境科学与技术，34（6）：321-324.
张乐，徐平平，李素艳，等，2017. 有机—无机复合改良剂对滨海盐碱地的改良效应研究[J]. 中国水土保持科学，15（2）：92-99.
张立宾，刘玉新，张明兴，2006. 星星草的耐盐能力及其对滨海盐渍土的改良效果研究[J]. 山东农业科学（4）：40-42.
张丽辉，孔东，张艺强，2001. 磷石膏在碱化土壤改良中的应用及效果[J]. 内蒙古农业大学学报，22（2）：97-100.
张凌云，赵庚星，徐嗣英，等，2005. 滨海盐渍土适宜土壤盐碱改良剂的筛选研究[J]. 水土保持学报，19（3）：21-23，28.
张学杰，李法曾，2001. 中国盐生植物区系研究[J]. 西北植物学报，21（2）：360-367.
张月珍，张展羽，张宙云，等，2011. 滨海盐碱地暗管工程设计参数研究[J]. 灌溉排水学报，30（4）：96-99.
赵可夫，李法曾，张福锁，2013. 中国盐生植物[M]. 第二版. 北京：科学出版社.
赵兰坡，王宇，马晶，等，2001. 吉林省西部苏打盐碱土改良研究[J]. 土壤通报，32（专辑）：91-96.
赵名彦，丁国栋，郑洪彬，等，2009. 覆盖对滨海盐碱土水盐运动及对刺槐生长影响的研究[J]. 土壤通报，40（4）：751-755.
赵永敢，2014. “上膜下秸”调控河套灌区盐渍土水盐运移过程与机理[D]. 北京：中国农业科学院.

朱庭芸，1992. 灌区土壤盐渍化防治[M]. 北京：农业出版社：25-32.

左建，孔庆瑞，1987. 沸石改良碱化土壤作用的初步研究[J]. 河北农业大学学报，10（3）：58-64.

BHATTI A U，KHAN Q，GURMANI A H，et al.，2005. Effect of organic manure and chemical amendments on soil properties and crop yield on a salt affected Entisol [J]. Pedosphere，15（1）：46-51.

CHEN W，HOU Z，WU L，et al.，2010. Evaluating salinity distribution in soil irrigated with saline water in arid regions of northwest China[J]. AgricWater Management，97（12）：2001-2008.

CONSTABLE S，2006. Marine electromagnetic methods—a new tool for offshore exploration [J]. Soc Explor Geophys，25（4）：438-444.

KOVDA V，1983. Loss of productive land due to salinization[J]. AMBIO-A Journal of the Human Environment，12（2）：91-93.

MICIC S，SHANG J Q，LO K Y，et al.，2001. Electrokinetic strengthening of a soft marine sediment using intermittent current [J]. Can Geotech，38：287-302.

2 滨海盐碱地水肥调控

2.1 滨海盐碱地水盐运移规律及其影响因素

土壤水盐动态的研究是盐渍土发生演变及防治研究的基础（尤文瑞，1993）。如前所述，滨海平原是由于河流携带泥沙在入海处沉积，逐渐使陆地淤高，露出海面而成。在其成陆前和成陆后的很长一段时间内，均处于海水浸渍影响之下。滨海平原的地形极为平缓，地面坡降多在万分之一以下。土壤母质及地下水中含有大量盐分，盐分组成以氯化钠为主。由于这种形成上的特点加上所处的季风气候条件，使滨海盐渍土区具有独特的水盐动态特征。

一般水溶性盐都具有随水运移的特征。土壤盐碱地的发生与演化，与水溶性盐类的这种特性密切相关。在季风气候条件下所引起的土壤盐渍化季节性变化，是由于地下水及土壤中的水溶性盐在外界条件及土壤毛管力的作用下，沿着土壤剖面上升或下移，结果引起土壤积盐或脱盐。盐碱地盐分运移的基本原理就是“盐随水来，盐随水去”和“涝盐相随”。

2.1.1 滨海盐碱地水盐运移规律

2.1.1.1 盐碱地盐分季节变化规律

土壤剖面中的盐分含量具有明显的季节性变化。土壤剖面中的含盐分布，主要受降雨和灌溉水的入渗淋盐作用及土壤水分和上层潜水蒸发过程中上升水流托盐作用的影响，因而产生明显的季节性变化。在无灌溉的情况下，一般在6月雨季到来之前，潜水位达到最低位置，而土壤剖面中盐分则随水分的运动向表土集聚，表土含盐量达到最高值。雨季（6—9月）中随着降雨的入渗，上层土体盐分下移，表土含盐量下降，雨季过后（一般在9月下旬）土壤水分和潜水在蒸发作用下逐渐消耗，盐分又随之向上层土体累积。

黄河三角洲地区属于暖温带半湿润季风气候，季风影响下的土壤水盐运动有其特殊规律，即土壤盐分随季节而变化，一般全年可划分为4个水盐动态周期，即春季积盐期、夏季脱盐期、秋季回升期、冬季潜伏期。

在季风气候条件下，虽然夏季降雨具有淋盐作用，但是，从全年来看，淋盐的时间较短，一般仅有3个月左右，而积盐的时间长达5～6个月之久。所以，水盐平衡的总趋势，仍然是积盐过程大于淋盐过程，特别是地表水和地下水出流不畅的微斜平原，在夏秋多雨时，常常酿成渍涝，因地下水位普遍抬高，土壤毛管水上升运动和侧向运动强烈，以致造成翌年春季大面积土壤返盐，形成“涝盐相随”的现象（王遵亲等，1993）。

2.1.1.2 盐碱地盐分剖面变化规律

盐分在剖面中的上下移动受土壤质地剖面、潜水埋深及矿化度和表土熟化程度的影响。盐分在土壤剖面中向上累积及向下淋洗的速度与降水入渗和潜水蒸发有关。土壤剖面质地及表层土壤熟化度则直接影响地面水的入渗量，也影响潜水的蒸发强度。模拟试验表明在上部土层为1m厚的黏土的剖面中，当潜水埋深为1m时，潜水蒸发量较全剖面粉沙壤土小5倍，当剖面有厚度为30cm的黏土夹层时，潜水蒸发量减小4.5倍。当表土有大于10cm厚度的熟化土层时，可明显地减少土壤水分蒸发和盐分向上的累积，同时可增加降雨入渗，加强降水淋洗盐分的作用。大量观测资料表明，潜水蒸发量随潜水埋深增加而减小，滨海地区粉沙壤土剖面中，当潜水埋深大于1.5m时潜水蒸发量即明显减小，埋深在2.5m时，潜水蒸发已十分微弱。当潜水埋深大于1.5m时，土壤剖面中毛管水的运行速度只有2～3mm/d。

黄河三角洲滨海盐碱地地下水深高于1.9m，土壤不发生次生盐碱化，0～10cm土层脱盐效果达到最大值，脱盐率为43.2%。滨海盐碱地盐分和八大离子在0～190cm土壤剖面垂直分布呈现“V”形，即随着土体深度增加呈先急剧减少后缓慢增加趋势。长期种植农作物，可以提高盐碱土pH值，有效减少盐碱地水分、盐分含量，改良盐碱地盐分构成，使盐碱化程度显著降低（张鹏锐等，2015；贾春青等，2018）。

姚荣江等（2007）研究发现，黄河三角洲地区土壤含盐量普遍较高，总体上盐分分布呈较强的表聚性和变异性；土壤积盐可由盐分含量、离子组成特征、碱化特征以及外源影响因子4个主成分来反映，其累计贡献率达86.21%。聚类分析结果表明，土壤盐分剖面可以明显分为表聚型、底聚型和平均型3类，在数量上以表聚型和底聚型为主；不同盐分剖面类型反映了植被类型和土地利用方式的差异，人为农业措施是形成底聚型和平均型盐分剖面的最直接因素。表聚型盐分剖面的主要特征是土壤表层20cm以上含盐量较高，其他土层含盐量明显少于该层。这种类型主要为光板地以及部分的盐蒿地，占聚类剖面总数的47%。具有该类特征的盐分剖面，土壤脱盐过程进行的不太明显，土壤盐分的运移处于上升状态或平衡状态，如果没有人为因素的强烈干扰或适宜的气候条件（降雨），这种类型的土壤在近期内不会发生明显的脱盐过程。底聚型盐分剖面的特征是表层含盐量低，而底层土壤含盐量较高。该类型盐分剖面80cm深度以下土层盐分高于表层0～20cm土壤，而0～80cm深度土壤含盐量的变化较为复杂，其含盐量往往并不随深度呈一定的升高趋势，它实际反映的是短期内气候因素对该类型盐分剖面的作用结果。当这类剖面中底层土壤盐分较高时，土壤次生盐渍化的威胁较大，容易发生次生盐渍化。地表植被以棉花/玉米以及杂草为主。人为农业活动（如施肥、灌溉、耕作等）是该盐分剖面类型分布格局形成的重要因素。平均型盐分剖面是指0～180cm土体土壤含盐量差异不大的剖面类型，具有这种剖面特征的土壤，其盐分处于总体平衡状态。不同部位盐分剖面类型在一定程度上也反映了植被类型和土地利用方式的差异。

2.1.1.3 盐碱地盐分空间年际变化特征

黄河三角洲土壤盐分较高且呈一定的碱化趋势，盐分和含水量属于中等变异强度，pH值属于弱变异强度（杨劲松等，2007）。土壤盐分、pH值与含水量的空间分布均表现为条带状和斑块状格局；盐分表现出离海岸线距离越近（远）土壤盐分越高（低）的分布规律，其空间分布是与微地形和气候条件密切相关的；pH值表现出与盐分相反的空间分布规律性，说明盐分和pH值的分布存在着空间负相关性；含水量的空间分布主要受地势条件与微地形起伏的影响，长期的农业活动也会影响含水量的空间分布。土壤盐分与pH值、含水量均呈显著的负相关性；盐分含量过高是导致研究区土壤pH值降低的重要因素之一；在旱季，表层土壤含水量的测定结果可以用来判断盐分含量高低，同时可为盐渍土壤的分区和改良利用提供一定参考依据（杨劲松等，2007)。

从年际变化来看，黄河三角洲表层土壤盐分的含量和面积都有大幅提高，整个区域的盐渍化呈现不断加剧的趋势。在低洼地区（北部和东南部）盐渍化程度较高，土壤均为盐土；而河成高地（西南至东北方向）的土壤盐分则呈条带状分布，西南部土壤盐分含量最低。

从整个区域来看，黄河三角洲表层土壤不同盐渍化程度的面积年际变化增加的均为盐土，其他都处于不断缩减的状态，中盐渍化面积缩减的比例最高。黄河三角洲表层盐渍土类型以硫酸盐—氯化物型为主，主要分布在河成高地；其次的氯化物型盐渍土主要分布在北部和东南沿海的低洼地带，主要由海水浸渍所形成，与盐土的分布区域基本吻合；在盐渍化程度较低的西南方向，主要为硫酸盐型和氯化物—硫酸盐型。盐渍化类型和盐渍化程度的空间分布特点一致，年际变化趋势也一致。氯化物型盐渍土的大幅增加说明黄河三角洲盐渍化的演化与海水入侵和倒灌浸渍有密切关联，因此可从控制海水入侵方向着手，减缓盐渍化加重的趋势（付腾飞等，2017）。

2.1.2 盐碱地水盐运移影响因素

黄河三角洲土壤盐分运移受多种因素的影响，其中最主要的有气候、地形、土壤质地、地下水等因素，这些因素综合作用导致土壤盐分处于不断运移变化的过程中。

2.1.2.1 气候

降水与蒸发量的差异大小，是造成区域土壤盐碱化的主要因素，我国盐碱地的91%分布在干旱和半干旱地区。

黄河三角洲地区多年平均降水量为537.4mm，多年平均蒸发量为1 885.0mm，年蒸降比约为3.5∶1。蒸发量远大于降水量，为土壤剖面中盐分向上运移提供了有利条件。受季风气候的影响，降水量集中在汛期6—9月，约占年降水量的75.5%，而其他季节干旱少雨。土壤剖面水盐垂直运动强烈，形成土壤季节性的返盐和脱盐。

降水对盐碱地盐分运移具有重要影响。小雨很难使土体脱盐；中雨能使土体在短时间内部分脱盐，但长期而言，整个剖面脱盐效果不理想；大雨能使整个土壤剖面长期处于脱盐状况，脱盐效果好。在农业生产中，农民就有“大雨压盐，小雨勾碱”的说法（王遵亲等，1994；赵耕毛等，2003）。

2.1.2.2 地形

地形也是严重影响土壤盐渍化类型和演化程度的重要因素。基本规律是，在大地形中盐分自高地向低地汇聚，在微地形中盐分自低处向高处积累。

大地形的差异，造成潜水位的埋深不同，因而在同一气候条件作用下，土壤中的盐分变化也不同。地表水自高处流向低处的过程中，溶解携带表层土中盐分，使矿化度增加，并抬升低地段地下水位，通过蒸发，水分自土体散去，盐分便积累于低地地表，加剧了该地的土壤盐渍化程度。而一般高地土壤却处于相对的脱盐过程，结果造成高地土壤含盐量低、低地土壤含盐量高。

微地形的变化对土壤盐渍化的影响则是另外一种情况。分布在地势低洼坦荡的冲积、海积平原上的土丘，受海水的侵袭及雨后积水，裸露于水体之外，强烈的蒸发使盐分浓缩并累积于土丘顶部，有时出现盐结皮状，土丘周围的平地盐分含量反而较低。滨海平原常出现的半封闭蝶形洼地，在不同季节受高矿化度地下水水位的升降及蒸发浓缩的影响，使洼地盐化面积扩大或缩小。滨海地区的大型灌溉灌水渠道在高水头作用下，侧渗抬高了渠道两侧的地下水位，造成土壤出现带状分布的次生盐渍化和盐斑。

2.1.2.3 土壤质地

土壤水沿毛细管上升的高度由土壤质地决定，是土壤盐碱化过程最为重要的特征因子。土壤水分蒸发，是在毛细管作用下，水分由土壤向大气散失的过程。土壤质地不同，其毛细管形状不同，质地粗细可影响土壤毛细管水动的速度与高度。因此，土壤母质的机械组成影响积盐的速度和数量。一般来说，轻壤质土毛管适中，水上升速度较快，高度较高，沙土毛管较粗、黏土毛管较细，积盐均较慢些。方文松等通过试验研究表明，渗透深度与土壤质地有关，一般情况，土壤质地越轻，或土质黏性越小，土壤渗透深度越深。土壤的脱盐速度与土壤的透水性能有密切的关系，一般认为轻质土透水性好，易脱盐，黏质土透水性差，脱盐慢。黏土层影响土壤水分运移的速度、高度以及土壤的物理性状，同时，也影响地下水、土壤溶液中盐分离子的迁移。主要表现在黏土层既可以阻滞下层的水、盐向上层迁移，也阻滞上层水分、盐分的下渗和淋洗。当土壤中所含黏土层位置越靠近表层土，黏土层对于盐分离子的表聚现象阻碍作用越大。

2.1.2.4 地下水

地下水是影响地表盐分积累和减少的主要因素。一般情况下，地下水体中离子与表层土壤溶液中的离子含量维持在相对稳定的动态平衡状态。地下水的埋深与表层盐分的积聚有密切关系，在一定程度上决定土壤积盐程度的大小。当地下水埋深达到一定深度时，土壤表层盐分的积聚不再因蒸发量的变化而变化。只有地下水位达到临界水位，因蒸发强度的影响，在毛管力的作用下，盐分随着水分的迁移到达土壤表层，形成土壤表层盐分积聚现象。

由于滨海地区地势低，地下水位较浅，当气候干旱时，蒸发量较大，表层土壤失水较多，引起下层水盐沿着毛细管向上迁移补给，盐分离子向上迁移的过程中被黏性土壤吸附，使整个土壤盐碱化，而表层土壤的水分蒸发损失而盐分保留下来，聚积较多盐分，如此过程长期反复进行，引起表层土壤盐分不断积累，当盐分积累到一定程度便引起土壤物理结构变化。通常情况下，地下水位越高，矿化度越高，蒸发越强烈，土壤越易积盐。刘广明等（2003）研究也发现，地下水在小于临界深度时显著影响土壤盐分积累，0～40cm深度土壤电导率与地下水矿化度呈良好正相关关系。0～40cm深度土壤电导率发展变化过程大致可以分为极缓慢积盐、快速积盐和缓慢积盐3个阶段。

综上所述，滨海盐碱地土壤表层盐分积累主要是因为地表失水，地下盐水沿毛细管迁移至地表，水去盐留，与土壤的质地、地下水位、地表水分蒸发量等因素有关；若降水量较大，田内积水时间较长，地下水、土壤溶液、地表水三者连通，地下盐分向上迁移，土壤盐度不降反增。滨海盐渍土的盐分多源于其母质，其含量受天气、土体母质和地貌的影响较大，而其变化趋势则与人类活动密切相关。

2.2 盐碱地水肥调控技术

2.2.1 水盐调控技术

2.2.1.1 水盐动态的调控原则

根据滨海盐渍土的水盐动态特征，滨海盐碱地改良过程中的水盐动态调节可分为两个阶段。第一阶段为排盐阶段，第二阶段为控制水盐平衡阶段。在第一阶段中要通过排水洗盐等措施，逐步使临界深度以上的土体脱盐，并使上层潜水逐渐淡化。第二阶段则主要是维持水盐平衡，有些地区可逐渐淡化下层潜水。为达到这种水盐动态调节，关键在于变原有自然条件下以降水蒸发来调节的水盐动态，为主要以灌溉、降水入渗和排水来调节的水盐动态。就是要调节水分的排蒸比例，加大由排水系统中水平排出的水量，减少由蒸发而消耗的土壤水分及潜水量。具体来说水盐动态的调控包括如下几个方面。

（1）冲洗、灌溉，排水排盐，建立淡化土层，使临界深度以内土层中平均含盐量降至1.0g/kg以下。

（2）增强潜水的水平流动，增加淡水入渗，建立潜水淡化层。在河北滨海的观测表明，在已建立厚度1.5m以上矿化度小于3g/L的淡水层的地区，旱季地下水位在1.2m以下，黏质土壤就很少会返盐。但矿化度高的地区则会发生返盐现象，因此在滨海盐土改良过程中，应使上层潜水淡化至1～3g/L。

（3）控制潜水埋藏深度，以减小水分上升运动通量，减少盐分向上积累。

（4）建立熟化土层，增加地表覆盖，以增加降水入渗，减少潜水蒸发。

（5）控制水盐的引入，控制水盐平衡。淡化土层及潜水淡水层已经建立后，应注意严格控制引水量和灌溉定额，适当排水排盐维持水盐平衡。

2.2.1.2 调控水盐动态的主要措施及其适用条件

改良利用滨海盐土，首先需要修建防潮堤、防潮闸等工程，防止海水的入侵，并建立灌溉渠系，引入淡水。水利工程措施的要点是“灌水洗盐”，通过人工灌溉或自然降水，使土壤中的盐分溶解于水中，在水压作用下渗到深层土壤，从而降低表层土壤中的盐分。利用水利工程措施改造盐碱地可追溯到公元前2200年大禹治水时期，改良方法采用了沟渠排灌；中华人民共和国成立初期，主要是以漫灌排盐为主，20世纪60年代多推行井群排灌，70年代采用“抽咸换淡”，80年代采用“强灌强排”；20世纪80年代起，我国北方多省采用暗管排水法调控改良盐碱地水盐。暗管排水在内陆盐渍土和滨海盐渍土改良中能够降低地下水位，提高脱盐效果，防止土壤次生盐渍化。

（1）排水降盐。排水是调节水盐动态的关键性措施。目前，一般采用的有明沟排水、暗管排水和竖井排水。

①明沟排水：由于修建明沟排水系统的投资较少，便于管理运用，所以仍是当前采用最为广泛的排水措施。明沟可以较快地排出地表径流，是除涝排水必不可少的措施，另外，对于排除上层土体中的盐分也有一定作用。但明沟易于塌坡，一般不易维持较大深度，因而所能形成的地下水位降深较小。排除下层潜水的能力差，促使潜水位下降的速度慢。在种植旱作的情况下，潜水淡化速度缓慢。特别是在滨海轻质土地区，一般农渠排水沟深度只能保持在1～1.5m。

②暗管排水：张亚年等（2011）研究认为，暗管排水可以使土壤盐分排出，能有效降低土壤含盐量，其效果优于明沟排水，且具有占地面积少、利于机械化作业等优点。东营市采用暗管排水技术改良盐碱地，主要措施是将PVC渗管埋入地下1.8～2.0m处，将土壤中水盐截流到暗管，然后集中起来，通过明渠排出农田。通过这项措施可使地下水位下降0.5m，含盐量降低0.1%（周和平等，2007）。在陕西卤泊滩盐碱地治理工程中，采用了“改排为蓄、水地共处、和谐生态”的综合治理模式，其核心是改“排”为“蓄”，主要措施是区域内控制排水，不对外排水，通过循环灌水压盐，使盐分向土壤下层渗透，从而减少土壤耕作层的含盐量（韩霁昌等，2009a，2009b；胡一等，2015）。暗管由于无塌坡问题，占地少，不妨碍机械作业，在发达国家已较广泛采用。暗管可埋设在较大深度（2～3m），能形成较大的地下水位降深，加速潜水位的下降，减少潜水的蒸发，排除土壤中的盐分及表层潜水，促使淡化层的形成。但在滨海地区受到地形及排水高程的限制，为了保证暗管的排水，很多地方需要强排。另外需辅之以浅明沟以及时排除沥涝。在明沟易于塌坡的粉沙壤土地区，在经济条件允许的情况下，暗管结合明沟是调控水盐动态较好的措施。

③竖井排水：用机泵从竖井中抽水排水，可以产生较大水位降深，竖井中水位可深达6～10m，对潜水动态有较强的调节作用。滨海地区潜水矿化度高，一般不适于直接用来灌溉，在有河流淡水水源又不太充足的情况下，竖井抽水可与河水混合用来灌溉，或与深层淡水混合灌溉。竖井调节水盐动态的主要作用是抽排土体中盐分及矿化潜水，控制潜水位，同时结合灌溉及降水入渗补给建立潜水淡水层。宜采用深度20m左右的浅井，井深应不大于第一个不透水层出现的深度。当经过长期抽咸补淡，形成足够厚度的淡水层后则可用来进行抗旱灌溉。以抽排咸水为主的竖井，所需管理费用较高必须慎用。竖井调节水盐动态作用的大小与水文地质条件密切相关。当20m以上土层以轻质土为主透水性好，无黏土隔水层，单井出水量大于10m^3/h，抽水时水位降落影响半径在百米以上时，对水盐动态调节作用较大，适于采用竖井排水。水位降落的水量较大，利用蓄淡养垦的办法，也可达到淋洗上层土壤盐分的目的。

水利改良措施虽然是治理盐碱地最有效的方法，但首要条件是必须有充足的淡水资源。

（2）灌溉淋洗。盐碱地上水分管理首要的任务是满足盐分淋洗的需要，其次才是满足作物耗水需要。孙贯芳等（2017）研究发现，玉米生育期灌水下限控制为-30kPa，非生育期洗盐灌溉效果显著，秋浇灌黄河水180mm后，翌年春播前0～100cm土壤盐分平均下降10.86%～26.14%，剖面分布较均匀。建议膜下滴灌土壤盐分调控为生育期滴灌灌溉制度和非生育期洗盐灌溉双重调控。Liu等（2013）研究发现，用电导率达到7.42dS/m的微咸水进行膜下滴灌，用150mm秋浇定额淋洗后，土壤盐分淋洗到60cm以下土层，作物根区土壤电导率在下一年仅为0.2dS/m，说明秋浇能很好地控制滴灌土壤盐分。同时，Phocaides（2007）也认为在年降水量小于250mm的区域采用微灌不推荐在每次灌水时加大灌水量进行洗盐，而是建议在生育期结束后对盐分集中淋洗。非生育期洗盐灌溉可能是控制膜下滴灌土壤盐分的较佳途径。

淋洗方式同样也影响土壤盐分淋洗效果。连续淋洗与间歇淋洗淋出液矿化度分别从233.8g/L和327.4g/L稳定至2.5g/L和2.2g/L。间歇淋洗单位水量淋洗的盐分要高于连续淋洗。淋出液的各离子随体积变化趋势与矿化度变化相似；淋洗结束后土壤盐分变化显示，随着用水量的增加，淋洗效率逐渐降低，15cm、20cm、25cm、30cm水量下连续淋洗的淋洗效率分别为2.87g/mL、2.40g/mL、1.98g/mL、1.67g/mL；间歇淋洗的淋洗效率为3.10g/mL、2.48g/mL、2.00g/mL、1.68g/mL，间歇淋洗的淋洗效率始终要高于连续淋洗；由于各离子溶脱淋洗速率不同，改变了土壤中盐分离子组成，土壤由原来$Na^{+}-Cl^{-}$型转变为$Ca^{2+}-SO_4^{2-}$型（王鹏山等，2012）。

对于淡水资源匮乏的滨海盐碱区，其丰富的咸水资源和降雨资源的利用是区域盐碱地改良利用的核心。为解决淡水资源的短缺问题，有研究提出利用当地的自然冷源，进行冬季咸水结冰灌溉，通过咸水结冰冻融实现咸淡水分离。由于不同矿化度咸水的冰点不同，咸水冰融化时，融水矿化度逐渐下降，脱盐效果显著，且与融冰温度有关。在-3℃时，10g/L的咸水冰最初融化的水矿化度高达130g/L，而融水体积仅占总体积的0.75%，到融水占总融水量的39%时，脱盐率已达99.6%，剩余冰含盐量已降至0.063g/L。其他温度条件，当50%的冰融化时，脱盐率均达95%以上。咸水冰融化过程中，融水的钠吸附比也逐渐下降。由于咸水结冰融水矿化度的变化，影响融水在盐渍土的入渗。相对于淡水冰融水入渗，咸水冰融水入渗速度快、深度深，且随咸水冰矿化度和水量升高，以180mm灌水量最好。在土壤含盐量达10～20g/L，180mm的5～15g/L的咸水冰融水入渗完成后0～20cm土壤脱盐率达95%以上，高于淡水冰的84%。咸水冰的钠吸附比影响融水入渗但对脱盐效果没有显著影响。冬季当气温小于-5℃，对滨海盐土灌溉180mm小于15g/L的咸水，地表能形成稳定冰层，春季咸水冰融化后，土壤含盐量降至4g/L以下，而没灌溉的土壤含盐量高达27g/L。由于春季蒸发量大，咸水冰融水入渗完成需结合抑盐措施防止土壤返盐。春季结合地膜覆盖可显著降低土壤盐分含量和提高土壤含水量。咸水结冰灌溉同时促进了大颗粒土壤团聚体的形成，增加土壤微生物的数量，有利于土壤盐分的淋洗和土壤肥力的提高。依据上述研究结果，形成了以冬季咸水结冰灌溉为主体，结合覆盖抑盐、雨水淋盐的滨海重盐碱地改良利用技术体系，为淡水资源匮乏的滨海重盐碱地的开发利用提供了支撑（李志刚等，2008；郭凯等，2010；郭凯等，2016；刘小京，2018）。

（3）水旱轮作。生产实践和科学试验都证明，种稻改良和实施水旱轮作是调节水盐动态，改良利用滨海盐土的好办法。这是由于：一是滨海盐土含盐量高，地势低平排水排盐困难，采用冲洗后种植旱作物的办法，往往需要较长的土壤改良阶段及较高标准的田间水利改良工程。在种稻过程中，因田面经常保持淹灌水层不但可以阻止底土中盐分向上移动，保证水稻的正常生长，而且下渗淡水可以不断淋洗土体盐分，使土壤在种稻过程中逐步脱盐。所需排水排盐及除涝工程标准远低于冲洗种植旱地作物。二是稻田中长期保持较高的淡水水头，在排水沟排水深度不太大的情况下，仍可有一定的水头差，则下渗淡水可稀释替代原矿化度潜水，使之从排水沟中排出，从而逐渐形成潜水淡水层。三是当经过一定时期的种稻，土壤盐分含量降低和脱盐土层厚度增加到一般旱作均能生长的程度，并已形成一定厚度的淡潜水层，即使在种植旱作期间土壤也不致有严重返盐，则可实施水旱轮作。水旱轮作中，水、旱作物种植年限决定于淡潜水层形成和消耗的速度。例如，在河北省芦台农场的观测研究表明，一年中淡潜水消耗30～50cm，则种稻期间所建立的淡水层厚度应大于30cm才能转旱。在中度盐化黏质土壤上，种2～3年水稻后可以转旱。四是滨海平原地处河流最下游，地势低平，发展水稻对其他地区的治理影响较小，对稻田周围土壤的水盐动态影响也小。特别是在低洼和黏质土地区，更适于种稻改良。但种稻必须考虑有较多的淡水水源，种稻及水旱轮作过程中水盐动态调节的原则是：在种稻过程中尽量保存淡水、排出咸水，加速土壤脱盐及潜水淡水层的形成。在旱作过程中控制潜水位，减少淡水层的消耗，防止土壤返盐。研究认为，在实施水旱轮作的地区，应采用深浅沟相结合的明沟排水系统。

（4）覆盖抑盐。秸秆覆盖既起节水作用，又起培肥改土的作用。许多研究表明，土壤覆盖作物秸秆后，土壤的水分蒸发明显降低，盐分在地表的聚集得到明显控制，同时还降低了土表温度，从而降低了水分蒸发量（王诠庄等，1989；李新举等，1999a）。秸秆腐熟分解后，为土壤生物提供了大量营养，有利于微生物的生长繁殖，土壤酶的总活性显著提高（伍玉鹏等，2014）。秸秆覆盖方式主要有秸秆表层覆盖、秸秆夹（隔）层及秸秆翻耕入土三大类。

李新举等（1999b）研究了秸秆覆盖对盐渍土水分状况影响，结果表明，水分蒸发速度与覆盖量显著负相关，随着秸秆覆盖量的增加，水分蒸发速度逐渐降低，盐分表聚现象逐渐减弱，表层盐分含量相对减少。范富等（2012，2015）研究表明，玉米秸秆造夹层处理可促进土壤中硝态氮的累积，化学性状改变明显，pH值下降，养分含量增加；增加秸秆使用量，物理性状也发生明显变化，土壤容重、土粒密度、孔隙度等都得到明显改善。郭相平等（2016）研究了秸秆隔层对滨海盐渍土水盐运移的影响，结果表明，秸秆隔层显著影响隔层以上土层的水分分布，秸秆隔层优化了土壤盐分分布，明显抑制了水分蒸发。焦晓燕等（1992）研究表明，免耕覆盖和耕翻覆盖脱盐效果显著，脱盐率达30%～70%；秸秆反应堆中秸秆起隔盐作用，土壤孔隙状况显著改善，容重减小，土壤pH值降低，土壤脱盐达到轻盐化至非盐化水平（郑艳美，2013）。徐娜娜等（2014）研究表明，添加无机营养液的秸秆粉和添加外源微生物发酵后的秸秆粉分别施入盐碱土，均可使土壤pH值降低，土壤理化性质明显改善，土壤微生物生物量和呼吸强度显著提高。李小牛（2015）在轻中度盐渍化土地上利用玉米秸秆覆盖种植向日葵，结果表明，植株生长状况良好，叶面积指数高，花盘平均质量高，百粒质量也高，总体增产效果显著。

在土壤中建立滤层能提高土壤盐分淋洗效率。孙甲霞等（2012）研究发现，将土壤挖深约80cm，在底部填入直径4～7cm的粗石子，厚约15cm，上覆细沙约5cm，最后将土回填。再起宽为4m，高为25cm的大垄。然后控制土壤基质势在-25～-5kPa，表层土壤含盐量降低，饱和导水率增大，土壤大孔隙对水流的贡献率增大。

孙凯宁等（2018）试验得出，沙砾+复合有机物料层处理的主要离子总含量在0～10cm、10～20cm和20～30cm时分别较对照降低了13.5%、0.61%和27.0%，效果较好；0～30cm土层，沙砾+复合有机物料层分别增加脲酶、蔗糖酶、磷酸酶活性达7.30%、4.70%和3.58%，降低过氧化氢酶活性达8.53%。证明沙砾+复合有机物料层可以较好地抑制盐渍化土壤盐离子在耕层的聚集，同时可以提高土壤酶活性，对改善盐渍化土壤质量具有一定的作用。在滨海地区采用沸石作为隔盐材料比采用传统材料河沙更能有效保水降盐，促进植物光合及生长，可以作为滨海盐碱地区隔盐材料的优先选择（王琳琳等，2015）。

王婧等（2012）采取地膜覆盖与秸秆深埋措施具有显著的抑控盐效果，处理方法为翻耕土壤至30cm，平整土地。前期措施完成后，在30cm深处埋设玉米秸秆层，用量6 000kg/hm^2，随后平整土地，机械覆膜。“上膜下秸”模式可建立“高水低盐”的土壤溶液系统，显著提升并延续灌溉淋洗在20～60cm土层形成的淡化效果，形成“苗期根域淡化层”，可降低土壤体积质量，增加土壤有机质和含水率，从而抑制矿化度较高的潜水蒸发，防止“盐随水来”，提高产量。

（5）生物措施。中、重度盐化的滨海盐渍土，土壤含盐量高，又因成土过程中受海浪的冲压，土层密实呈层状结构，垂直透水性能极差，冲洗水难以下渗，洗盐困难。在冲洗改良阶段种植黄须菜和芦苇等耐盐作物，可改善土壤结构，增加水的入渗，提高淋盐效果。苏北滨海用围堰蓄淡养草的办法，使天然耐盐植被逐渐生长，更替，当过渡到毛草野生时，即可开垦利用。试验研究表明，用种植绿肥、增施有机肥料等方法熟化表土，当10cm厚度的表土有机质含量达到15g/kg以上，土壤容重在1.25g/cm^{3}以下，总孔隙度大于55%，其中非毛管孔隙在15%以上时，即有明显的加强降雨淋盐和阻滞土壤返盐的作用（唐淑英等，1978）。在滨海地区，通过种植绿肥熟化土壤也是调控土壤水盐动态的一项主要措施。特别是在地广人稀、劳力缺乏的新垦区，这项措施更显重要。在雨量较多，生长季节较长的苏北滨海地区已较广泛的采用。

2.2.2 控盐培肥技术

纵观盐碱地改良的各种技术措施，脱盐、排盐是“根”，培肥是“本”。减少土壤中可溶性盐分含量是去除土壤中妨碍植物生长的有害成分，而培肥则是增加土壤的肥力，为植物生长发育提供营养保障（张强等，2018）。

目前，较为有效的培肥方法是增施微生物菌肥、有机肥直接提高肥效，或通过秸秆覆盖等方式间接培肥。

2.2.2.1 增施有机肥

盐碱地在排盐脱盐的基础上，采取施用有机肥培肥土壤是提高土壤肥力、巩固脱盐效果、增产增收的主要途径。土壤有机质能促进土壤微团聚体的形成，从而改善了盐渍土的土壤物理性质，降低土壤容重，增加土壤总孔隙度和毛管孔隙度，增加了土壤的入渗率，从而有利于盐渍土盐分的淋洗。高有机质含量的土壤，能减少蒸发，起到抑盐的作用。土壤中施用有机肥后，土壤有机胶体、腐殖质数量增加，对盐分离子的吸附能力加强，降低了盐渍土中土壤盐分的活性（胡关银等，1996；张锐等，1997；王金才等，2011；朱义等，2012；罗佳等，2016）。

增施生物有机肥能有效降低土壤pH值，且随着施用量的增加，土壤pH值降低幅度增大，施肥初期效果更为明显；增施生物有机肥能提高养分的供应能力，土壤中的全氮、有效磷和有效钾含量均随有机肥施用量的增加而增大（于秀丽等，2013）。在滩涂盐碱地投入微酸性有机肥可以明显加快滩涂盐碱地土壤改良速度，土壤有机质平均增加95.2%，水溶性盐和容重分别降低33.9%和9.15%，在滩涂盐碱地改良初期每公顷使用30～45t微酸性有机肥能明显促进水稻分蘖，提高水稻有效穗，促进穗粒分化，提高水稻单产14.0%～21.4%（朱萍等，2015）。王帅等（2012）通过定位试验，研究了厩肥、有机肥、生物肥等对盐碱土壤有机质、全氮、碱解氮、全磷、速效磷、pH值、速效钾的影响，结果表明，施用有机肥的土壤，其各种营养成分含量均显著提高。施用有机肥显著增加1～0.25mm和0.25～0.05mm土壤微团聚体的含量（周连仁等，2012）。不同有机肥种类影响玉米籽粒氮磷钾浓度，以鸡粪效果最好（王燕辉等，2106）。在潮棕壤上的试验表明，施用有机肥能显著提高速效磷、钾养分含量和有机碳及全磷含量。中量有机肥处理碱解氮含量略有上升，土壤全氮收支基本平衡（宇万太等，2009）。

在20世纪90年代，提出培育土壤“淡化肥沃层”。“淡化肥沃层”是指在不减少土体盐分贮量的前提下，通过提高土壤肥力，以“肥”对土壤盐分进行“时（间）、空

（间）、形（态）”的调控，在农作物主要根系活动层，建立一个良好的肥、水、盐生态环境，达到农作物持续高产稳产（魏由庆等，1992；严慧峻等，1994）。

土壤有机质含量在10g/kg时，开始具有抑盐作用，有机质含量达15g/kg时，抑盐作用明显（严慧峻等，1994）。土壤有机质对土体水分蒸发和盐分表聚有抑制作用，随有机质含量的增加此抑制作用加强。在蒸发过程中，有机质含量越高，土壤表面首先脱水，0～5cm土层含水量迅速下降，从而抑制了土体水分蒸发，使潜水补给量减少，盐分聚积量减少，尤其盐分向表层的聚积量减少。有机质的作用随地下水埋深的增加而减弱。土壤有机质促进了盐分的淋洗，在淋洗过程中，有机质含量高的处理，土体表层的盐分首先开始淋出，淋出溶液的浓度最早达到峰值并开始下降，淋洗过程首先完成。因此，土壤有机质作为土壤肥力物质，影响土壤的水盐动态。据此，可以通过提高土壤有机质含量，培肥地力，抑制土壤表层返盐，促进脱盐，达到以肥调控水盐的目的（单秀枝等，1996）。刘继芳等（2005）采用多种多元分析方法、变量聚类分析、主元分析法和多元回归分析法，对土壤物理、化学、微生物和土壤酶等盐渍土测定指标进行综合分析，最后确定了土壤有机质含量、全氮、速效磷、速效钾、土壤水扩散率、蔗糖酶6项为盐渍土培育（淡化肥沃层）的土壤肥力指标。

培育盐渍土“淡化肥沃层”方法，一是秸秆直接还田法。为防止腐烂过程中麦秸与作物争水争氮，如土壤过干，铺盖前土壤水分调节至18%～20%，并且每施用10kg秸秆，增施1kg尿素，用以调节碳氮比。正常年份黄淮海平原7—8月是高温多雨季节，秋种前，麦秸已大部分腐烂，秋耕时与化肥同时耕翻入土，作为小麦基肥。二是施用优质粪肥。一年两熟粮田，盐渍土亩施1 000～2 000kg粪肥作小麦基肥，化肥用量按照一年两熟亩施30kgN，小麦化肥基肥每亩8kgN，8kgP_2O_5。采取以上两种措施，3年可初建盐渍土“淡化肥沃层”（严慧峻等，1994）。

腐植酸作为有机肥的一种，广泛分布于土壤中，其对土壤的培肥作用已经引起了人们的广泛关注。腐植酸是一种带负电的胶体，能够增加土壤阳离子吸附量，降低表土盐分含量；还可中和土壤中的碱性物质，降低土壤pH值。腐植酸中的羧基、羰基、醇羟基、酚羟基等基团有较强的离子交换和吸附能力，能减少铵态氮损失，提高氮肥利用率。此外，腐植酸能够显著增加土壤自生固氮菌的数量，强化生物固氮作用，提供更加丰富的氮素营养。同时，腐植酸还具有活化钾的功能，增加钾释放量，促进作物对钾的吸收，提高钾肥利用率（陈静等，2014）。朱秋莲等（2015）研究表明，采用腐植酸、有机质、秸秆等材料，研究不同配方改良盐碱地，对枸杞生长、产量、果实性状、含糖量的提高均有促进作用。

滨海盐碱地上周年施用氮肥、有机肥及土壤改良剂用量分别为763kg/hm^2、2 250kg/hm^2、3 167kg/hm^2，均可提高冬小麦籽粒产量，增产幅度分别为9.52%～

29.52%、2.30%～17.82%、2.9%～11.48%；玉米季施用氮肥、有机肥均可提高玉米产量，增产幅度分别为29.37%～45.74%、1.69%～11.15%，小麦改良剂的后效对玉米也有明显增产效果，增产幅度为3.50%～8.33%（王立艳等，2016）。

2.2.2.2 合理施用缓控释尿素

氮肥对于增加小麦株高、生物量、产量效果明显，不施氮肥小麦减产严重；普通氮肥与增效肥料均可提高小麦产量，但普通肥料在减氮25%的情况下，产量明显下降，而增效肥料在减量25%的情况下，产量降低不明显，原因可能是由于增效肥料养分释放缓慢、流失少、利用率高，在降低使用量的情况下，仍能满足小麦的生长需求。增效肥料在化肥减量增效方面效果显著，与普通氮肥相比，可降低土壤硝态氮累积和淋溶量；相同施氮量的情况下，增效肥料可较长时间维持土壤供氮能力，减少氮素损失，氮肥利用率可提高16.16%～79.47%（程文娟等，2017）。

控释肥与非控释肥结合一次性施用，可以解决控释肥在作物生育前期养分释放稍慢的问题，满足作物整个生长发育期的养分需求，提高土壤养分有效性，具有更为显著的增产效果。一次性施肥处理（非控释氮和控释氮1∶2配合）与同等养分水平的优化施肥处理相比，棉花的干物质积累量和各器官氮磷含量均有显著提高，前者花铃期氮磷养分总积累量分别比优化施肥处理高23.39%和13.97%（何伟等，2018）。在中度滨海盐碱地采用一次性施肥处理措施节本增产效果较好（何伟等，2018）。

与习惯施肥处理相比，控释掺混肥处理可降低土壤全盐量6.6%～13.2%；相比习惯施肥处理，控释掺混肥处理在小麦各个时期增加了耕层土壤的硝态氮含量，增幅为2.9%～13.1%；控释掺混肥小麦产量较习惯施肥处理增加15.4%，纯收入增加1 682元/hm^2，差异显著。从施肥便捷性、小麦产量和纯收入考虑，在低含盐量的滨海盐碱地种植小麦，推荐施用控释掺混肥（朱家辉等，2017）。

2.2.2.3 有机无机配施

尹志荣等（2016）研究表明，宁夏盐碱地减施1/2化肥+增施1倍羊粪+增施1倍生物有机肥施肥模式（即冬灌前结合整地翻耕施入脱硫石膏30 000kg/hm^2，化肥按纯N 112.5kg/hm^2、P_2O_5 90kg/hm^2、K_2O 37.5kg/hm^2、$ZnSO_4$ 11.25kg/hm^2计算施用，羊粪按60 000kg/hm^2施用，生物有机肥按2 400kg/hm^2施用，化肥、生物有机肥及羊粪播前基施，N肥70%基施，30%追施）施用显著提高0～20cm土壤养分含量，降低土壤pH值和全盐含量；极显著降低土壤碱化度，有效改善土壤生物活性，细菌数量增加40.3倍、放线菌数量增加1.5倍；水稻产量达7 000.5kg/hm^2，增产22.81%。减量化肥（习惯施肥量减量20%）+有机肥处理棉花产量最高，比不施肥处理高31.14%，比习惯施肥处理高13.37%。籽棉产量与吐絮期土壤碱解氮、有效磷含量呈显著正相关。在中度滨海盐碱地采用减量化肥（习惯施肥量减量20%）+有机肥和一次性施肥处理措施节本增产效果较好（何伟等，2018）。在秸秆田并施用复合肥的基础上，鸡粪与牛粪混合施用或施入菌肥均可明显提高土壤养分含量；施入鸡粪和牛粪均可明显促进冬前小麦植株生长，还可增加穗长和茎粗，且施用牛粪或施入低量菌肥均能明显提高小麦产量。在秸秆还田并施用复合肥的基础上，鸡粪与牛粪混合施用或施入菌肥均能够显著提高中低产田的土壤肥力和小麦产量（吕丽华等，2016）。甘肃沿黄灌区研究表明，有机肥替代部分化肥的各处理产量均高于100%化肥的处理，以200kg/亩普通有机肥替代10%化肥处理的增产幅度最大，为12.6%；单施有机肥在短期内不能提高马铃薯块茎产量，有机肥替代部分化肥能够保持（提高）产量，以200kg/亩有机肥替代10%～30%化肥为宜（高怡安等，2016）。河西绿洲灌溉区有机肥替代30%化肥显著提高玉米的株高、双穗率、地上部分生物量、产量和土壤养分的容量和供应强度，土壤可培养真菌、细菌、氨化细菌和固氮菌与土壤全氮、有效磷、有效钾和有机质均显著正相关，而可培养放线菌数量与土壤养分均负相关。不同施肥方式下土壤养分和土壤微生物类群及数量随玉米生育期的完成而逐渐趋同化（祝英等，2015）。施用有机肥替代化肥大幅度减少温室气体的排放，提升土壤肥力，增加小麦和玉米产量，同时可使农业生态系统由碳源向碳汇转变（Liu et al.，2015）。习惯施肥处理减量20%～40%配施以3 000kg/hm^2、6 000kg/hm^{2}有机肥不仅不会导致棉花减产，而且对提高土壤硝化势和矿化能力、土壤酶活性、调节土壤细菌、真菌、放线菌群落组成结构，改善北疆绿洲滴灌棉田土壤生物学性状有显著作用（陶瑞等，2015；陶磊等，2014）。在兼顾产量和籽粒品质等因素下，利用常规化肥用量的75%，其余亏缺的养分用有机肥补充，能获得比单施化肥处理更高的产量，并在一定程度上改善作物品质，减少过度使用化肥造成的环境污染（李占等，2013）。25%有机肥替代氮化肥处理的氮肥利用率和氮肥农学效率分别为43.8%和11.3kg，是所有处理中最高的。说明小麦生产上有机肥氮可以在一定范围内部分替代化肥氮（陈志龙等，2013）。

农产品移除和有机肥投入对于农田土壤酸化是互逆的两个过程，长期有机肥投入可弥补农产品移除引起的土壤盐基矿物损失（孟红旗等，2012）。土壤的供肥能力是玉米高于小麦，采用有机肥与氮磷化肥配施是粮田持续高产和土壤培肥的有效措施（刘杏兰等，1996）。

2.2.2.4 秸秆还田技术

我国是秸秆资源最为丰富的国家之一，一年可生产6亿～8亿吨秸秆，且随着农作物产量的提高，秸秆量还将增加（王亚静等，2010）。作物秸秆中含有大量有机质、氮、磷、钾和微量元素，是农业生产重要的有机肥源之一。据分析，100kg鲜秸秆所含营养成分相当于2.4kg氮肥、3.8kg磷肥和3.4kg钾肥。将500kg农作物秸秆还田，相当于给土壤施入标准肥50kg以上，土壤有机质含量可提高0.03个百分点左右，并且使土壤的容重减少，透水性、透气性、团粒结构增加，蓄水保墒能力增强（崔富春等，2006）。

秸秆还田利用方式有多种，如秸秆覆盖、整株还田、根茬粉碎还田、秸秆生物质反应堆等（李芙荣，2013）。

在滨海盐碱地连续3年棉花秸秆还田显著降低耕层土壤容重和土壤微团聚体含量，显著提高土壤大团聚体含量，显著提高土壤有机质、硝态氮、铵态氮和速效钾含量，显著降低土壤含盐量。棉花秸秆还田分别比未还田显著提高棉花籽棉产量和皮棉产量，但对棉花单铃重和衣分无显著影响（秦都林等，2017）。

秸秆还田、秸秆还田+秸秆覆盖、秸秆覆盖等秸秆的3种处理利用方式对滨海盐碱地改良均能起到一定的效果，相比单一的改良肥，秸秆还田方式具有结构改良和肥力改良双重效果；对比不同的覆盖材料，在降碱排盐和应对返盐条件下，秸秆覆盖也表现出更加稳定且生态环保的优势；在自然环境条件变化下，秸秆综合利用方式能够有效减少毛细作用，抑制地表蒸发，提升土壤有机质含量，具有良好的改良效果（葛云等，2018）。

2.2.2.5 土壤改良剂施用技术

施用改良剂$CaSO_4$早期可引起土壤表层电导率升高，但到作物生长中、后期已与不施改良剂的相近。改良剂具有增加植株中K^+含量、降低Na^+含量，减轻植株盐分离子胁迫的调控效果（刘春卿等，2004）。在滨海重度盐土原土上，掺拌秸秆以及秸秆与其他物料组合能有效降低土壤容重，增加土壤非毛管孔隙度，同时还能提升土壤饱和导水率，实现土壤的快速脱盐不返盐。掺拌秸秆+粗沙+石膏不仅改善了土壤的理化性质，同时还提高了绿化植物成活率（李金彪等，2015）。杨建国等（2011）采用“脱硫废弃物施用+平整土地+深松耕+水盐调控+平衡施肥+耐盐作物种植”的模式，对轻度碱化盐荒地具有良好的改良效果。而施用脱硫石膏+改良剂、有机肥、灌水、种植水稻集成模式，水稻各生育期株高、SPAD值、光合速率、脯氨酸含量、过氧化物酶活性等指标显著优于空白对照，对盐碱土的改良效果和水稻经济产量好于其他处理（沈婧丽等，2016）。

2.2.3 水肥耦合技术

灌溉施肥是农业活动中最重要的农艺措施，在盐碱地的灌溉施肥中，必须兼顾压盐与供水供肥，单一的施肥与灌溉不能做到综合降盐改碱和增产效应。因此，水肥的合理调控是降低滨海盐渍化土盐分含量和作物增产高效的重要措施（王立艳等，2016）。

Halvorson等（2000）的研究表明，灌水能有效降低土壤盐分，施肥易造成盐碱地的板结，合理调控水肥的施用，既能降低盐分也能改善土壤性状。Rooney等（1998）

将水肥综合调控技术运用于盐碱地取得了良好的控盐效果。在20世纪80年代，孙德营等（1986）在内陆平原盐碱地小麦的种植技术改良中就提出了通过水肥调控改善盐碱地土壤碱、板、凉、薄的特点。马军（2010）在总结多年低洼盐碱地水稻栽培经验的基础上，提出了盐碱地水稻科学种植中水肥耦合的科学增产途径。辛静静（2013）系统讨论了河套地区盐分胁迫下不同水肥管理模式对土壤与作物的影响，结果表明轻度盐碱地中选择正常低肥水肥组合模式效果较佳，中度盐碱地中选择中旱低肥水肥组合模式效果较佳，重度盐碱地中选择正常高肥水肥组合模式效果较佳。郭新送（2015）探讨了黄河三角洲轻度盐渍化土水肥盐的互作效应关系，明确不同水肥运筹模式对轻度盐渍化土的盐碱改良效果及夏玉米增产效应，结果表明，灌水1倍耕层土壤孔隙体积+施肥（$N-P_2O_5-K_2O$：270-90-0，kg/hm^2）1：2基追比运筹模式最为经济有效；而灌水1.5倍耕层土壤孔隙体积+施肥（$N-P_2O_5-K_2O$：270-90-0，kg/hm^2）1：2基追比运筹模式可作为当地长期控盐、稳产增产及提高水肥利用率的推荐水肥运筹模式。

余世鹏等（2011）针对黄淮海平原等易盐地区耕地盐碱障碍消减和综合质量提升的研究目标，开展多因子和不同因子水平下的微区玉麦轮作试验，综合分析不同N肥投入、土壤培肥、秸秆覆盖、优化灌溉等措施对不同盐碱程度耕地生产力和水肥盐状况等综合质量的调控效果，并初步提出水肥盐优化调控模式。研究表明，易盐区枯水年夏玉米种植期积盐风险高于冬小麦期；单一的高N投入措施利于轻度盐碱耕地增产但对中度盐碱耕地产量提升和盐渍害防控效果不显著；有机肥施用可有效培肥土壤，促进土壤排盐抑碱，提升生产力；秸秆覆盖能显著提升土壤保水能力，抑制表土盐碱害，但其对作物根层盐碱抑制效果不明显，需结合优化灌溉来加速根层盐分淋洗；水肥盐优化调控措施可提升盐碱土壤供N能力，减少化肥用量，利于降低农业成本并改善土壤生态环境；易盐区盐碱耕地根层土壤积盐和表土碱害风险长期存在，需结合水肥盐调控措施和农艺及水利措施来综合防控。

参考文献

陈静，黄占斌，2014. 腐植酸在土壤修复中的作用[J]. 腐植酸（4）：30-34.

陈志龙，陈杰，许建平，等，2013. 有机肥氮替代部分化肥氮对小麦产量及氮肥利用率的影响[J]. 江苏农业科学，41（7）：55-57.

程文娟，肖辉，王立艳，等，2017. 滨海盐碱地氮肥高效利用及作物高产施肥技术研究[J]. 天津农业科学，23（6）：30-33.

崔富春，郑德聪，武月明，等，2006. 作物秸秆综合利用技术[M]. 北京：中国社会出版社：1-5.

单秀枝，魏由庆，严慧峻，等，1996. 表土有机质含量对水盐运动影响的模拟研究[J]. 土壤肥料（5）：1-5.

范富，徐寿军，宋桂云，等，2012. 玉米秸秆造夹层处理对西辽河地区盐碱地改良效应研究[J]. 土壤通报，43（3）：696-700.

范富，张庆国，邰继承，等，2015. 玉米秸秆夹层改善盐碱地土壤生物性状[J]. 农业工程学报，38（4）：133-138.

付腾飞，张颖，徐兴永，等，2017. 山东滨海低平原区盐渍土盐分的时空变异研究[J]. 海洋开发与管理（12）：38-45.

高怡安，程万莉，张文明，等，2016. 有机肥替代部分化肥对甘肃省中部沿黄灌区马铃薯产量、土壤矿质氮水平及氮肥效率的影响[J]. 甘肃农业大学学报，51（2）：54-60.

葛云，程知言，胡建，等，2018. 不同秸秆利用方式下江苏滨海盐碱地盐碱障碍调控[J]. 江苏农业科学，46（2）：223-227.

郭凯，巨兆强，封晓辉，等，2016. 咸水结冰灌溉改良盐碱地的研究进展及展望[J]. 中国生态农业学报，24（8）：1 016-1 024.

郭凯，张秀梅，李向军，等，2010. 冬季咸水结冰灌溉对滨海盐碱地的改良效果研究[J]. 资源科学，32（3）：431-435.

郭相平，杨泊，王振昌，等，2016. 秸秆隔层对滨海盐渍土水盐运移影响[J]. 灌溉排水学报，35（5）：22-27.

郭新送，2015. 滨海轻度盐渍化土小麦水肥运筹模式研究[D]. 泰安：山东农业大学.

韩霁昌，解建仓，成生权，等，2009a. 以蓄为主盐碱地综合治理工程设计的合理性研究[J]. 水利学报（12）：1 512-1 516.

韩霁昌，解建仓，朱记伟，等，2009b. 陕西卤泊滩盐碱地综合治理模式的研究[J]. 水利学报，40（3）：372-377.

何伟，韩飞，关瑞，等，2018. 滨海盐碱地不同施肥模式对棉花氮磷养分积累和产量的影响[J]. 水土保持学报，32（3）：295-300.

胡关银，费兴国，1996. 施用有机肥对巩固改良盐碱地的效果[J]. 甘肃农业科技（6）：31-32.

胡一，韩霁昌，杜宜春，等，2015. 陕西盐碱地分布成因与开发造田模式分析[J]. 安徽农业科学，43（11）：301-303.

贾春青，张瑞坤，陈环宇，等，2018. 滨海盐碱地地下水位对土壤盐分动态变化及作物生长的影响[J]. 青岛农业大学学报（自然科学版），35（4）：283-290.

焦晓燕，池宝亮，李东旺，1992. 盐碱地秸秆覆盖效应的研究[J]. 山西农业科学（8）：1-3.

李芙荣，2013. 滨海滩涂盐渍土覆盖阻盐控盐和土壤质量提升技术模式研究[D]. 马鞍山：安徽工业大学.

李金彪，刘广明，陈金林，等，2017. 不同物料掺拌对滨海重度盐土的改良效果研究[J]. 土壤通报，48（6）：1 481-1 485.

李小牛，2015. 盐碱地秸秆覆盖对向日葵生长发育及产量的影响[J]. 山西水土保持科技（4）：13-14.

李新举，张志国，李永昌，1999b. 秸秆覆盖对盐渍土水分状况影响的模拟研究[J]. 土壤通报，30（4）：176-177.

李新举，张志国，1999a. 秸秆覆盖对土壤水分蒸发及土壤盐分的影响[J]. 土壤通报，30（6）：257-258.

李占，丁娜，郭立月，等，2013. 有机肥和化肥不同比例配施对冬小麦—夏玉米生长、产量和品质的影响[J]. 山东农业科学，45（7）：71-77.

李志刚，刘小京，张秀梅，等，2008. 冬季咸水结冰灌溉后土壤水盐运移规律的初步研究[J]. 华北农学报（S1）：187-192.

刘春卿，杨劲松，陈德明，2004. 管理调控措施对土壤盐分分布和作物体内盐分离子吸收的作用[J]. 土壤学报（2）：230-236.

刘广明，杨劲松，2003. 地下水作用条件下土壤积盐规律研究[J]. 土壤学报，40（1）：65-69.

刘继芳，韩昀，魏由庆，等，2005. 多元分析在确立盐渍土“淡化肥沃层”指标中的应用[J]. 农业网络信息（10）：22-25.

刘小京，2018. 环渤海缺水区盐碱地改良利用技术研究[J]. 中国生态农业学报，26（10）：1 521-1 527.

刘杏兰，高宗，刘存寿，等，1996. 有机—无机肥配施的增产效应及对土壤肥力影响的定位研究[J]. 土壤学报（2）：138-147.

龙文瑞，1993. 滨海盐渍土的水盐动态及其调控[J]. 土壤通报（S1）：23-30.

罗佳，盛建东，王永旭，等，2016. 不同有机肥对盐渍化耕地土壤盐分、养分及棉花产量的影响[J]. 水土保持研究，23（3）：48-53.

吕丽华，姚海坡，申海平，等，2016. 不同肥料种类对小麦产量和土壤肥力的影响[J]. 河北农业科学，20（2）：34-39.

马军，2010. 低洼盐碱地水稻高产栽培技术[J]. 宁夏农林科技（5）：84-85.

孟红旗，吕家珑，徐明岗，等，2012. 有机肥的碱度及其减缓土壤酸化的机制[J]. 植物营养与肥料学报，18（5）：1 153-1 160.

秦都林，王双磊，刘艳慧，等，2017. 滨海盐碱地棉花秸秆还田对土壤理化性质及棉花产量的影响[J]. 作物学报，43（7）：1 030-1 042.
沈婧丽，王彬，田小萍，等，2016. 不同改良模式对盐碱地土壤理化性质及水稻产量的影响[J]. 江苏农业学报，32（2）：338-344.
孙德营，李哲，王承志，等，1986. 盐碱地小麦生态生理特征及栽培技术的研究[J]. 河南农业科学（9）：1-3.
孙贯芳，屈忠义，杜斌，等，2017. 不同灌溉制度下河套灌区玉米膜下滴灌水热盐运移规律[J]. 农业工程学报，33（12）：144-152.
孙甲霞，康跃虎，胡伟，等，2012. 滨海盐渍土原土滴灌水盐调控对土壤水力性质的影响[J]. 农业工程学报，28（3）：107-112.
孙凯宁，王克安，杨宁，2018. 隔盐方式对设施盐渍化土壤主要盐离子空间分布及酶活性的影响[J]. 水土保持研究，25（3）：57-61.
唐淑英，张丽君，1978. 土壤耕层熟化度对水盐动态的影响[J]. 土壤学报（1）：39-53.
陶磊，褚贵新，刘涛，等，2014. 有机肥替代部分化肥对长期连作棉田产量、土壤微生物数量及酶活性的影响[J]. 生态学报，34（21）：6 137-6 146.
陶瑞，唐诚，李锐，等，2015. 有机肥部分替代化肥对滴灌棉田氮素转化及不同形态氮含量的影响[J]. 中国土壤与肥料（1）：50-56.
王金才，尹莉，2011. 盐碱地改良技术措施现[J]. 现代农业科技（12）：282-284.
王婧，逄焕成，任天志，等，2012. 地膜覆盖与秸秆深埋对河套灌区盐渍土水盐运动的影响[J]. 农业工程学报，28（15）：52-59.
王立艳，肖辉，程文娟，等，2016. 滨海盐碱地不同培肥方式对作物产量及土壤肥力的影响[J]. 华北农学报，31（5）：222-227.
王琳琳，李素艳，孙向阳，等，2015. 不同隔盐措施对滨海盐碱地土壤水盐运移及刺槐光合特性的影响[J]. 生态学报，35（5）：1 388-1 398.
王鹏山，张金龙，苏德荣，等，2012. 不同淋洗方式下滨海沙性盐渍土改良效果[J]. 水土保持学报，26（3）：136-140.
王诠庄，徐树贞，1989. 麦田秸秆覆盖的作用及其节水效应的初步研究[J]. 干旱地区农业研究（2）：7-15.
王帅，杨阳，郑伟，等，2012. 不同培肥方式对盐碱土壤肥力改良效果的研究[J]. 中国农学通报，28（33）：172-176.
王亚静，毕于运，高春雨，2010. 中国秸秆资源可收集利用量及其适宜性评价[J]. 中国农业科学，43（9）：1 852-1 859.
王燕辉，吉艳芝，崔江慧，等，2016. 滨海盐渍土地区不同有机肥对玉米体内养分浓度及分配的影响[J]. 华北农学报，31（2）：164-169.

王遵亲，祝寿泉，俞仁培，等，1993. 中国盐渍土[M]. 北京：科学出版社.

魏由庆，1995. 从黄淮海平原水盐均衡谈土壤盐渍化的现状和将来[J]. 土壤学进展，23（2）：18-25.

伍玉鹏，彭其安，Muhammad Shaaban，等，2014. 秸秆还田对土壤微生物影响的研究进展[J]. 中国农学通报，30（29）：175-183.

辛静静，2013. 盐分胁迫下不同水肥管理模式和残膜量对土壤与作物影响研究[D]：呼和浩特：内蒙古农业大学.

徐娜娜，解玉红，冯炘，2014. 添加秸秆粉对盐碱地土壤微生物生物量及呼吸强度的影响[J]. 水土保持学报，28（2）：185-188.

严慧峻，魏由庆，刘继芳，等，1994. 洼涝盐渍土“淡化肥沃层”的培育与功能的研究[J]. 土壤学报，31（4）：413-421.

杨建国，樊丽琴，许兴，等，2011. 盐碱地改良技术集成示范区水土环境变化研究初报[J]. 中国农学通报，27（1）：279-285.

杨劲松，姚荣江，2007. 黄河三角洲地区土壤水盐空间变异特征研究[J]. 地理科学（3）：348-353.

姚荣江，杨劲松，2007. 黄河三角洲地区土壤盐渍化特征及其剖面类型分析. 干旱区资源与环境，21（11）：106-112.

尹志荣，黄建成，桂林国，2016. 稻作条件下不同施肥模式对原土盐碱地的改良培肥效应[J]. 土壤通报，47（2）：414-418.

于秀丽，赵明家，2013. 增施生物有机肥对盐碱土壤养分的影响[J]. 吉林农业大学学报，35（1）：50-54，57.

余世鹏，杨劲松，刘广明，2011. 不同水肥盐调控措施对盐碱耕地综合质量的影响[J]. 土壤通报，42（4）：942-947.

宇万太，姜子绍，马强，等，2009. 施用有机肥对土壤肥力的影响[J]. 植物营养与肥料学报，15（5）：1 057-1 064.

张鹏锐，李旭霖，崔德杰，等，2015. 滨海重盐碱地不同土地利用方式的水盐特征[J]. 水土保持学报，29（2）：117-121，203.

张强，赵文娟，陈卫峰，等，2018. 盐碱地修复与保育研究进展[J]. 天津农业科学，24（4）：65-70.

张锐，严慧峻，魏由庆，等，1997. 有机肥在改良盐渍土中的作用[J]. 土壤肥料（4）：11-14.

张亚年，李静，2011. 暗管排水条件下土壤水盐运移特征试验研究[J]. 人民长江，42（22）：70-72，88.

赵耕毛，刘兆普，陈铭达，等，2003. 不同降雨强度下滨海盐渍土水盐运动规律模拟实验研究[J]. 南京农业大学学报（2）：51-54.

郑艳美，2013. 秸秆生物反应堆对滨海盐碱土的改良培肥效果[J]. 贵州农业科学，41（5）：97-99.

周和平，张立新，禹锋，等，2007. 我国盐碱地改良技术综述及展望[J]. 现代农业科技（11）：159-161，164.

周连仁，国立财，于亚利，2012. 秸秆还田对盐渍化草甸土有机质及微团聚体组分的影响[J]. 东北农业大学学报，43（8）：123-127.

朱家辉，陈宝成，王晓琪，等，2017. 滨海盐碱地控释掺混肥配施调理剂对小麦生长的影响[J]. 化肥工业（4）：61-66.

朱萍，王华，夏伟，等，2015. 微酸性有机肥用量对滩涂土壤理化性状及水稻产量的影响[J]. 上海农业学报（6）：101-103.

朱秋莲，何长福，聂玉红，等，2015. 土壤盐碱地改良试验研究[J]. 农业科技与信息（3）：42-43.

朱义，崔心红，张群，等，2012. 有机肥料对滨海盐渍土理化性质和绿化植物的影响[J]. 上海交通大学学报：农业科学版，30（4）：91-96.

祝英，王治业，彭轶楠，等，2015. 有机肥替代部分化肥对土壤肥力和微生物特征的影响[J]. 土壤通报（5）：1 161-1 167.

HALVORSON A D，REULE C A，ANDERSON R L，2000. Evaluation of management practices for converting grassland back to cropland. [J]. Journal of Soil & Water Conservation，55（1）：57-62.

LIU H，LI J，LI X，et al.，2015. Mitigating greenhouse gas emissions through replacement of chemical fertilizer with organic manure in a temperate farmland [J]. Science Bulletin，60（6）：598-606.

LIU M X，YANG J S，LI X M，et al.，2013. Distribution and dynamics of soil water and salt under different drip irrigation regimes in northwest China[J]. Irrigation Science，31（4）：675-688.

PHOCAIDES A，2007. Water quality for irrigation[M]//Handbook on Pressurized Irrigation Techniques. 2nd ed. Rome，Italy：Food and Agriculture Organization of the United Nations.

ROONEY D J，BROWN K W，THOMAS J C，1998. The Effectiveness of Capillary Barriers to Hydraulically Isolate Salt Contaminated Soils [J]. Water，Air，&Soil Pollution，104（3）：403-411.

3 滨海盐碱地多水源高效利用

耕地是农业生产的重要基础，是土地资源的精华。中国自改革开放以来，大量农用耕地特别是优质耕地资源因城市扩张、基础设施建设等被占用。为保障国家粮食安全，守住耕地面积不低于18亿亩的红线，盐碱地作为重要的后备耕地资源，逐渐被开发、利用（周和平等，2007）。据统计，世界各国每年因土壤盐碱化造成的农业经济损失达12亿美元，严重威胁着世界粮食安全并制约着农业生产的可持续发展（Raine et al.，2007）。中国盐碱地主要分布在滨海、西北、东北、华北地区，其中滨海盐土、海涂和浅海面积约为$1.4 \times 10^7 hm^2$（彭成山等，2006）。受土壤水盐胁迫影响，盐碱地耕地资源化后土地生产力低下仍影响着粮食的有效供给和粮食安全水平。

适宜的土壤水分是维持作物生长的首要前提。少量的土壤盐分对作物正常生长影响不大，但超过一定限度将抑制作物生长发育和产量形成。盐碱地土壤中水分是盐分的溶剂和移动载体，水盐运动密不可分。在土壤水分循环过程中，溶解的盐分随着水分运动和变化；反过来，盐分浓度又会对水分运动产生作用。盐分对作物生长的影响需溶解在水中方能显现出来；同时，水分对作物生长的影响又受到盐分的制约，盐分的存在降低了水分的有效性（张俊鹏，2015）。采用适当的灌溉、耕作措施调控土壤水盐分布，促使作物根区土壤水盐含量在适宜范围之内，是实现盐碱地作物高产的重要前提。然而，若灌溉方法不当，很可能会恶化土壤环境，引发水盐胁迫，危害作物生长。原因是在灌溉过程中，灌溉水对土壤水盐动态产生两个方面的影响：一方面能将表土盐分淋向下部土层；另一方面渗漏水补给土壤水及地下水，抬高地下水位，增强土壤水盐的向上运动。如果这一作用强于灌溉和降水的淋盐作用，则会导致盐分表聚，产生土壤次生盐渍化。

滨海盐渍土多发育在河流三角洲上，土地资源丰富，开发前景广阔，但因地表淡水资源匮乏、地下水埋深浅且高矿化度、地面蒸发强烈，加上地势低平、排水不畅及不合理的灌溉制度等因素造成土壤积盐严重（吴向东，2012）。其中，黄河三角洲地区是黄河水流携带泥沙在现代入海口的渤海凹陷处沉积而形成的扇形冲积平原，面积为5 450～8 200km^2（Fan et al.，2011）。该区域在海水反复浸灌与蒸发循环后，盐碱成分逐渐沉积，导致严重的土壤盐碱化。黄河三角洲地区年降水量为530～630mm，蒸发量1 750～2 430mm，蒸降比约为3.5：1。在强烈蒸发作用下，土壤及地下水中的可溶性盐分随毛管水流上升，经不断蒸发浓缩而积聚于地表。此外，土壤垦殖后植被破坏，以及为追求高产、高效益而采取过量灌溉，导致地下水位上升，也会引起土壤盐分在地表累积，致使土壤质量退化，严重情况下甚至导致耕地撂荒，从而给人们的生产、生活以及生态环境带来不良影响。

滨海地区淡水资源匮乏，作物生长过程中时常遭受干旱胁迫、盐分胁迫或水盐联合胁迫作用的影响，作物对灌溉的依赖性强。采用合理的灌排技术、高效利用咸淡水资源，调控好作物根区土壤水盐分布，对实现滨海盐碱地作物高效生产至关重要。本章将从以下几个方面阐述滨海盐碱地水盐调控与高效用水技术。

3.1 滨海盐碱地咸水利用模式

传统盐碱地的改良方法需要大量淡水进行冲洗压盐，然而，我国滨海地区淡水资源极其匮乏，但地下咸水储量丰富。滨海盐碱地的主要成因是浅层地下咸水蒸发导致土壤聚盐，合理利用这部分水源，降低地下水位可从根本上治理盐碱地。实践证明，若灌溉管理得当，咸水可以替代淡水用于盐碱地水盐调控和农业生产（郭凯等，2016；李晓彬等，2019；李丹等，2020）。大量未开发利用咸水的存在，不仅闲置了有限的水资源，而且给农业生产、环境保护带来威胁。例如，大量地下咸水体会造成土地盐碱化，影响作物产量，也使地下水长期处于饱和状态，占据有效地下库容，使其不能调蓄雨水，影响抗旱、防涝和治碱（张余良，2010）。滨海地区咸水开发利用不仅有利于缓解区域水资源短缺与需求量增加的矛盾，而且有利于地下水资源更新、淡水储存及环境生态建设和保护，对实现盐碱土改良和农业持续稳定发展具有重要意义。

咸水灌溉具有两面性，若利用方法得当，可以补充土壤水分、淋溶土壤盐分，促进作物生长发育；若灌溉管理不当，易导致盐离子在根际层土壤中存留，积累过量会造成土壤质量恶化和作物减产。逄焕成等（2004）研究指出，利用咸水进行灌溉时，一次性灌溉量不宜过低，否则会使一部分盐分滞留在表层土壤。肖振华等（1998）研究表明，在利用咸水进行灌溉时，灌溉水带入土壤的盐分在土壤中累积与淋洗交替进行，当灌溉水矿化度小于3g/L时，土壤剖面中的盐分处于平衡状态，超过3g/L，则有不同程度的积盐。确保农业生产经济效益不明显降低和生态环境不破坏是安全高效利用咸水资源的前提条件。选用适宜的灌溉模式是控制盐分在作物根区累积，实现咸水安全利用的关键。本节基于已有报道和研究成果（张余良，2010；Zhang et al.，2018，2020），对咸水灌溉方式、利用模式和灌溉制度总结如下。

3.1.1 咸水灌溉方式

灌水方法是影响土壤水盐分布和运移特性的重要因素之一，同一矿化度咸水采用不同灌溉方式对作物造成的影响效应存在很大差异。目前，常用的咸水灌溉方式包括地面灌溉（畦灌和沟灌）和微灌（微喷灌、地表滴灌、膜下滴灌、地下滴灌、涌泉灌）等。

3.1.1.1 地面灌溉

地面灌溉是采用畦、沟等地面设施对作物进行灌水的方式，是最古老和最常见的灌溉方法，灌溉水引入农田后，在重力和土壤毛管力作用下渗入土壤。田间工程设施简单，不需能源，易于实施，至今仍为世界各国广泛采用。全世界灌溉面积中，约有90%采用地面灌溉。然而，地面灌溉具有灌水定额大、灌水均匀性差、劳动生产率较低等缺点。对于咸水而言，灌水定额大，意味着带入农田的盐分就多，并且灌水后蒸发强度大易导致盐分表聚。因此，在我国降雨稀少的西北内陆盐碱地不建议采用咸水地面灌溉技术。滨海盐碱区降雨较为充沛，能够对咸水带入作物根区土壤的盐分形成有效淋洗，可采用咸水地面灌溉技术，但需要制定较严格的灌水时期和灌溉水矿化度阈值。

3.1.1.2 微灌

微灌是按照作物生长需求，通过管道系统与安装在末级管道上的灌水器，将水分和养分以较小的流量，均匀、准确地直接输送到作物根部附近土壤的一种灌水方法。与传统全面湿润的地面灌和喷灌相比，微灌仅以较小的流量湿润作物根区附近的部分土壤，因此，又称为局部灌溉技术。具有省工、节水、灌溉均匀度高、适应性强、易于实现自动控制等优点，但投资大、灌水器易堵塞，对灌溉水质要求高、技术要求较复杂。

滴灌一般是沿作物种植行铺设滴灌管或滴灌带，其优点是局部湿润，节水效果好且可将土壤盐分淋洗到根部区域以外。滴灌被认为是最适于咸水灌溉的方式之一（Malash et al.，2008；李晓彬等，2019）。咸水滴灌主要有两个优势：一是避免叶面灼伤，对比微咸水滴灌与喷灌西红柿叶烧死面积，发现喷灌是滴灌的2倍多；另一个是滴灌的高频淋洗作用促使盐分向湿润锋附近累积，从而在滴头附近范围内形成一淡化区，同时维持较高的土壤基质势，进而为作物生长创造良好的水分环境。

3.1.2 咸水利用方式

利用咸水灌溉作物的方式，包括咸水直接灌溉、咸淡水混合灌溉和咸淡水交替灌溉。咸水直接灌溉用于没有淡水资源或淡水资源严重缺乏的地区，但咸水矿化度最好小于5g/L，且Na^+含量不宜过高。

咸淡水混合灌溉是指将咸水和淡水合理配比形成适合作物生长的微咸水再用于灌

溉。该技术主要利用作物各生长期对灌溉水矿化度要求有一个阈值的原理，淡水和咸水混合后将灌溉水矿化度控制在这一阈值之内，适宜各种作物对灌溉水质的要求，咸淡水混合灌溉技术可节约淡水，同时能够利用较高矿化度的咸水。

咸淡水交替灌溉（咸淡轮灌）是根据实际条件和作物生长需求交替使用高低浓度的水灌溉。咸淡水交替灌溉可有效调控作物根区水盐分布，是保证作物健康生长、提高水资源利用效率的一项重要措施。一般情况下，在不同作物轮作或套种时，耐盐性较强的作物用咸水灌溉，耐盐性较弱的作物用淡水灌溉；根据作物不同生长阶段耐盐性存在差异的特点，在作物生长早期、对盐分较为敏感的阶段用淡水灌溉，在生长后期、对盐分不敏感的阶段用咸水灌溉。不同质量水源利用方式的选择取决于水源的矿化度、作物种类、作物耐盐特性、种植模式、气候条件、土壤质地、经济发展水平等。

3.1.3 咸水灌溉制度

农作物的灌溉制度是指作物播种前以及全生育期内的灌水次数、灌水日期、灌水定额和灌溉定额。微咸水灌溉应根据作物种类、土壤特征、灌溉水质、气候条件来确定合理的灌溉制度。咸水安全灌溉的关键在于控制作物根区土壤溶液含盐量。对于咸淡水轮灌地区，咸水浓度越高，咸水灌溉次数应越少；对于咸水直接灌溉的地区，为了降低土壤溶液浓度以及淋洗土壤中的盐分，应加大咸水灌溉定额，尤其是一次灌溉水量。在干旱和半干旱地区，缩短灌溉周期、加大灌溉频率是减少咸水灌溉造成根系土层盐分积累的有效方法。在土壤含盐量较低（小于0.2%）的情况下，可采用“少量勤灌”的灌溉制度；在土壤含盐量较高的情况下，应采用大定额灌溉。不同质地的土壤应采用不同的灌水定额和灌溉定额。

3.1.4 咸水灌溉存在的问题及其技术措施

咸水灌溉易造成土壤盐分累积，引起盐分胁迫，同时在灌水量不足情况下，会引起水盐联合胁迫。长时间或严重的水盐胁迫会使作物产生不可逆的代谢失常，严重影响作物发育和产量，甚至造成局部或整株植物死亡。因此滨海地区利用咸水灌溉必须制定科学的灌溉制度，并采取相应的配套措施。

咸水灌溉的关键是把握好满足作物对水分的需求与控制盐分危害的关系，确保根区土壤盐分含量在适当范围之内。在利用咸水灌溉时，配合采用适当的调控措施，能促使有害盐分排出土体或耕层土壤，减少根区土壤盐分的积累。咸水灌溉农田中施用土壤改良剂可以改善土壤孔隙状况和土壤结构，提高土壤阳离子代换量，促进CO_3^{2-}、HCO_3^-、Na^+等有害离子排出土体，吸附与固定对土壤物理性状有改善作用的离子，如K^+、Ca^{2+}、Mg^{2+}等，从而减少有害离子在土壤溶液中所占的比例，减轻对作物的危害。

农艺措施具有调控土壤水盐运动和规避盐分危害的效应，是实现盐碱地改良和咸水安全利用的重要保障。微咸水灌溉配合增施有机肥料、地膜覆盖等土壤管理措施，可以增加土壤养分，改善土壤结构，增加土壤孔隙，减弱盐分上升积累，加强土壤盐分淋洗，进而促进作物生长、提高产量。秸秆覆盖不仅可以增加土壤养分、调节土壤温度、抑制田间杂草生长，而且具有良好的蓄水保墒抑蒸效果。微咸水灌溉与秸秆覆盖技术相结合，可以明显抑制土壤蒸发，有效控制土壤盐分表聚，增大降雨对盐分的淋洗效率，进而提高作物产量和咸水利用效率。

咸水灌溉最好选在作物耐盐性较强的时期进行，一般作物在萌发出苗阶段和幼苗阶段耐盐性较弱，在生长后期耐盐性较强。咸水灌溉次数要尽量少，只浇关键水。配合适宜的改良措施，例如水利改良，农田排水；农艺改良，施用有机肥、农田覆盖、间作、轮作；生物改良，利用植物、微生物的生命活动；化学改良，通过增加钙离子，降低钠离子含量比例，提高土壤渗透性和透气性。

3.2 滨海盐碱地咸淡水高效利用技术

围绕滨海地区农田水盐调控和水资源高效利用这一核心问题，中国科学院遗传与发育生物学研究所农业资源研究中心、中国科学院南京土壤研究所等单位的专家经过多年研究与实践，形成了一批较为成熟的农田咸淡水高效利用技术模式。

3.2.1 冬季咸水结冰灌溉技术

该技术模式是由中国科学院遗传与发育生物学研究所农业资源研究中心研发的（中国农村技术开发中心，2017），其原理是冬季直接抽提当地的地下咸水进行灌溉盐碱地，并在地表形成咸水冰层覆盖。春季咸水冰融化，咸淡水分离入渗，先融化的咸水先入渗，后融化的微咸水和淡水的入渗可有效地淋洗土壤盐分，结合后续降水和抑盐措施，可使土壤盐分维持在较低水平，保证了作物的正常生长，最终达到盐碱地改良的目的。技术要点如下。

（1）平整土地。冬季灌水前平整土地，使灌水均匀，小畦面积100m^2。

（2）灌溉时期。当平均气温低于-5℃时（1月上旬）开始对盐碱地进行灌溉。

（3）灌水方式。采用大水漫灌的形式，利用潜水泵（32m^3/h）直接抽提地下咸水进行灌溉，为使咸水在地表均匀结冰，采用分次灌溉的方式，即每天灌少量的水，结冰后再灌，直至达到水量要求。以沧州滨海盐碱地区为例，在冬季低温条件下，大约灌溉3次（约3d），第一天约为灌水量的1/4，剩余水量分两天灌完。

（4）灌水水质。依据当地的地下咸水水质而定，如在河北省沧州市滨海盐碱地区，冬季地下咸水的矿化度大约为15g/L。

（5）灌水水量。水量约120m^3/亩，土壤盐分可由0.9%降低至0.4%以下。如果咸水的矿化度过高，应相应增大灌水量。

（6）春季土壤抑盐措施。春季2月下旬或3月上旬，咸水冰完全融化并入渗。此时进行地膜覆盖，采取全覆盖措施，以减少由于春季土壤水分蒸发而导致的返盐。

（7）田间作物的种植和移栽。春季种植作物时，揭掉春季覆盖的地膜，进行施肥、旋耕、播种等田间操作，也可不揭地膜，采用膜上移栽盐生植物等。

本项技术适用于北方具有低温条件，且淡水资源短缺、地下咸水资源丰富的重度盐碱地区。通过咸水结冰灌溉技术可实现重盐碱地耕层土壤盐分快速淋盐，但春季必须进行地表覆盖以控制盐分表聚。

3.2.2 春季咸水补灌稀盐技术

该技术模式由中国科学院遗传与发育生物学研究所农业资源研究中心提出（中国农村技术开发中心，2017），其原理是在初春直接抽提当地的地下咸水对盐碱地进行灌溉，咸水入渗后，对盐碱地进行地膜覆盖，利用膜下土壤水分蒸发回流入渗，达到淡化表层土壤的目的，为作物的出苗创造土壤低盐条件。雨季来临后，土壤盐分进一步淋洗，保证作物整个生育期的生长。其技术要点如下。

（1）平整土地。初春整理土地，为使灌水均匀，整成大约100m^{2}小畦。

（2）灌水方式。采用大水漫灌的形式，利用潜水泵（32m^3/h）直接抽提地下咸水进行灌溉。

（3）灌水水质。依据当地的地下咸水水质而定，如在河北省沧州市滨海盐碱地区，春季地下咸水的矿化度大约为12g/L。

（4）灌水水量。灌水水量依据土壤水盐状况和灌溉水水质而定，以河北省沧州市滨海盐碱地区为例，春季土壤盐分约为10g/kg，灌水水质为12g/L左右，灌水水量约为120m^3/亩。

（5）春季地膜覆盖措施。咸水灌溉后，咸水逐渐入渗，入渗完成后，及时对盐碱地进行地膜覆盖。

（6）田间作物的种植与移栽。春季种植作物时（4月底至5月初），揭掉春季覆盖的地膜，进行施肥、旋耕、播种等田间操作，也可不揭地膜，采用膜上移栽盐生植物等。

本项技术适用于淡水资源短缺、咸水资源丰富的盐碱地区。春季咸水补灌稀盐技术主要针对盐碱区春季盐碱干旱等问题，通过土壤水分蒸发回流入渗淋盐原理，实现地下咸水高效利用，而该项技术在地下水埋深较深的（2.5m以下）区域效果较好，对于埋深较浅的盐碱地区，淋洗速度较慢，效果较差。

3.2.3 小麦—玉米咸淡水混灌技术

滨海地区淡水资源不足、咸水储量大，小麦—玉米咸淡水混浇技术在保证粮食产量情况下可节约25%～40%的淡水资源，减少深层地下水超采，同时有助于土体盐分淋洗，长期灌溉可促使作物主根区土壤脱盐。河北省农林科学院旱作农业研究所的专家经过连续多年研究（中国农村技术开发中心，2017），提出其技术要点如下。

3.2.3.1 咸淡水井组配置

浅井水泵配置一般20m^3/h，深井泵一般出水量45～50m^3/h，根据浅井咸水的矿化度，一般采用一拖一或一拖二深（淡）浅（咸）井配置模式。浅井矿化度小于3.5g/L时，可采用一拖二模式，以提高咸水利用率。当土壤有机质含量低于2%时，建议混合水矿化度小于2g/L，有机质高于2%，混合水矿化度小于2.5g/L。

3.2.3.2 小麦种植技术

（1）品种选择。采用丰产耐盐小麦品种。

（2）土壤保育。秸秆精细还田，提倡增施有机肥，提高耐盐能力，建议底施专用肥（N16%～18%，P_2O_5 20%～22%，K_2O 5%～7%）40kg/亩。

（3）播种。足墒播种，适期晚播（播期10月10—15日），适增播量（约23kg/亩）。

（4）越冬水管理。足墒播种下，播后镇压，免灌越冬水。

（5）春季水肥管理。适当推迟春一水至拔节期，随水追施尿素17.5～20.0kg/亩，扬花期浇1次扬花水。

（6）病虫害防治。后期进行一喷三防，防蚜虫、病害和干热风，促粒重。

3.2.3.3 玉米种植技术

（1）品种选择。选用高光效抗逆耐密品种。

（2）播种。贴茬播种，小麦秸秆粉碎覆盖抑制盐分表聚。

（3）出苗水。先播后浇，播后立即浇出苗水。

（4）定苗。适当提高留苗密度，晚定苗（5～6展叶）提高整齐度，单粒播种可不定苗，但需提高密度10%。

（5）中期水肥管理。一般年份只浇1次出苗水，但吐丝期干旱需及时浇水。提倡种肥与大口期追肥结合，也可用玉米专用缓释肥作种肥一次施用，建议亩施肥量为纯N 15～16kg、P_2O_5 3kg、K_2O 6kg，种追结合时N底追各半，磷钾肥全部作种肥。

（6）后期管理。适当晚收，待乳线大部分消失再收获，建议采用“一水两用”技术，即玉米后期灌溉促进灌浆同时为下茬小麦造墒。

本项技术适用于环渤海低平原的地下水超采区，不适宜地下水位2m以上地区；耕层土壤盐分超过0.2%需及时灌溉洗盐。

3.2.4 小麦—玉米咸淡水轮灌技术

冬小麦—夏玉米一年两熟种植中，冬小麦的耐盐阈值高于夏玉米，在冬小麦生育期进行微咸水灌溉，夏玉米生育期用淡水灌溉压盐，加上雨季降雨将土壤累积的盐分淋洗，可以实现粮食稳产、咸水部分替代淡水和土壤盐分平衡。中国科学院遗传与发育生物学研究所农业资源研究中心的专家经过多年研究与示范，提出其技术要点如下。

（1）微咸水灌溉。一般年份冬小麦拔节期，结合追肥进行灌溉，用小于5g/L微咸水进行灌溉；咸水灌溉的灌水量比淡水可稍微高一些，以不小于50m^3/亩为宜。干旱年份，小麦抽穗后灌溉第二水，无淡水灌溉条件时，仍可以用微咸水灌溉。

（2）淡水灌溉。夏玉米播种后立即用淡水灌溉，保证玉米出苗并起到压盐的作用。雨季（7—9月）降水量小于300mm的年份，在夏玉米生育后期再用淡水灌溉一次压盐，如果雨季降水量大于300mm，夏玉米后期不用灌溉即可。

本项技术适合山东、河北滨海平原有浅层微咸水的冬小麦种植区，土壤类型为壤土、沙壤土、轻壤土类型，地势平坦。

3.2.5 水稻微咸水灌溉技术

水稻是一种对盐碱中度敏感的作物，作为中国最重要的粮食作物之一，稻谷产量占中国粮食总产量的36.4%；同时水稻又是高耗水作物，水稻的种植面积占中国粮食总面积的30%左右，在苏北滨海滩涂地区有着广泛的种植面积。苏北地区滩涂资源面积占全国1/4以上，是非常重要的后备土地资源。苏北滩涂资源的围垦已取得了巨大的社会效益和经济效益，但该地区淡水资源短缺，微咸水资源丰富。王相平等（2014）通过研究苏北滨海地区不同灌水矿化度及灌水量组合对水稻产量及土壤盐分分布的影响，确定了对作物产量和土壤盐渍化程度影响最小的微咸水灌水方案，提出了水稻微咸水适宜灌溉制度。结果表明，一是水稻水分利用效率随灌水量增加而增大，灌水利用效率随灌水量增加而降低。二是在淡水资源短缺条件下，低矿化度足量微咸水灌溉优于淡水限量灌溉，采用1.5g/L微咸水进行足量灌溉可以获得较高的产量、水分利用效率及灌水利用效率。三是土壤盐分浓度波动幅度与灌水量和灌水矿化度有关，在60～90cm土层处出现累积现象，累积深度及土壤盐分浓度大小与灌水量及灌水矿化度密切相关，90cm以下土层土壤盐分浓度开始逐渐减小。四是经模型模拟结果分析，采用1.5g/L矿化度微咸水持续灌溉10年不会引起0～100cm土壤次生盐渍化。该技术适用于苏北地区土壤含盐量较低的轻度盐碱地。

3.2.6 缩畦减灌节水高效技术

该技术通过缩小畦田面积，节约单次灌溉用水量，提高田间灌水均匀度，提高作物水分利用效率，保障作物产量，从而做到节水不减产甚至增产的节水增效目标。这项技术经过中国科学院遗传与发育生物学研究所农业资源研究中心科研人员的多年研究与探索（中国农村技术开发中心，2017），形成如下技术要点：畦田规格20m^{2}左右，长5～6m，宽4～5m，畦田长与宽接近。在供水量30m^3/h的条件下，每个小畦需要灌溉2～3min。塑料软管输水替代垄沟输水，快捷接头使得切换灌溉小畦非常轻松、简单，每断开1个接头，可以浇灌4个相邻小畦。

本项技术适用于盐碱程度较低、田园化标准较高的地块，土地平整（坡度1‰～2‰）、具备井灌或扬程输水设施的各种土壤类型的田间，尤其适宜灌溉小麦、玉米、大豆、谷子等密植型作物。灌溉单元面积可以根据土壤质地适度调整，沙性土壤应适当减小，黏性土壤可适当加大；畦面灌溉单元尽量长宽接近，避免狭长的灌溉单元；配套小白龙（薄壁塑料软管）进行田间输水可以使该技术发挥最大节水效果。

3.2.7 冬小麦/夏玉米调亏灌溉技术

调亏灌溉是在作物生长发育某些阶段（主要是营养生长阶段）主动施加一定的水分胁迫，促使作物光合产物的分配向人们需要的组织器官倾斜，以提高其经济产量的节水灌溉技术。该技术于20世纪70年代中期由澳大利亚持续灌溉农业研究所Tatura中心研究成功，其节水增产机理依赖于植物本身的调节及补充效应，属于生物节水和管理节水的范畴。从生物生理角度考虑，水分胁迫并不总是表现为负面效应，适时适量的水分胁迫对作物生长发育、产量及品质有一定的积极作用。中国从20世纪80年代开始研究调亏灌溉技术，并将其应用范围由果树、蔬菜，推广至冬小麦、玉米和棉花等主要农作物，这项技术在我国水资源短缺的地区得到较为广泛的应用。针对环渤海地区水土资源现状，中国科学院遗传与发育生物学研究所农业资源研究中心的科研人员研究提出了适合该区冬小麦/夏玉米的调亏灌溉技术模式（中国农村技术开发中心，2017）。

3.2.7.1 冬小麦调亏灌溉技术

冬小麦不同时间灌水重要性不同，根据区域灌溉水供应能力，在灌溉水资源受限制区域，冬小麦使用调亏灌溉制度可节省灌溉水的排序为返青水、越冬水、灌浆水、孕穗扬花水。最不可省的灌溉水是拔节水。

（1）技术原则。

①冬灌原则：冬小麦播前底墒充足，除非特别干旱年份，一般不灌越冬水。

②返青控水原则：实行返青控水，在起身后期至拔节期灌水，除冬季特别干旱，需浇水“保命”外，一般不需灌返青水。即便必灌，应灌小水、不施肥。

③其他时期的灌溉原则：挑旗孕穗水、抽穗水和扬花水可合并为一，根据土壤水分及气候状况决定早晚；酌情浇灌浆水，且以小、早为宜。

（2）具体操作措施。

①播前底墒：小麦播种前0 ~ 50cm土壤含水量小于田间持水量的70%时，播种前要浇底墒水。

②冬灌：适宜进行调亏灌溉的时期，越冬前0 ~ 50cm平均土壤含水量不小于田间持水量的60%时，可不进行灌溉。

③春季灌溉管理：冬小麦返青—起身前是适宜进行调亏灌溉的时期，0 ~ 50cm土壤含水量不小于田间持水量的55%时，可不浇水；起身—拔节前也是适宜进行调亏灌溉时期，当0 ~ 50cm土层含水量不小于田间持水量的60%时，正常苗情麦田，不浇水；拔节—抽穗开花期是冬小麦需水敏感期，不适宜进行调亏灌溉，当0 ~ 60cm土层含水量小于田间持水量的65%时，及时灌溉；抽穗开花—籽粒形成期也不适宜进行调亏灌溉，当0 ~ 70cm土层含水量小于田间持水量的65%时及时灌溉；到籽粒灌浆—成熟期，适宜进行调亏灌溉，当0 ~ 80cm土层土壤含水量不小于田间持水量的60%时，可不浇水。

3.2.7.2 夏玉米调亏灌溉技术

夏玉米苗期和灌浆成熟期对水分亏缺相对不敏感，夏玉米适合调亏灌溉的时期为苗期和后期。具体实施方法如下。

（1）播种水分管理。0 ~ 50cm土壤含水量小于田间持水量70%时，玉米播后应立即灌溉。

（2）苗期水分管理。该阶段是适宜进行调亏灌溉的时期，0 ~ 50cm土壤含水量不小于田间持水量的55% ~ 60%时，不灌溉。

（3）拔节—大喇叭口期。适宜进行调亏灌溉时期，0 ~ 50cm土壤含水量不小于田间持水量的60% ~ 65%时，不灌溉。

（4）大喇叭口—籽粒形成期。不适宜进行调亏灌溉，0 ~ 70cm土壤含水量小于田间持水量的65% ~ 70%，需及时灌溉。

（5）籽粒灌浆—成熟期。适宜进行调亏灌溉的时期，0 ~ 70cm土壤含水量不小于田间持水量的65%时，不灌溉。遇到秋季降水少的年份，小麦播种前土壤水分达不到足墒播种，在玉米收获前可提前造墒，实现一水两用。

该技术适宜于环渤海低平原区冬小麦/夏玉米一年两作种植区，土壤类型为壤土、沙壤土等各类型壤土，地势平坦。

3.3 滨海盐碱地农艺节水技术

滨海盐碱地土壤含盐量高的主要原因是地下水位浅、浅层地下水矿化度高导致蒸发返盐。通过适宜的耕作或农艺措施，调控土壤水盐分布、降低地下水位，为作物根系生长创造适宜水热盐环境，这对滨海盐碱地改良、实现作物高产非常重要。

3.3.1 土下覆膜保水抑盐技术

在盐碱旱地，为减少地表蒸发、改善土壤水盐运移过程，抑制盐分上升危害主要根系，可在膜上覆盖一层薄土，用以防止播种后遇风穴孔错位，增加地膜与地表的紧密接触，促使作物破膜出苗，延长地膜使用寿命。同时覆土能有效阻隔光线直接照射，避免增温过高，使增温效果满足在冬小麦适宜的温度范围之内，提高了作物群体系统自动调节能力，增产效果显著，实现土壤水分高效利用的目标。小麦收获后不揭膜、不耕地，保留地膜，再种植玉米。其技术要点如下。

（1）小麦季，前茬玉米收获后，将玉米秸秆和根茬粉碎。整地前一以性施足底肥，每亩施纯N 13.6kg，P_2O_5 11.5kg作底肥，深松25cm或旋耕2遍。玉米季采用施肥播种机免耕播种。施用玉米专用复混肥，氮、磷、钾总含量大于40%，底施75kg/亩。

（2）小麦播种时利用专用播种机，进行覆膜覆土穴播一体化操作，地膜厚度为0.008～0.010mm较为合适。该机采用旋耕方式强制性取土，并采用宽幅输送带输送土壤，使土均匀铺撒在膜面，但播种速度不可太快，需保持膜上覆土1cm左右厚度，覆土不可过厚。玉米采用施肥播种机免耕播种，重复利用地膜。该技术模式由中国科学院遗传与发育生物学研究所农业资源研究中心提出（中国农村技术开发中心，2017），适合于环渤海低平原地势平坦的雨养旱作农业区。

3.3.2 起垄沟播覆膜节水补灌技术

起垄沟播覆膜技术能促使土壤盐分向垄上部位聚集，而沟底覆膜兼具保墒、保温、集雨、排盐的效应。若辅以膜下沟底滴灌补灌，其保墒避盐效果更佳。这种技术对于环渤海低平原区淡水资源匮乏、土壤含盐量高的中重度盐碱地植棉尤为适用。针对不同盐碱程度，可设置成不同规格的沟垄尺寸。以冀东（河北省海兴县）滨海盐碱地植棉试验为例，设置了4组种植模式，依次为：深沟播种（沟深22～25cm、沟底宽50cm，一沟两行棉花，沟底覆膜）、浅沟播种（沟深12～15cm、沟底宽50cm，一沟两行棉花，沟底覆膜）、微沟播种（沟深10～15cm，沟底播种，一沟一行棉花，一膜两沟）、平播播种（采用刮土板将播种行表层3～5cm处干土移至两侧再播种，一膜两行），各处理均为宽窄行种植，窄行50cm、宽行90cm，株距22～25cm（图3-1）。4种植棉方式播种后铺设滴灌带（深沟、浅沟和平播为一膜一带两行，微沟为一膜两带两行），用以应急补灌（只灌出苗水、“保命”水、追肥水，灌水定额10～15mm）。以常规种植方式（平播无补灌）为对照。结果表明，4组种植模式棉花的成苗率、籽棉产量和水分利用效率均不同程度的高于常规种植方式，在干旱年份以及中高度盐碱地的增产效果尤为明显。

深沟与浅沟播种

微沟与平播播种

图3-1　起垄沟播覆膜技术现场

综合考虑水盐调控效果、棉花成苗率、生长发育过程、籽棉产量和水分利用效率，推荐重度、中度和轻度滨海盐碱旱地宜分别采用深沟沟播、浅沟沟播和微沟沟播，同时加配地膜覆盖和滴灌补灌的综合植棉模式。

3.3.3　秸秆覆盖保墒抑盐技术

滨海盐碱地土壤含盐量高，在气候干燥、土壤蒸发强的情况下，盐分将不断向地表聚集，致使作物生长受到抑制。已有研究结果显示，土壤盐渍化的根本原因是含有盐分的水在土体中运动，所以解决土壤盐渍化的关键是减少土壤水分蒸发、控制地下水位上升或降低地下水位。通过地面覆盖，减少地面蒸发，抑制盐分表聚，使盐分向地表聚集逐渐减弱，是盐渍土改良的一种手段（邓玲等，2017）。常见的覆盖措施主要有地膜覆盖和秸秆覆盖。普通地膜具有透光率高、不透气、质轻耐久等特性以及显著的增温保水作用，但普通地膜不易降解，且会阻隔降雨入渗。秸秆覆盖不仅具有保墒调温效应，又实现了农业废弃物的资源化利用，还具有培肥土壤和防止水土流失的作用，是盐渍土改良的重要农艺措施之一。前人研究指出，秸秆覆盖处理可以改善土壤水盐状况，提高土壤质量，秸秆深埋30cm或40cm可以改善土壤结构，提高土壤含水率，具有良好的控抑盐效果，能显著提高作物产量（杨东等，2017；赵永敢等，2013）。

杨东等（2017）在黄河三角洲盐渍区的研究结果表明，冬小麦田秸秆覆盖处理增加了土壤储水量，提高了土壤盐分淋洗效率；其对上层土壤良好的保墒储水能力，减小了矿化度较高的下层水分和潜水上移，显著减少“盐随水来”造成的盐分表聚现象，有效抑制盐分表聚和土壤积盐。综合来看，秸秆覆盖还田量0.6kg/m^2+秸秆深埋还田量0.6kg/m^2、埋深为30cm处理的保墒抑盐效果最佳，该处理在0～30cm土层保持较高水分和低盐条件，为作物生长提供良好的土壤环境，有效减弱盐碱障碍对作物生长发育的阻碍，促使冬小麦产量的提升幅度最大。

参考文献

邓玲，魏文杰，胡建，等，2017. 秸秆覆盖对滨海盐碱地水盐运移的影响[J]. 农学学报，7（11）：23-26.
佴军，张洪程，陆建飞，2012. 江苏省水稻生产30年地域格局变化及影响因素分析[J]. 中国农业科学，45（16）：3 446-3 452.
郭凯，巨兆强，封晓辉，等，2016. 咸水结冰灌溉改良盐碱地的研究进展及展望[J]. 中国生态农业学报，24（8）：1 016-1 024.
李丹，万书勤，康跃虎，等，2020. 滨海盐碱地微咸水滴灌水盐调控对番茄生长及品质的影响[J]. 灌溉排水学报，39（7）：39-50.
李晓彬，康跃虎，2019. 滨海重度盐碱地微咸水滴灌水盐调控及月季根系生长响应研究[J]. 农业工程学报，35（11）：112-121.
逄焕成，杨劲松，严惠峻，2004. 微咸水灌溉对土壤盐分和作物产量影响研究[J]. 植物营养与肥料学报，10（6）：599-603.
彭成山，杨玉珍，郑存虎，2006. 黄河三角洲暗管改碱工程技术试验与研究[M]. 郑州：黄河水利出版社.
孙池涛，2017. 冀东滨海棉田土壤水盐运移规律及模拟[D]. 北京：中国农业科学院.
王相平，杨劲松，姚荣江，等，2014. 苏北滩涂水稻微咸水灌溉模式及土壤盐分动态变化[J]. 农业工程学报，30（7）：54-63.
吴向东，2012. 滨海盐碱地田块尺度土壤水盐空间变异的初步研究[D]. 西安：长安大学.
肖振华，万洪富，1998. 灌溉水质对土壤水力性质和物理性质的影响[J]. 土壤学报，35（3）：359-366.
杨东，李新举，孔欣欣，2017. 不同秸秆还田方式对滨海盐渍土水盐运动的影响[J]. 水土保持研究，24（6）：74-78.
张俊鹏，2015. 咸水灌溉覆膜棉田水盐运移规律及耦合模拟[D]. 北京：中国农业科学院.

张余良，2010. 微咸水灌溉技术[M]. 天津：天津科技翻译出版公司.

赵永敢，李玉义，胡小龙，等，2013. 地膜覆盖结合秸秆深埋对土壤水盐动态影响的微区试验[J]. 土壤学报，50（6）：1 129-1 137.

中国农村技术开发中心，2017. 渤海粮仓增产增效新技术[M]. 北京：中国农业科学技术出版社.

中华人民共和国农业部，2006. 2006中国农业发展报告[M]. 北京：中国农业出版社.

周和平，张立新，禹锋，等，2007. 我国盐碱地改良技术综述及展望[J]. 现代农业科技（11）：159-161.

FAN X M，PEDROLI B，LIU G H，et al.，2011. Potential plant species distribution in the Yellow River Delta under the influence of groundwater level and soil salinity[J]. Ecohydrology，4（6）：744-756.

MALASH N M，ALI F A，FATAHALLA M A，et al.，2008. Response of tomato to irrigation with saline water applied by different irrigation methods and water management strategies[J]. International Journal of Plant Production，2：101-116.

RAINS S R，MEYER W S，RASSAM D W，et al.，2007. Soil-water and solute movement under precision irrigation：knowledge gaps for managing sustainable root zones[J]. Irrigation Science，26（1）：91-100.

ZHANG A Q，ZHENG C L，LI K J，et al.，2020. Responses of soil water-salt variation and cotton growth to drip irrigation with saline water in the low plain near the Bohai Sea[J]. Irrigation and Drainage，69：448-459.

4　滨海盐碱地小麦种植

4.1　盐碱地小麦生长发育

小麦是世界上种植面积较大、总产较高的农作物之一，全世界有35%～40%的人口以小麦作为主要粮食。小麦也是我国的主要粮食作物，是国家重要的储备粮食。小麦是营养比较丰富、经济价值较高的商品粮，属于禾本科作物中中等耐盐作物。冬小麦的一生可大致分为12个生育时期：出苗期、3叶期、分蘖期、越冬期、返青期、起身期、拔节期、孕穗期（挑旗）、抽穗期、开花期、灌浆期、成熟期（图4-1）。小麦在不同的生育时期对盐碱的反应是不同的，一般在苗期和生长发育的早期比较敏感，而在后期（抽穗以后）则反应比较迟钝。

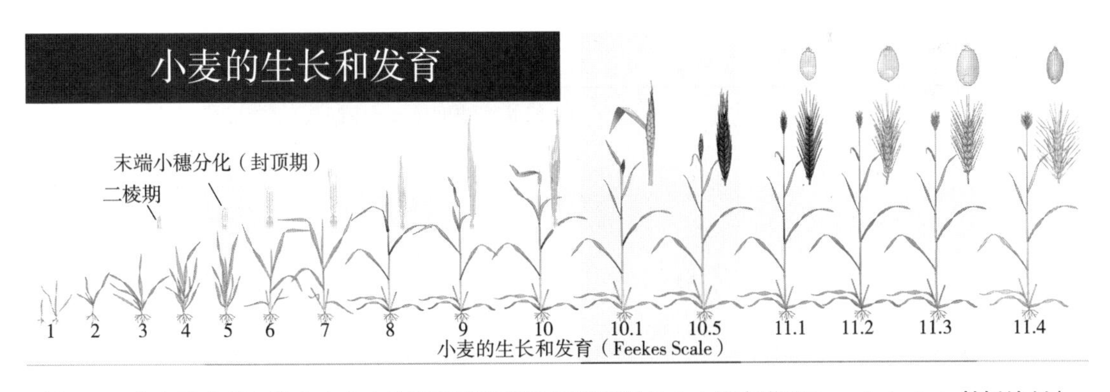

图4-1　小麦的生长和发育（由小麦研究联盟翻译自堪萨斯州立大学农学院Romulo Lollato教授绘制）

4.1.1　盐碱对种子萌发和发芽的影响

小麦种子吸水后，胚芽鞘首先突破种皮即萌发。前人研究表明，在盐水中的小麦种与淡水中的小麦种几乎同时萌发。无论是采用盐分相当于40%海水的盐水、70%海水的盐水还是全海水，情况相似。由此可证明，盐碱对小麦种子的萌发作用影响很小。种子萌发后，当胚芽鞘达种子的一半、胚根长约为种子等长时，称为“发芽”。盐胁迫下作物种子的发芽情况是表征植物耐盐能力高低的依据之一。研究不同浓度NaCl胁迫对小麦种子萌发过程的影响的结果都表明，在低浓度胁迫下对小麦种子的发芽具有促进作用，在高浓度胁迫下，对种子萌发和幼苗生长具有抑制作用，并且在考察盐胁迫下种子的发芽率、发芽指数、活力指数3个指标，随着NaCl浓度增加，发芽率、发芽势、发芽指数和活力指数下降幅度增加（邵凯，2012）。

由表4-1可以看出，盐胁迫下，所有品种的发芽均受到不同程度的抑制。随着盐浓度的增加，抑制效应增大，发芽率、发芽指数和活力指数迅速下降，尤以活力指数下降最为明显。相关分析结果表明，各品种小麦活力指数与处理盐浓度呈极显著负相关，相关系数在0.920 9～0.983 4。不同基因型小麦对盐胁迫的反应不同。对于小偃6号，NaCl浓度在50～150mmol/L时，与对照相比，发芽率和发芽指数不受盐浓度影响；NaCl浓度在200mmol/L时，发芽率和发芽指数大幅下降，分别下降35%、64%。对于NR9405，NaCl浓度在0～150mmol/L范围内，随盐浓度增加，其发芽率和发芽指数有下降趋势，当浓度达150mmol/L时，发芽率和发芽指数分别下降10%、12%，200mmol/L时，发芽率和发芽指数则下降了64%、80%。在50～100mmol/L NaCl浓度范围内，陕229和RB6的发芽率和发芽指数比对照略有增加，陕229分别增加20%、19%，RB6增加12%、13%；当盐浓度上升到200mmol/L时，发芽率和发芽指数显著降低，陕229降幅达59%、75%，RB6达94%、97%。当盐浓度达250mmol/L，所有基因型小麦的发芽率均降到5%以下。

表4-1　盐胁迫下不同基因型冬小麦发芽率、发芽指数及活力指数的变化（赵旭，2005）

品种	项目	NaCl处理浓度（mmol/L）					
		0（CK）	50	100	150	200	250
小偃6号	发芽率	92±0（100）	92±4（100）	92±5（100）	93±2（101）	60±3（65）	4±2（4）
	发芽指数	83.9（100）	84.0（101）	84.2（100）	82.5（98）	30.3（36）	2.1（3）
	活力指数	550.2（100）	523.0（96）	415.3（76）	248.3（45）	18.8（3）	0.1（0）
NR9405	发芽率	92±4（100）	91±1（99）	88±0（96）	83±3（90）	33±7（36）	2±2（2）
	发芽指数	84.6（100）	82.3（97）	80.8（96）	74.7（88）	16.6（20）	0.5（1）
	活力指数	587.9（100）	502.0（85）	340.0（58）	174.7（30）	4.8（1）	0.0（0）
陕229	发芽率	67±3（100）	69±1（105）	81±2（123）	64±4（97）	27±7（41）	5±1（8）
	发芽指数	58.8（100）	63.3（108）	69.9（119）	48.3（83）	14.9（25）	1.0（2）
	活力指数	231.5（100）	249.4（108）	233.3（101）	77.8（34）	3.1（1）	0.0（0）

（续表）

品种	项目	NaCl处理浓度（mmol/L）					
		0（CK）	50	100	150	200	250
RB6	发芽率	82 ± 1（100）	91 ± 2（111）	92 ± 5（112）	59 ± 4（72）	5 ± 2（6）	0 ± 0（0）
	发芽指数	73（100）	82.4（113）	78.9（109）	48.9（67）	1.8（3）	0.0（0）
	活力指数	360.8（100）	397.9（110）	237.4（66）	31.3（9）	0.0（0）	0.0（0）

发芽活力指数是对盐反应最敏感的指标，不仅适用于高盐胁迫下品种间的差异比较，更适合低盐浓度胁迫下品种间的差异比较（朱志华等，1996）。由表4-1可看出，相同处理下，小偃6号种子活力指数最高，NR9405次之，RB6和陕229则相对较低。小偃6号和NR9405种子活力指数随盐浓度的增加而降低，但小偃6号降低速度和幅度较NR9405小；在低盐浓度条件下，陕229和RB6种子活力指数略有增加，在50mmol/L分别增加了8%、10%；当盐浓度达到150mmol/L以上时，二者的种子活力指数则大幅度下降。表明小偃6号和NR9405种子比较耐盐，在中等盐浓度条件下，萌发力较好；而陕229和RB6在低盐浓度下种子活力较高，利于立苗。当盐浓度达到200mmol/L以上时，供试的4种基因型小麦的种子萌发均受到严重抑制，因此150～200mmol/L的盐浓度可能是影响小麦种子萌发的临界浓度。

4.1.2 盐碱对小麦出苗及苗高的影响

盐土区小麦品种的出苗比较缓慢，随着盐浓度的升高，出苗率明显降低。从图4-2可以看出，不同种类、不同浓度盐分对小麦种子的抑制程度不同，均随着浓度的增加出苗率降低。NaCl对种子的抑制程度最大，随着浓度的增加出苗率降低，当NaCl浓度为0.3%，种子的出苗率不到45%，当NaCl浓度大于0.6%时种子不能出苗。NaCl+Na_2SO_4混合盐对种子的抑制程度居中；当浓度小于0.4%时，种子的出苗率均大于77%；当NaCl+Na_2SO_4混合盐的浓度为0.6%时，种子的出苗率为50%。Na_2SO_4对种子的抑制程度最小，种子的出苗率均大于77%。这就说明以NaCl为主的盐化土壤对小麦出苗影响最大，NaCl+Na_2SO_4混合盐对小麦出苗影响次之，Na_2SO_4对种子的出苗率稍有影响。出苗后还有死苗现象，并有出苗率随着土壤盐浓度的增加而递减、死苗率随着盐碱浓度增加而直线上升的趋势，所以土壤较高盐浓度对小麦出苗的危害是很大的，随土壤盐度的增加，危害程度加重。

从图4-2可以看出，随浓度的增加苗高均降低。当NaCl浓度为0.1%时，小麦幼苗的苗高最高，随浓度的增加小麦幼苗的苗高急剧下降；当浓度为0.6%时，小麦种子没有出苗；当NaCl浓度大于0.3%时，开始影响小麦的苗高。NaCl+Na_2SO_4的混合盐处理下小麦幼苗的苗高下降较缓慢。当浓度为0.4%时，小麦幼苗的平均苗高为15.79cm；当浓度为0.7%时，小麦幼苗的平均苗高为9.101cm。当NaCl+Na_2SO_4的混合盐浓度大于0.4%，开始影响小麦的苗高。在Na_2SO_4处理下小麦幼苗的苗高下降最缓慢，当浓度为0.1%时，小麦幼苗的苗高最高为22.72cm；当浓度为0.7%时，小麦幼苗的平均苗高为17.72cm。这就说明NaCl对小麦的苗高影响最大，NaCl+Na_2SO_4的混合盐次之，Na_2SO_4的影响程度最小。

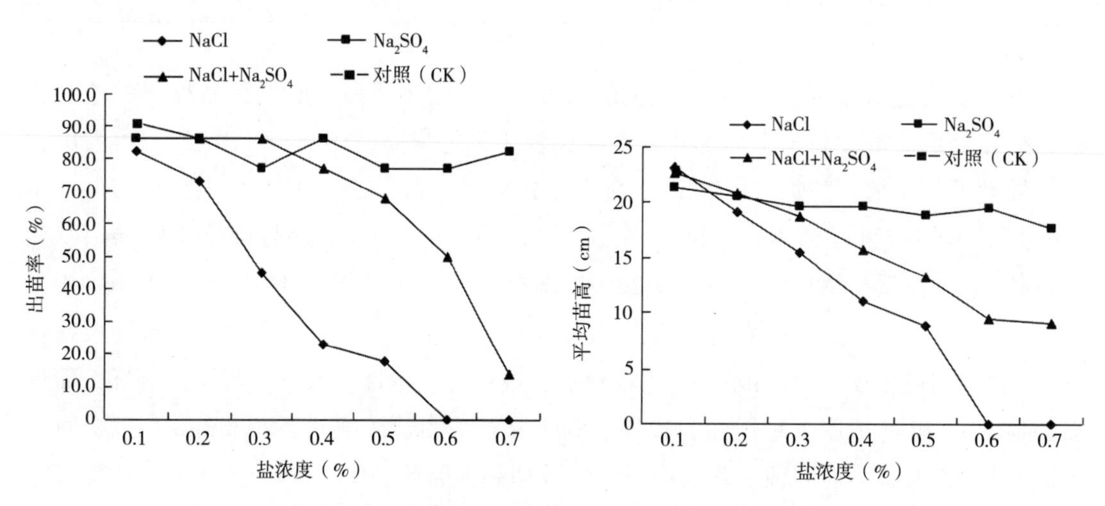

图4-2　3种盐胁迫下小麦种子的出苗率和平均苗高（郭建华等，2007）

4.1.3　盐碱对小麦根系发育的影响

盐碱地小麦的根系处于盐碱环境中，土壤总盐度对小麦根系的发育危害比较大。现已证明，盐碱对小麦次生根的生长发育是不利的，对次生根的形成有着明显的抑制作用。在盐碱环境条件下的根系生长速度慢、根数减少、长度降低，且蜡熟期主要根层的分布也变浅。冬小麦的根长度随着盐分浓度的增加呈现减小的趋势。盐渍条件下的根系日生长量降低0.5～1.0cm，苗期次生根的条数减少7～16条，15d幼苗期根长度降低1.0～1.5cm。从图4-3试验结果可以看出，随着盐浓度的增加，盐分对根的生长产生了抑制作用。NaCl的抑制作用最小，当NaCl浓度为0.4%时，对小麦根的生长有刺激作用；当浓度为0.6%时，抑制根的生长。NaCl+Na_2SO_4的混合盐对小麦根的影响次之，当浓度为0.3%时，对小麦根的生长有刺激作用。Na_2SO_4对根的抑制作用最强，当浓度为0.2%时，对小麦根的生长有刺激作用；当浓度为0.3%时，抑制根的生长。这就说明3种盐胁迫下对根的影响与地上部分相反，即Na_2SO_4对根的抑制作用最强，NaCl+Na_2SO_4的混合盐对小麦根的抑制次之，NaCl的抑制作用最小。

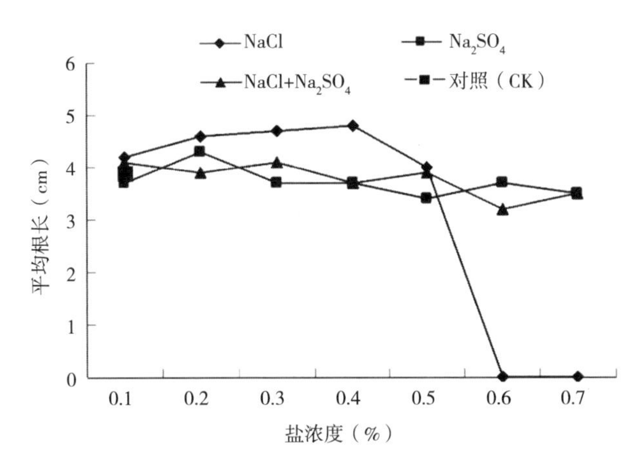

图4-3　3种盐胁迫下小麦苗期根长的平均值（郭建华等，2007）

盐渍土中小麦蜡熟期主要根系分布在0～30cm土层内，而同一时期非盐渍土中根系则主要分布在0～50cm十层内。小麦根平均直径、根表面积和根体积随盐浓度增加呈现先增加后下降趋势，根系吸收面积能反映根系吸收水分和养分的能力，轻度盐胁迫（盐浓度小于250mmol/L）根直径的增大，是导致根表面积和根体积增大的原因。小麦根系受盐害的症状是缺少根毛，根端光秃、肿胀，根短粗有皱缩现象，根表皮被盐浸害后，常变为浅褐色，有的根端还有丝枯病、腐烂现象。值得注意的是，盐碱对小麦初生根的危害程度较小，对初生根系数指标的抑制作用不显著，这在选育耐盐小麦品种时应加以鉴别。

4.1.4　盐碱对叶片发育和叶绿素含量的影响

小麦在盐碱环境中光合作用能力降低，其主要原因是盐碱导致小麦绿叶面积变小，功能期变短，漏光损失大，光能利用率低。试验证明，盐碱地小麦的叶面积系数在生长发育的各个时期均低于非盐碱地，变幅在5%～20%，且绿叶面积的延存期也比非盐碱地缩短2～3d。盐碱环境中的小麦一般有早衰现象。小麦叶片受盐害的主要症状是老叶干黄、嫩叶叶色蓝绿、叶尖紫黄、卷缩成针状。盐碱另一个危害作用是使小麦的功能叶片数减少。单株功能叶片数的减少也是导致光合能力降低的另一个主要原因（吕金岭，1990）。

Passera等（1978）研究表明，小麦生长在150mmol/L NaCl的环境中，大量Na^+、Cl^-进入细胞，对细胞产生离子毒害，并造成渗透胁迫，降低光合作用，消耗大量有机物，使植物生长受到抑制。刘家尧等（1998）研究表明150mmol/L NaCl降低了两个小麦品种的叶绿素含量（图4-4），这种叶绿素含量的降低，主要是由于NaCl能促进叶绿素酶的活性（Rao et al.，1981），使叶绿素分解，从而影响叶绿体的发育和光合作用过程中光能的吸收和转换。

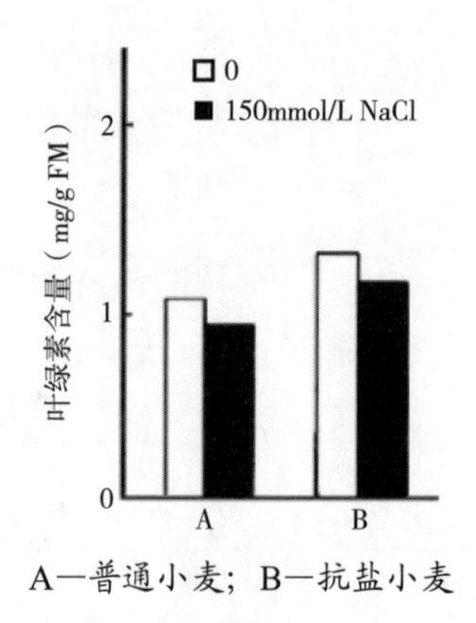

A—普通小麦；B—抗盐小麦

图4-4　盐胁迫对普通小麦和抗盐小麦叶绿素含量的影响

4.1.5　盐碱对茎秆高度的影响

小麦茎秆性状包括颜色、长度、强度、粗细等，除受基因型的控制外，受环境的影响也较大。小麦茎秆虽然不直接处在盐碱条件下，但由于盐碱影响了小麦根系的发育和减少了叶片的光合能力，从而间接地影响了茎秆高度，即株高相对降低。山东省农业科学院作物研究所温室内的试验中，抽穗期相对株高（盐土中株高/非盐土中株高）的变化范围为6.78%～100%，相对株高的平均值为91.2%；在大田试验中，抽穗期的相对株高的变化范围为39.5%～99.7%，相对株高的平均值为67.85%（注：温室内盐土的电导率为10.06dS/m，非盐土51.2dS/m，大田盐土的全盐量为0.59%，非盐土为0.16%）。盐碱除可以降低株高以外，还可以使茎秆的强度和粗细发生变化。

4.1.6　盐碱对幼穗分化及穗部性状的影响

影响小麦分蘖及成穗的因素除品种特性、气温、覆土深度、肥料外，土壤中的盐碱是限制小麦分蘖及成穗的原因之一。盐碱土因土温低，可利用的水分少，肥力低下而影响了小麦分蘖的发生，也影响了穗数的形成。同出苗一样，盐碱对小麦分蘖和成穗的影响程度也随盐分的增加而加重。

小麦幼穗分化过程是生殖器官建成的重要阶段。盐碱地小麦幼穗分化的规律与非盐碱地相比有其自身的特点，具体表现在盐碱地小麦幼穗分化起步明显地比非盐碱地晚，而结束却早。从整个穗分化的过程来看，穗分化开始的时间比非盐碱地晚3～5d，到护颖期基本赶齐，但在以后各期的分化速度加快，提早1～2d进入四分体期，至此，整个幼穗分化过程结束。

小麦幼穗分化持续时间短对籽粒形成与灌浆是十分不利的，护颖分化期前是决定小穗数的时期，这一时期短，势必减少可育小穗数，增加不孕小穗数，造成盐碱地小麦的穗头比较小；而护颖分化期以后是以颖片和雌雄蕊的分化为主，逐步进入配子分化和形成时期，这一时期快而短，直接影响着受精和籽粒的形成，所以盐碱地小麦穗器官不能正常发育，小花大量退化，穗粒数降低。对穗部性状的影响具体表现为如下。

（1）不育小穗数增多，可育小穗数减少。

（2）穗粒数减少。不育小穗数增多，可育小穗数减少是导致盐碱地小麦穗粒数减少的主要原因。但不同品种穗粒数的减少数量有差异。

（3）千粒重下降。盐碱地小麦的千粒重降低，是由于受盐碱影响籽粒形成和灌浆时间比较短，一般短3～5d。

（4）单株籽粒产量降低。上述分析结果证明，盐碱土使小麦穗粒数、千粒重和可育小穗数下降，从而使单株籽粒产量降低。

4.1.7 盐碱对小麦产量的影响

王秀芹等（2018）于2015年10月至2016年7月在山东省夏津县银兴种业股份有限公司盐碱试验基地对5个不同品种（系）小麦对土壤盐碱度的响应做了研究，结果表明，盐碱土壤显著降低小麦的平均理论产量，随着盐碱度的提高，小麦产量下降越大（表4-2）；不同小麦品种（系）在同一盐碱度条件下反应不同，随着盐碱度增加，不同小麦受影响程度、盐碱耐受性也有变化，主要表现在同样的盐碱度变化，小麦性状受影响程度显著不同（表4-2）。在轻度盐碱条件下，5个小麦材料的产量下降幅度为25.8%～38.6%，其中SN04-28减产30.7%，显著高于山农22号和山农24号。

表4-2 不同盐碱度条件对小麦产量及产量要素的影响（王秀芹，2018）

品种（系）	穗数（万/亩）			穗粒数（个/穗）			千粒重（g）			理论产量（kg/亩）		
	甜土	轻度盐碱	中度盐碱	甜土	轻度盐碱	中度盐碱	甜土	轻度盐碱	中度盐碱	甜土	轻度盐碱	中度盐碱
SN04-28	40.3	33	27.4	35.9	32.1	28.7	40.8	38.6	33.1	590.3	409.2	260.4
山农22号	40.5	34.4	25.9	37.2	37.2	31.5	40.2	38.1	32.6	605.7	449.2	266.6
SN055525	29.5	22.1	18.9	46.6	41	35.5	44.4	41.3	32.1	610.4	375	215.2
山农24号	42.8	38.5	33.8	38.9	34.6	29.3	40.3	37.3	32.1	671	496.5	318.0
SNC90	31.4	23	19.4	46.8	41.8	35.2	41.2	38.7	34.2	605.4	372.7	233.9

在一般情况下，小麦在土壤盐渍达到临界值（6dS/m）以前，其产量不会明显减少。但超过临界位以后，产量随盐渍度的增加几乎呈直线下降。轻度盐碱条件下，影响产量的主要因素是穗数，穗数受到最大分蘖、成穗效率的影响；中度盐碱条件下，穗数和籽粒粒重均显著影响产量，粒重主要受到籽粒饱满度的影响。轻度盐碱土壤中适宜

种植多穗型、中大穗型小麦；中度盐碱土壤中应以多穗型为主。在盐碱土壤小麦栽培过程中，在轻度、中度盐碱度条件下，品种（系）的性状盐碱耐受性或者反应特性并不一致，针对不同盐碱条件下小麦品种（系）的表现，采用相应栽培措施，弥补性状发育缺陷，可以提高小麦产出。

4.2 盐碱地小麦栽培技术

小麦是我国主要的粮食作物之一，随着耐盐小麦品种的选育和栽培技术的改善，黄河三角洲地区小麦种植面积逐年增加，相应的盐碱地小麦栽培技术也越来越多。综合各技术主要包括引黄灌溉、大水压碱技术，暗管排碱技术，平衡施肥与使用改良剂技术，群体调控技术等。盐碱地小麦生产涉及土壤洗盐、种子处理、小麦种植、肥水管理、病虫害防治、收获等各个环节。

4.2.1 盐碱地洗盐及排碱技术对小麦的影响

引水泡田可以使土壤中钠吸附比降低，Na^{+}、K^{+}质量浓度降低，随着冲刷的次数增多，影响土壤盐碱性的离子浓度逐渐减少，土壤的pH值也逐渐趋于中性，甚至弱酸性，有利于植物的生长（表4-3）。

表4-3 不同月份土壤盐分的变化（朱光艳，2019）

月份	SAR（mmmol/L）	盐度（‰）	pH值	*EC*值（μS/cm）	*TDC*（mg/L）
5	11.87 ± 3.26[a]	2.59 ± 0.88[d]	8.47 ± 0.16[a]	982.67 ± 338.02[ab]	491.33 ± 169.01[a]
6	4.03 ± 2.88[b]	3.26 ± 0.84[d]	8.54 ± 0.09[a]	689.83 ± 193.53[b]	390.72 ± 21.26[ab]
7	3.48 ± 1.09[b]	3.47 ± 0.53[d]	7.80 ± 0.28[c]	544.56 ± 83.47[b]	272.28 ± 41.73[b]
8	2.60 ± 0.31[b]	5.99 ± 0.21[c]	8.14 ± 0.04[b]	898.67 ± 31.76[ab]	449.22 ± 15.75[a]
9	3.48 ± 0.58[b]	6.37 ± 0.66[b]	7.42 ± 0.14[d]	1 002.33 ± 103.90[a]	501.17 ± 51.95[a]
10	3.02 ± 0.46[b]	8.30 ± 0.94[a]	8.25 ± 0.36[ab]	1 037.67 ± 118.09[a]	523.67 ± 61.19[a]

注：表中不同字母表示各月份相应值在$P<0.05$水平差异显著。

4.2.2 种子包衣处理对盐胁迫条件下小麦种子萌发的影响

小麦种子萌发是小麦生产的最初阶段，这一重要的生理过程易受到外界环境因子的影响，高盐胁迫条件下，小麦种子中的水解酶（包括淀粉酶、脂肪酶、蛋白酶等）及其活性的表达受到明显的抑制，萌发所需能量及物质供应不足，同时种子内部的生理生化代谢因遭受胁迫而发生紊乱。如播种后土壤盐浓度过高，则宜导致种子萌发参差不齐，影响小麦幼苗进一步的生长发育。

壳聚糖包衣处理后可以提高盐胁迫条件下小麦种子发芽率、小麦种子淀粉酶活性、小麦幼苗的叶绿素含量及小麦幼苗的干湿重，提高小麦幼苗耐盐性（表4-4至表4-6）。

表 4-4 壳聚糖包衣对盐胁迫条件下小麦种子发芽率，干湿重和淀粉酶活性的影响

品种	包衣处理	NaCl浓度（mmol/L）	发芽率（%）	湿重（g/100株）	干重（g/100株）	α-淀粉酶活性（U/g FW）
8802	无包衣	0	89.6	8.49	1.21	5 264.72
		25	91.2	6.83	1.18	4 889.14
		50	85.3	5.68	0.79	4 496.92
		100	70.8	2.38	0.51	4 015.45
		150	58.4	1.13	0.32	3 961.79
	有包衣	0	92.1	8.69	1.28	5 456.82
		25	93.6	7.47	1.20	4 939.26
		50	87.9	5.70	0.91	4 744.56
		100	73.1	2.46	0.54	4 591.56
		150	61.5	1.35	0.35	4 134.31
徐州-24	无包衣	0	89.3	9.16	1.19	5 329.12
		25	90.7	7.69	1.08	5 045.95
		50	81.4	6.46	0.82	4 658.79
		100	69.7	2.13	0.42	4 242.35
		150	52.1	1.27	0.35	3 819.42
	有包衣	0	92.4	9.18	1.24	5 538.87
		25	94.1	7.77	1.16	5 225.99
		50	84.5	6.60	0.94	4 886.73
		100	73.8	2.53	0.49	4 470.09
		150	56.2	1.48	0.39	4 008.82

表4-5　壳聚糖包衣对盐胁迫条件下小麦幼苗相容性溶质含量的影响（盛玮，2007）

品种	包衣处理	NaCl浓度（mmol/L）	叶绿素（mg/100g FW）	可溶性糖（mg/g）	脯氨酸（μg/g）	可溶性蛋白（mg/g）
8802	无包衣	0	130.48	6.24	87.97	20.92
		25	128.63	7.01	69.88	20.12
		50	101.11	7.6	1 723.93	19.91
		100	96.88	8.25	2 104.62	17.22
		150	107.11	10.15	2 499.45	15.79
	有包衣	0	148.27	6.51	87.52	21.73
		25	145.78	7.72	64.71	21.08
		50	111.1	8.1	1 792.97	20.56
		100	112.83	8.95	2 203.81	18.7
		150	102.38	10.98	2 531.02	17.2
徐州-24	无包衣	0	132.47	6.01	96.95	20.39
		25	123.11	6.91	64.36	19.88
		50	103.59	7.65	1 303.39	18.45
		100	97.17	8.12	2 133.24	17
		150	96.48	10.12	2 474.31	15.17
	有包衣	0	151.16	6.41	103.12	21.87
		25	133.97	7.57	63.59	20.47
		50	115.59	8.35	1 640.17	18.32
		100	101.89	8.93	2 257.71	16.65
		150	98.47	10.71	2 538.12	15.45

表4-6　壳聚糖包衣对小麦幼苗耐盐性的影响

品种	包衣处理	小麦幼苗耐盐指数
8802	无包衣	912.23
	有包衣	1 043.86
徐州-24	无包衣	898.84
	有包衣	959.13

4.2.3 播种时期和增密技术对盐碱地小麦的影响

小麦的播期与种植密度对土壤含盐量有显著影响。在种植密度相同的条件下，小麦返青期、拔节期的土壤含盐量随着播期延迟而增加；在播期相同的条件下，小麦的整个生育时期的土壤含盐量均随种植密度增加而降低。适当增加种植密度提高土壤覆盖度，是有效降低上层土壤含盐量的有效措施。盐碱地小麦可在10月13日播种，适宜种植密度可在375万株/hm^2，如果不能正常播种，播期晚，则可适当增加种植密度，仍可获得高产。

4.2.4 种植方式对盐碱地小麦的影响

4.2.4.1 沟播技术

盐碱地沟播处理沟内土壤的全盐含量显著低于平播与垄上的土壤全盐含量，尤其是在返青期之后。沟播3行小麦技术较平播可显著提高盐碱地小麦旗叶的可溶性糖含量及籽粒的灌浆速率，提高了小麦花后干物质积累量及其对籽粒产量的贡献率，显著提高盐碱地小麦旗叶的净光合速率、气孔导度、蒸腾速率、胞间二氧化碳利用能力，进而提高籽粒产量，可作为盐碱地小麦较为合理的播种方式。

4.2.4.2 秸秆覆盖或地膜覆盖技术

播种后秸秆覆盖可以减少水分的蒸腾蒸发，从而降低盐碱地土壤含盐量，有利于种子的萌发及满足冬小麦分蘖时的水分供应，提高小麦冬前分蘖数和出苗率，减少春季返盐造成的死苗，促进小麦拔节期的生长及穗的发育，增加公顷穗数和穗粒数，从而提高盐碱地小麦的产量。秸秆覆盖既减少水分蒸腾蒸发，降低了土壤含盐量，又可节约盐碱地区的淡水资源，增加土壤有机质含量，是盐碱地小麦高效栽培的一个切实可行的办法。

盐碱地覆膜栽培，可提高土壤温度和土壤含水量，减弱土壤水分蒸发，节约用水，抑制土壤返盐，改善土壤物理性状。覆膜减少Na^+在旗叶中的积累，增加旗叶K^+含量，有效地促进小麦生长发育，促进各器官形成，提高穗数、穗粒数、千粒重，利用耐盐小麦品种进行覆膜穴播可显著提高盐碱地小麦产量。

4.2.5 施肥技术对盐碱地小麦的影响

4.2.5.1 有机肥替代技术

有研究发现，中高量有机肥替代化肥处理显著降低了土壤水溶性盐总量和pH值，特别是在小麦开花期，改善了土壤盐碱化，显著降低了土壤中水溶性钠和交换性钠的比例，使ESP和SAR值减小。有机肥替代处理还显著提高了土壤有机质的含量，改善了土壤环境；有机肥替代部分化肥，达到了减肥的目的，并对滨海盐碱地有明显的改良效果，提高了小麦产量。

4.2.5.2 主要肥料的应用

施用氮肥不仅能降低对植物的盐害作用，还影响作物对其他营养元素的吸收，提高作物产量。适当的增施氮肥，能够刺激植株体内K的活性和表达，植株通过K^+和Na^+之间的拮抗作用，使植株体内的Na含量减少，促进植株在盐胁迫环境中生长。

在盐逆境下施用钾肥可以增加小麦灌浆期旗叶的叶绿素含量，延长叶片的功能期，提高植株叶片的K^+及K^+/Na^+，增强叶片的保水能力，提高旗叶光合速率和籽粒产量。钾肥基施和拔节期叶面喷施皆对盐胁迫下小麦生长有促进作用。钾肥基施的量应根据盐胁迫程度的不同而定，小麦生长环境中最佳的K^+/Na^+比为1：10；叶面喷施钾肥的浓度也应根据上述比例而定，一般应在拔节期连续喷施3次。盐胁迫下小麦叶面喷施钾肥，旗叶光合速率在灌浆期比不施钾处理显著升高，且维持高光合速率时间延长，小麦后期衰老速率减缓。

与复合肥、有机肥、过磷酸钙单施相比，有机肥与过磷酸钙混施旗叶可溶性糖含量在整个灌浆期均处于最高水平；有机肥与过磷酸钙混施花前营养器官贮藏同化物转运量、转运率和对籽粒的贡献率均较低，而花后干物质积累量及对籽粒的贡献率均显著高于其他处理；有机肥与过磷酸钙混施干物质向茎鞘叶、穗轴+颖壳的分配比例较其他处理均低，而干物质向籽粒的转移比例较高；有机肥与过磷酸钙的灌浆速率在前期虽然较低，但花后14d开始高于其他处理，且在后期仍能维持较高的灌浆速率；有机肥与过磷酸钙混施穗数、穗粒数、千粒重以及产量较复合肥、有机肥、过磷酸钙单施，均表现为最高。

4.2.6 盐碱地冬小麦耐盐抗逆栽培技术

盐碱地具有“碱、寒、湿、板、薄”五大特征，对小麦的生长发育有一定的影响，小麦表现为难全苗、易死苗、生长弱、产量低的特点。要提高盐碱地小麦产量，必须根据其土壤特点和小麦的耐盐碱能力，一是抓住小麦耐盐碱力弱的幼苗阶段，播前灌大水压盐，降低表层土壤的含盐碱量，保证一播全苗，防死苗；二是通过耕作与调控措施培育壮苗抗盐；三是采用秸秆覆盖等措施强化田间管理抑盐，并通过选用耐盐品种等综合配套技术集成盐碱地冬小麦耐盐抗逆栽培技术。

4.2.6.1 选择耐盐品种

不同品种耐盐碱力差异很大，耐盐碱能力强的品种在盐碱地种植较不耐盐碱品种明显增产。抗旱品种小麦一般根系发达，根量大，抗逆性强，容易壮苗；晚熟品种毋庸置疑后期生长势旺，根系发达，叶片功能性强，不早衰，容易提高千粒重。因此选用耐盐碱、抗旱的晚熟小麦品种是盐碱地冬小麦增产的重要措施。

孟维伟等于2018年10月至2019年6月在济阳非盐碱地、无棣盐碱地选用济麦22、济麦229、矮抗58等21个黄淮海主推品种进行对比试验，结果发现，盐碱地条件下各品种籽粒产量均较非盐碱地条件降低。但不同小麦品种减产幅度差异较大。盐碱地条件下产量最高的小麦品种为济麦262，其次为烟农1212、鲁原502，这3个品种公顷产量均超过7 500kg。山农32在非盐碱地条件下获得最高产量，但其在盐碱地条件下产量最低（图4-5、图4-6）。

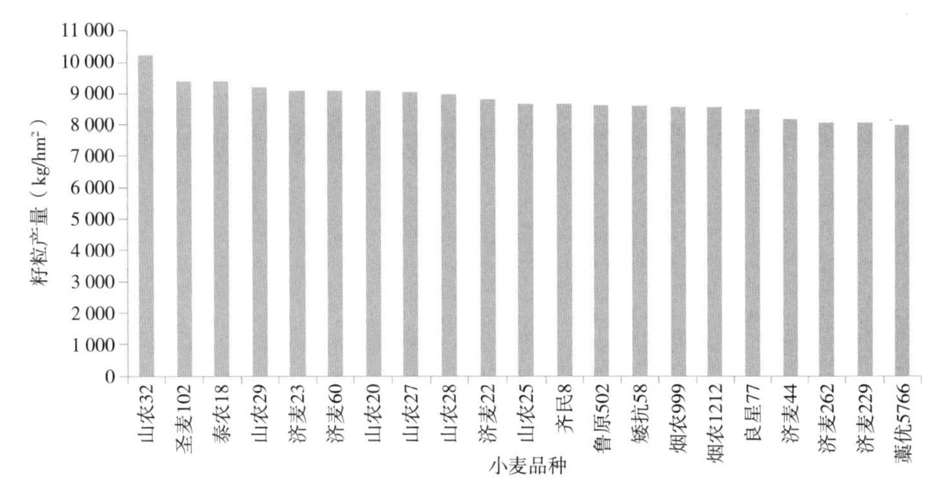

图4-5 非盐碱地条件下不同品种小麦的产量情况

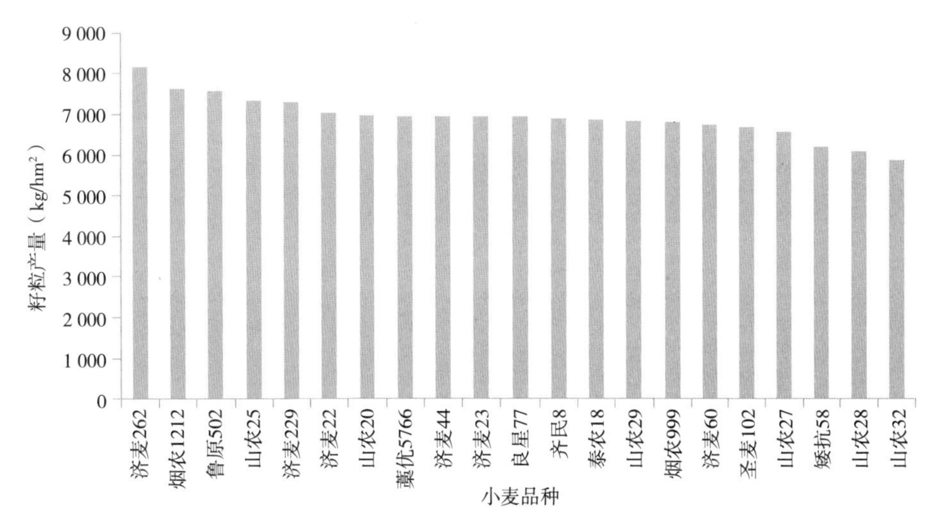

图4-6 盐碱地条件下不同品种小麦的产量情况

由图4-7可以看出，减产幅度小于10%的品种有济麦262、济麦229，其次减产小于

20%的品种有烟农1212、藁优5766、鲁原502、济麦44、山农25和良星77；综合济麦262、济麦229在盐碱地条件下产量相对较高，且与非盐碱地比较稳产性较好，是比较适宜在盐碱地推广应用品种。

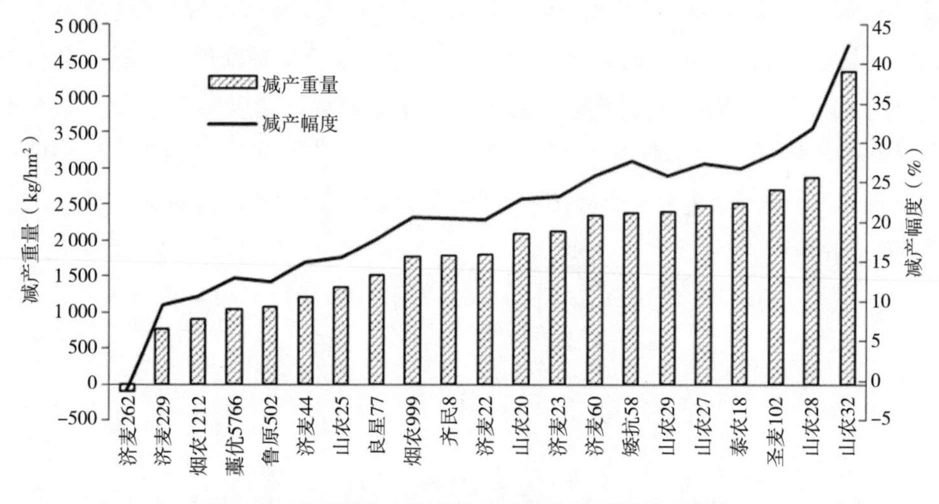

图4-7　不同品种小麦在盐碱地减产重量及减产幅度

综合试验与前人结果，我国黄淮海滨海盐碱地可选择已经审定的耐盐碱、高产、抗逆性强的小麦品种，如济麦262、烟农1212、鲁原502、山农25、青麦6号、德抗961和良星77等，或者选择高产优质小麦品种，如济麦229、济麦44和藁优5766等。

4.2.6.2　灌排结合水分管理，降低盐分保全苗

根据“盐随水来、盐随水去”的规律，水是土壤积盐的因素，也是脱盐的动力。灌溉是盐碱地洗盐、压盐、肥地的重要措施，小麦播种前，要围埝灌水，用水洗盐。灌溉要建立健全水利设施，实行河、井、沟、渠结合，排、灌、蓄配套，进行合理灌排，调节自然界水分循环，可洗淋排出土壤中的盐分。实施深沟淋碱，降低地下水位，利用雨季压盐，可有效地控制盐分上升，降低土壤盐分含量（图4-8）。一般毛沟深度在1.2m以下，主排水沟深度在1.5m以下为宜。

切忌只灌不排，防止大水漫灌造成土壤次生盐碱化。灌水后要适时浅耕，防止土壤开裂和返碱。

4.2.6.3　改碱压盐耕作技术，降低土壤盐碱含量

滨海盐碱地的特点：一是土壤含盐量随离海的远近而呈规律性变化，距海越远，盐分越少，距海越近，盐分越多。二是土壤盐分组成与海水基本一致，土壤中含有较多以氯化钠为主的可溶性盐分，使土壤溶液浓度增高，渗透压增大，小麦吸收土壤中水分困难。三是地势低平，地下水位高、矿化度大，承泄区受海潮影响，往往地下水出流不

畅，致使土壤盐分不断累积。四是土壤瘠薄，有机质和磷的含量低，有较多的代换性钠离子作用，土粒排列密实，结构不良，透水、透气性差，严重影响作物生长，需要培肥改良才能进行作物生产。

图4-8 盐碱地大水压盐与暗沟排碱处理

合理耕耙可以改善土壤结构，阻断土壤毛细管水分上升，减少土壤中水分蒸发，达到改碱降盐的目的。

一是平整土地，消灭盐碱斑。盐碱地土壤盐分具有“盐往高处爬”的特点，土地不平是形成盐碱化的主要原因，在不平的地面上，高处比平整处的蒸发量大6倍，在灌溉后或降雨后，地表干得快，而邻近低处的土壤盐碱随水沿着毛细管向高处蒸发，其积盐也就越来越多，形成片状盐斑。据研究，平整土地后灌水的耕层中脱盐率高达70%，而不平地灌水的脱盐率只有31%，所以平整土地是消灭盐碱斑、保证苗全的重要措施。民间也有“修畦如修仓，平地多打粮”“治碱不平地，等于白费力”的谚语。平整土地可均匀土地表层，促进水分下渗，提高盐分淋洗效率，防止土地斑块状盐碱化的出现；另外，土地平整可塑造地表形态进行积水，持续或间歇式蓄水可有效缓解因降水量减少造成的盐分升高问题，促进可溶性盐分的淋洗。

二是适当深耕深翻。盐分在土壤中的分布情况多为地表层多，下层少，如常年只旋耕，活土层很浅，20cm耕层以下形成了一层坚实的梨底层，造成了土壤结构不良，通透性、蓄水、保墒、保肥能力差，盐碱程度高，严重影响小麦根系下扎和生长发育。深耕翻耕可把表层土壤中盐分翻扣到耕层下边，把下层含盐较少的土壤翻到表面。深耕翻耕还可破除犁底层，疏松耕作层，改良土壤结构，切断土壤毛细管，减弱土壤水分蒸发，阻止地下水中盐分上升，有效地控制土壤返盐。而且还可破除土壤板结，利于纳蓄雨水，加速淋盐脱盐的作用。盐碱地翻耕的时间最好是春季或秋季。春、秋是返盐较重的季节，一般深耕深翻30cm左右为宜。

三是适时耕耙。盐碱地耕耙要适时，要浅春耕，抢伏耕，早秋耕，耕干不耕湿。

盐碱地盐碱具有“随水来”特点，如果耕地时土壤较湿，就会把大部分盐分截在土壤上层，两三年内不易拿住苗，农民称之为“摔死”。所以，盐碱地耕地时要掌握在地面发白时，用手抓起土壤容易散碎时进行耕地。

4.2.6.4 秸秆还田，提高覆盖

秸秆还田可增加土壤有机质，提高土壤肥力，改善土壤结构，具有明显的蓄水、保墒、培肥地力的作用，可有效地抵御干旱。据测定，麦田秸秆还田每年可增加土壤有机质0.01%～0.03%，可增加土壤蓄水量16%～19%，提高水分利用率12%～16%。亦可通过覆盖方式还田达到抑制盐分上返的效果。

4.2.6.5 施足底肥，增施有机肥

一是要增施有机肥。有机肥中不仅有植物必需的大量营养元素、微量元素，还含有丰富的有机养分，如胡敏酸、维生素、生长素、抗生素和有机氮、磷的小分子化合物等，是营养最全面的肥料，且肥效持久。有机肥含有大量有机质，有机质是土壤肥力的重要物质基础。土壤有机质主体是腐殖质，占土壤有机质总量的50%～65%。腐殖质是一种复杂的有机胶体，能调节和缓冲土壤的酸碱度；增加土壤阳离子代换量，提高土壤的保肥性能；增加土壤有机质含量，有利于良好土壤结构的形成，特别是水稳性团粒结构的增加，从而改善土壤的松紧度、通气性、保水性和热状况，对决定土壤肥力的水、肥、气、热状况均有良好的作用。有利于改善土壤的理化性状，提高土壤肥力。因此，增施有机肥能增加土壤中的养分，全氮与有机质含量，有效改善土壤化学及物理性质，增强土壤保水保肥能力，减少水分蒸发，抑制盐分上升，提高地温。

施用有机肥料一方面增加了土壤有益微生物的数量和种群，另一方面为土壤微生物活动提供了良好的环境条件，使土壤微生物活动显著增强。植物从土壤中摄取的各种养分可通过施用有机肥料和以植物残体形式回归土壤。因此，施有机肥也是土壤培肥的重要措施。

有机肥可就地取材，将作物秸秆堆腐后直接还田，就地施用。有机肥施用量允许变化幅度较大：土杂肥每亩施用3 000kg左右，优质商品有机肥每亩施用100～200kg，施肥配合加入盐碱地土壤改良剂（如ETS、青农土壤改良剂1号、2号等）盐碱改良效果更佳。

二是重施氮磷化肥。盐碱地普遍缺氮、严重缺磷，施用氮、磷肥，可以促进麦苗早发，增根促蘖，增强抗盐碱能力。但化肥有酸性、碱性和中性3种不同的性质。酸性和中性化肥可以在盐碱地施用，如尿素、碳酸氢铵、硝酸铵等在土壤中不残留任何杂质，不会增加土壤中的盐分和碱性，适宜于盐碱地施用；硫酸铵是生理性肥料，其中的NH_4^+被小麦吸收后，残留的硫酸根有降低盐碱土碱性的作用，也适宜盐碱地施用。盐

碱地多施钙质化肥（过磷酸钙、硝酸钙等）和酸性化肥（硝酸铵等），可增加土壤中钙的含量和活化土壤中钙素。碱性肥料不宜在盐碱地施用，如石灰氮、草木灰、硝酸钠等这些碱性肥料就不宜在盐碱地施用，否则，反而会增加盐碱地的碱性。合理施肥及配合盐碱地土壤改良可以在一定程度上减缓盐分对作物的胁迫，同时也可减少肥料浪费及提高土壤肥力。播种前取土样分析，根据土壤养分状况和小麦需肥规律进行配方施肥。一般亩施50～75kg复合肥（有效养分≥45%），过磷酸钙50～100kg。全部有机肥、改良剂于播种前均匀撒施地面，然后进行耕作施入土中，化肥基施70%，追施30%。

三是培肥改碱。通过耐盐碱绿肥作物苜蓿等与小麦、玉米轮作，增加土壤有机质含量，培肥土壤。种植绿肥还有增加覆盖、减少蒸发和抑盐作用。坚持秸秆还田技术的推广，秸秆还田可增加秸秆对土壤表面的覆盖，降低土壤水分蒸发，减少盐分上升，还可增加土壤有机质，改良土壤结构，是培肥土壤的重要措施。通常种植2～3年苜蓿，轮作种植小麦—玉米1～2年（图4-9）。

图4-9 小麦—苜蓿轮作

4.2.6.6 适期播种，培育壮苗技术

一是要适时播种，增育壮苗。因盐碱地较“凉”，小麦出苗及生长慢。因此盐碱地小麦应适期早播，以充分利用光、热资源，增加冬前有效积温，达到苗齐、苗壮，但太早了也不行，容易冬前旺长，形成弱苗，发生冻害。玉米收获后适时早播是盐碱地小麦形成冬前壮苗的主要措施，黄河三角洲滨海盐碱地地区最佳播期为10月上旬。

二是要适当增加播量。盐碱地出苗率低，播种时应提高播量，适时（10月上旬）播种一般每亩10～15kg，随播种期推迟应相应增加播种量。

三是缩小行距，提早封垄。根据土壤蒸发量大导致盐碱在土层表层积累的特点，将小麦行距由20～25cm缩小至15～18cm，促小麦早封垄，增加作物覆盖度，减少麦田地面水分蒸发，使地下水中的盐分不能在土壤表层积累，从而减轻小麦耕层土壤的盐碱化，达到增加绿色覆盖压盐目的。

四是种肥同播，分层施入。小麦种子和肥料一次性施入，小麦种子位于土壤下2～4cm，肥料位于行间土壤下5～10cm。

五是改进播种方式，避盐保苗。可改平作为垄作沟播。因为盐往高处爬，小麦播在沟中躲盐，有利于小麦生长。还可采用地膜覆盖技术，可有效降低土壤耕层盐分浓度，提高保苗率。

4.2.6.7 加强田间管理促壮苗

一是加强肥水管理促壮苗。滨海盐碱地小麦，在冬前和返青两次返盐高峰前，采取"大水压碱保全苗"，并掌握"冬水易早灌、返青水适时灌，小雨勾碱必灌，地下水含盐量大于2g/L不灌"的原则。返青期大水灌溉一般在5cm地温稳定在5℃时进行为宜。

盐碱地小麦早施肥、早浇水能促蘖增根，提高成穗率。追肥可在冬前或早春一次施入，且冬前追肥比早春追肥的效果要好，缺磷地块应提早追施磷肥。在中后期早浇拔节水、适时灌好灌浆水，以促粒增穗重，提高产量。

二是要勤中耕、细中耕，防返碱。中耕对盐碱地保苗有十分重要的作用，农谚有"种盐无别巧，勤锄是一宝"之说。早春划锄，在地表融化3～5cm后，一般在初春麦田返浆时进行镇压划锄。

三是施用抑盐剂。该剂用水稀释后，喷在地面能形成一层连续性的薄膜。这种薄膜能阻止水分子通过，抑制水分蒸发和提高地温，减少盐分在地表积累，对农作物保苗增产有良好作用。

四是防治病虫草害。结合"一喷三防"做好防治病虫草害。白粉病用20%粉锈宁750mL/hm^2，兑水450kg/hm^{2}进行防治。当百株麦蚜量达500头时，用40%乐果乳油750mL/hm^{2}加水800～1 000倍液喷雾防治。

五是适时调控，提高抗逆性。加强中后期水肥管理，适时水肥管理，5月上旬浇抽穗、扬花水，满足小麦生长需要。同时结合灌水追施10～15kg尿素。施肥最好结合中耕，以破除土壤板结，改良土壤通气性，改善耕层水、肥、气、热状况。灌浆期小麦需肥量比较大，为防止小麦早衰，可在小麦拔节期、扬花期喷施含芸薹素内酯的调控剂，如碧护、芸乐收等，配合磷酸二氢钾、尿素、海藻肥等叶面肥一起喷施，不仅能及时补充营养，弥补根系对养分吸收的不足，增强其生理机能，满足小麦生长发育需要，增加小麦抗盐性，还能减缓叶片衰老，提高灌浆速率，促进籽粒饱满，增加粒重，是确保小麦高产优质的重要措施。也可结合病虫害防治一起进行。

选用合适调控剂组合延缓了小麦灌浆期叶片衰老进程，有利于小麦籽粒灌浆增加粒重。拔节期+开花期喷施调控剂处理，显著提高了小麦亩穗数和千粒重，穗粒数和株高则影响较小。孟维伟等2018年在东营进行叶面喷施调控剂试验（图4-10），叶面喷施调控剂处理与不喷对照比较，籽粒产量提高幅度高达17.5%（表4-7）。

图4-10 小麦成熟收获期田间表现（2018年东营）

表4-7 喷施调控剂对盐碱地小麦产量及产量三要素的影响（2018年东营）

处理	株高（cm）	亩穗数（万穗/亩）	穗粒数	千粒重（g）	产量（kg/亩）	较不喷对照增产幅度（%）
不喷	64.51a	39.56b	33.46a	41.13b	462.51b	
调控处理	66.57a	43.24a	33.86a	44.38a	543.44a	17.50a

注：同列中不同字母表示差异显著（$P<0.05$）。

4.2.6.8 适时收获

在小麦蜡熟后期收获，及时晾晒入仓。小麦收割时，留茬10cm左右，秸秆全部还田，秸秆粉碎长度在5～12cm，不宜超过15cm。

参考文献

陈敏，王宝山，2000. 覆麦秸对盐碱地小麦生长及产量的效应[J]. 山东师大学报（自然科学版）（3）：307-310.

谷艳芳，丁圣彦，李婷婷，等，2009. 盐胁迫对冬小麦幼苗干物质分配和生理生态特性的影响[J]. 生态学报，29（2）：840-845.

郭建华，李跃进，卢炜丽，2007. 3种盐胁迫对小麦苗期生长的影响[J]. 华北农学报，22（3）：148-150.

贾春青，张瑞坤，陈环宇，等，2018. 滨海盐碱地地下水位对土壤盐分动态变化及作物生长的影响[J]. 青岛农业大学学报（自然科学版），35（4）：283-290.
李夕梅，韩伟，郭卫卫，等，2018. 有机肥与过磷酸钙混施对盐碱地冬小麦生长发育的影响[J]. 沈阳农业大学学报，49（3）：331-336.
李旭霖，王宗仁，胡景田，等，2017. 追施海藻叶面肥对盐碱地冬小麦生长及其产量的影响[J]. 安徽农业科学，45（33）：32-33，44.
李玉，田宪艺，王振林，等，2019. 有机肥替代部分化肥对滨海盐碱地土壤改良和小麦产量的影响[J]. 土壤，51（6）：1 173-1 182.
陆莉，张建国，张铁恒，2007. 环渤海低平原盐碱地小麦高产栽培技术[J]. 作物研究（3）：176-178.
吕金岭，1990. 盐碱对小麦生育的影响[J]. 盐碱地利用（4）：36-38，46.
马金芝，2016. 滨海盐碱地小麦适宜播期与种植密度研究[D]. 泰安：山东农业大学.
盛玮，薛建平，高翔，等，2007. 壳聚糖包衣对小麦种子发芽和幼苗耐盐性的影响[J]. 淮北煤炭师范学院学报（自然科学版）（3）：39-42.
师长海，崔方让，刘义国，2018. 黄河三角洲中度盐碱地冬小麦—夏谷子轮作高产种植技术[J]. 耕作与栽培（2）：61-63.
孙君艳，程琴，李淑梅，2017. 盐胁迫对小麦种子萌发及幼苗生长的影响[J]. 分子植物育种，15（6）：2 348-2 352.
王宝山，蔡蕾，李平华，等，2000. 盐碱地耐盐小麦覆膜栽培高产机理的研究[J]. 西北植物学报（5）：746-753.
王克荣，2014. 次生盐碱地小麦高产栽培技术[J]. 现代农业（11）：37.
王秀芹，徐媛婧，高杰，等，2018. 土壤盐碱度对小麦主要农艺性状和产量的影响[J]. 农业科技通讯（7）：123-128，305.
武永智，2009. 盐碱土在不同改良措施下土壤物理化学性质变化的研究[D]. 呼和浩特：内蒙古农业大学.
谢娟娜，房琴，路杨，等，2018. 增施有机肥提升作物耐盐能力研究[J]. 中国农学通报，34（3）：42-50.
薛远赛，刘义国，张玉梅，等，2016. 沟播对耐盐小麦品种青麦6号干物质积累及籽粒灌浆的影响[J]. 麦类作物学报（12）：1 651-1 656.
薛远赛，刘志鹏，林琪，等，2017. 不同种植方式对盐碱土壤盐分变化及耐盐品种青麦6号耐盐生理特性的影响[J]. 沈阳农业大学学报，48（3）：338-342.
薛远赛，朱玉鹏，林琪，等，2016. 沟播对盐碱地小麦光合日变化及产量的影响[J]. 西南农业学报（11）：2 554-2 559.

张菁，2013. 盐胁迫对我国西北小麦种子萌发及幼苗生理特性的影响[D]. 兰州：西北师范大学.

张秀田，傅秀云，孙连杰，等，2000. 盐碱地抗盐小麦覆膜增产效应的研究[J]. 山东农业科学（4）：24-25.

张忠合，杨树昌，2017. 黄骅市雨养旱作技术集成[M]. 北京：中国农业科学技术出版社.

郑延海，2007. 盐胁迫对不同冬小麦品种的影响及钾营养对其缓解机理研究[D]. 泰安：山东农业大学.

朱光艳，刘国锋，徐增洪，2019. 冲水洗盐对滨海盐碱地盐分变化的影响[J]. 灌溉排水学报，38（S2）：52-56.

5 滨海盐碱地玉米种植

玉米是我国第一大作物，近年来，玉米总产量的增加主要来自种植面积增加和单产水平提高的双重贡献。在单产增加难度较大的背景下，挖掘盐碱耕地的潜力，增加玉米种植面积，对提高我国玉米总产具有重要意义。中国的盐渍土资源量多且分布广泛，据第二次全国土壤普查资料统计，分布在我国西北、东北及滨海地区的盐碱荒地和盐碱障碍耕地总面积超过3 300多万公顷，可供开发利用的盐碱地多达1 300多万公顷，占我国耕地总面积的10%左右。其中，黄河三角洲地区现有盐碱耕地30多万公顷，是我国后备耕地资源最丰富的地区，粮食增产潜力巨大。但因缺乏耐盐良种及其配套栽培技术，盐碱地农业发展受到严重制约，土地增产潜力亟待挖掘。开展盐碱地玉米种植及研发配套栽培技术，挖掘盐碱地增产潜力，对我国盐碱耕地农业高效利用和国家粮食安全保障具有重要意义。

5.1 盐碱地玉米生长发育

玉米属于中等耐盐作物，土壤盐碱化会破坏土壤的理化特性以及抑制玉米根系养分吸收，引起水分亏缺和离子失衡，并造成氧化伤害，光合物质生产能力下降，衰老加速，产量降低（Chinnusamy et al.，2005；Farooq et al.，2015）。盐胁迫对玉米的伤害机制主要包括以下几个方面：一是渗透胁迫。土壤中的盐分使土壤溶液的水势降低，根际高浓度盐离子容易引起玉米吸水困难，造成生理干旱，并引发细胞吸钠排钾，影响植物体对Ca^{2+}、Mn^{2+}和Mg^{2+}等其他营养元素的吸收，破坏体内营养平衡，最终影响作物新陈代谢和生长发育。二是离子毒害。玉米体内大量Na^{+}和Cl^{-}积累破坏细胞内离子平衡，改变体内电势平衡，增大质膜渗透性，造成膜脂或膜蛋白损伤，从而破坏膜结构，细胞内水溶性物质外渗，产生盐离子毒害效应。三是营养亏缺。土壤中NaCl含量较高会导致Na^{+}/Ca^{2+}、Na^{+}/K^{+}、Na^{+}/Mg^{2+}和Cl^{-}/NO_3^{-}比例升高，引起作物营养失衡，Na^{+}主要通过离子间竞争作用和调节细胞膜离子选择性影响植物对必需营养元素吸收（Grattan and Grieve，1992）。

土壤盐渍化会抑制作物生长，生长发育、代谢适应以及离子螯合或排斥发生改变。渗透胁迫和离子毒害两个过程在时间上和空间上是分离的。早期的盐胁迫响应普遍由于渗透胁迫或干旱胁迫引起，而对钠的特异性响应则是在后期诱导的。早期的感知可能发生在Na^+吸收之前或之后，或者发生在细胞间或细胞外。初步感知后，会诱导早期信号传导反应，包括K^+转运、Ca^{2+}信号传导、H^+转运、磷脂修饰和活性氧（ROS）诱导等。在早期信号传导阶段的下游，植物激素水平会因激素合成和运输的改变而改变，基因表达水平以既依赖又独立于植物激素的方式改变。最终，盐诱导的信号级联反应导致适应性响应，例如调节生长和发育，离子传输以及产生相容性溶质，以补偿Na^+产生的渗透压。信号传递链中的每一步都对盐胁迫作出适当的响应，并最终在盐渍土壤中存活，部分早期信号和下游信号反应与渗透胁迫诱导的途径重叠（图5-1）。盐胁迫对玉米生长发育的影响是一个复杂的过程，其受盐害程度与盐浓度、外界环境条件、品种自身特性和不同生育阶段密切相关。

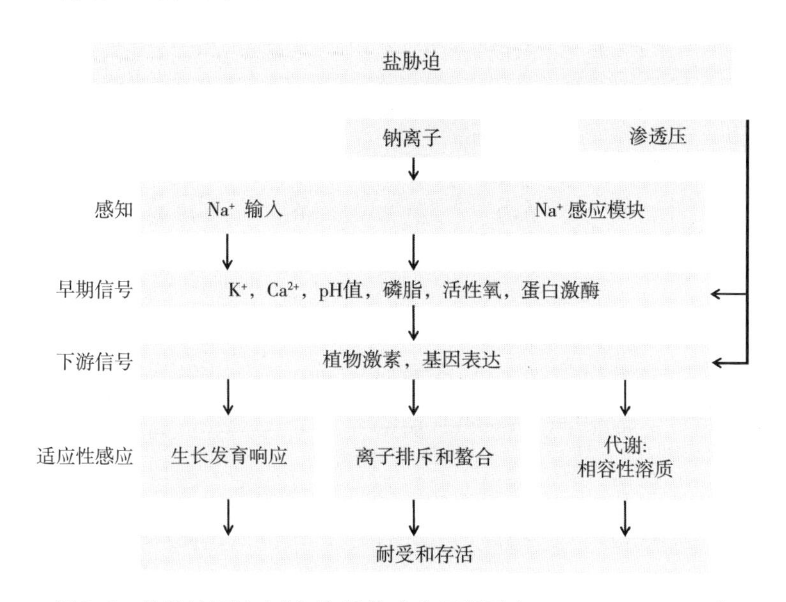

图5-1 盐胁迫下Na^+感知和吸收响应示意图（Zelm et al.，2020）

5.1.1 盐胁迫对玉米种子萌发的影响

种子萌发期是作物对盐分最敏感的时期，耐盐能力较低（Farooq et al.，2015）。种子萌发阶段是决定玉米能否在盐胁迫环境下生长的关键时期，萌发过程中，外界盐溶液渗透压较高会抑制种子吸水，推迟发芽、降低发芽率，导致缺苗、大小苗等问题，从而降低群体的整齐度（Ashraf and Foolad，2005；Khayatnezhad et al.，2010）。不同玉米自交系在盐胁迫下的发芽势、发芽率、根芽性状均显著低于对照（刘春晓，2017），耐盐玉米品种的发芽率、发芽势、活力指数等均高于盐敏感系（彭云玲，2012）。NaCl胁迫浓度低于100mmol/L时，不同玉米杂交种种子的萌发受到的影响很小，甚至具有促进作用（高英，2007；谷思玉，2011）。随着NaCl浓度的增加，玉米种子的发芽势、发芽指数、活力指数等指标均有所下降，发芽时间延长（张海艳，2010）。盐胁迫下玉米发芽势、发芽率、胚芽长和胚芽重均有不同程度下降（高英波，2020）。不同浓度盐胁迫下各品种相对胚芽重（RSW）和相对发芽势（RGP）的平均变异系数分别达73.45%和54.78%，平均RSW和RGP分别是对照（CK）的42.74%和41.24%；相对发芽率（RGR）和相对胚芽长（RSL）的平均变异系数分别达45.69%和43.92%，平均RGR和RSL分别是CK的61.39%和42.13%。不同品种玉米发芽势、发芽率、胚芽长和胚芽重对盐胁迫的敏感程度也存在一定差异，变异系数的变化范围在9.60%～23.08%，变异系数越大表明指标对盐胁迫越敏感，测定指标对盐胁迫敏感程度表现为RGP>RSL>RSW>RGR（表5-1）。

表5-1　盐胁迫下不同玉米品种种子萌发特性的影响（高英波，2020）

品种	RGR	*CV*（%）	RGP	*CV*（%）	RSL	*CV*（%）	RSW	*CV*（%）
青农105	0.73	30.41	0.67	57.49	0.42	45.22	0.39	55.42
天泰58	0.71	37.38	0.43	75.49	0.44	36.33	0.44	57.86
鲁单818	0.70	32.04	0.63	45.32	0.37	49.99	0.50	47.80
天泰55	0.68	37.77	0.53	71.88	0.44	35.62	0.42	58.68
屯玉808	0.67	37.94	0.42	78.71	0.59	32.95	0.40	53.95
东玉3号	0.67	43.27	0.39	73.24	0.37	33.38	0.45	44.49
登海605	0.66	42.04	0.50	69.97	0.45	51.26	0.44	48.45
齐单1号	0.65	42.02	0.42	75.22	0.49	42.83	0.47	44.25
邦玉339	0.65	43.12	0.47	71.11	0.51	30.98	0.43	49.71
鲁单981	0.64	44.97	0.34	93.02	0.40	35.85	0.42	31.64
登海6702	0.63	48.32	0.49	85.22	0.34	51.15	0.40	48.38
鲁单1108	0.62	40.91	0.42	70.92	0.59	32.69	0.36	56.93
连胜188	0.62	42.80	0.35	68.41	0.37	36.66	0.41	59.32
郑单958	0.61	40.62	0.47	80.90	0.52	35.14	0.41	49.57
鲁单9088	0.61	41.76	0.29	72.20	0.48	35.82	0.42	59.54
济玉1号	0.61	47.45	0.59	62.71	0.39	41.03	0.46	62.12
浚单20	0.61	43.89	0.40	68.27	0.38	45.70	0.45	45.14
伟科702	0.61	48.09	0.34	85.48	0.47	40.81	0.42	59.11

（续表）

品种	RGR	*CV*（%）	RGP	*CV*（%）	RSL	*CV*（%）	RSW	*CV*（%）
登海3622	0.60	48.48	0.56	62.98	0.35	58.08	0.41	51.81
浚单29	0.60	43.27	0.49	56.76	0.42	53.80	0.43	48.02
金海5号	0.60	40.54	0.35	84.37	0.38	54.66	0.44	53.08
中单909	0.59	47.64	0.43	77.65	0.33	55.54	0.45	56.03
农大108	0.58	47.72	0.37	74.17	0.48	45.15	0.36	62.36
农华101	0.58	43.84	0.24	68.12	0.48	36.87	0.37	74.79
德利农988	0.57	60.40	0.40	82.05	0.28	57.84	0.37	54.81
鲁单9066	0.57	50.26	0.42	75.29	0.51	40.82	0.45	65.87
连胜15	0.55	57.61	0.40	76.51	0.42	55.30	0.37	52.74
蠡玉37	0.51	51.07	0.36	73.69	0.37	51.64	0.36	58.06
先玉335	0.49	68.93	0.34	80.52	0.28	41.20	0.39	68.61
天泰33	0.49	66.28	0.31	85.89	0.34	53.24	0.32	64.76
最大值	0.73	68.93	0.67	93.02	0.59	58.08	0.5	74.79
最小值	0.49	30.41	0.24	45.32	0.28	30.98	0.32	31.64
平均值	0.61	45.69	0.43	73.45	0.42	43.92	0.41	54.78
标准差	0.06	8.64	0.10	9.90	0.08	8.64	0.04	8.55
CV（%）	9.60	18.92	23.08	13.48	18.93	19.68	9.66	15.61

注：RGR—相对发芽率；PGP—相对发芽势；RSL—相对胚芽长；RSW—相对胚芽重；*CV*—变异系数。

5.1.2 盐胁迫对玉米生长的影响

玉米属于盐敏感作物，遭遇盐胁迫会导致细胞内离子失衡，细胞膜结构损伤，各种代谢活动减弱，最终减产直至死亡。玉米苗期是整个生长周期的关键时期，该时期对盐胁迫比较敏感（张春宵，2010），盐胁迫使玉米发芽势弱，胚根少且短，苗弱，成活率低，严重影响其后期生长发育及产量（Katerji et al.，2003）。盐胁迫下玉米株高和地上部分鲜重显著下降，随着盐浓度的增加，其下降幅度增加（李文阳，2019）。新萌发叶片的生长发育受到盐胁迫的显著抑制，地上部干重下降，地上部的生长较地下部的生长受到的抑制更为严重。在轻度盐碱、中度盐碱条件下，玉米苗期的地上干物重、地下干物重、根冠比均受到不同程度影响。在轻度盐碱条件下，除承玉10和德利农318地上干物重有所增加外，其他品种的地上干物重均保持不变或降低。在中度盐碱条件下，金海5号的地上干物重增加35%，鲁单818和沈玉21地上干物重也有不同程度增加，其他品种地上干物重则都有不同程度降低，其中，登海605降低幅度最大，相对值只有0.52。与对照土壤相比，大多数品种在中度盐碱条件下地下干物重均有不同程度增加（除济丰96外）。盐碱胁迫条件下各品种（除鲁单818外）根冠比均有不同程度增加，其中，郑单958根冠比相对值最高，比承玉10高100%（表5-2）。

表5-2　盐碱胁迫对不同玉米品种苗期地上、地下干物重和根冠比的影响（孙浩，2016）

品种	地上干物重相对值		地下干物重相对值		根冠比相对值	
	轻度盐碱	中度盐碱	轻度盐碱	中度盐碱	轻度盐碱	中度盐碱
先玉335	0.97	0.84	0.87	1.13	1.18	1.32
济丰96	0.73	0.56	0.71	0.98	1.3	1.68
鲁单818	0.75	1.09	0.79	1.05	1.37	0.96
沈玉21	0.99	1.08	0.98	1.36	1.13	1.09
承玉10	1.34	0.92	1.08	1.15	1.05	1.34
中科11	0.94	0.73	0.9	1.29	1.27	1.65
登海618	0.85	0.76	1	1.31	1.59	1.89
金海5号	1.01	1.35	1.05	1.08	1.4	1.24
登海605	1	0.52	1.01	1.16	1.35	1.74
郑单958	0.79	0.53	1.24	1.2	2.1	1.94
德利农318	1.08	0.89	1.03	1.12	1.26	1.51
浚单20	0.81	0.74	0.91	1.16	1.42	1.42
平均值	0.91	0.83	0.93	1.17	1.37	1.48

在逆境环境下玉米根系生长首先被影响，发育迟缓引起代谢功能紊乱，最终导致玉米的正常生长发育受阻。盐胁迫会导致玉米植株的干物质积累速度显著降低，干物质积累量下降，黄叶指数增大，根系缩短变粗，须根数增加，侧根及根毛减少，植株各部分的鲜重及干重均降低（Khan，2003）。孙浩（2016）等研究表明，在轻度、中度盐碱条件下，玉米苗期根表面积、根体积、总根长均受到不同程度影响，品种间敏感程度差异显著（$P<0.05$）。在轻度盐碱条件下，鲁单818的根表面积、根体积、总根长均明显增加，而金海5号、登海605的根表面积都有所降低；除金海5号、登海618、德利农318、承玉10、济丰96根体积稍稍降低外，其他品种的根体积都有不同程度的增加。在中度盐碱条件下，除鲁单818根表面积、根体积均增加外，其他品种的根表面积与对照土壤条件下相比均有不同程度的降低，其中，金海5号最低，仅达到对照非盐碱土壤条

件下53%。与对照土壤相比，在轻度、中度盐碱条件下，除中科11和郑单958的根体积比稍有增加外，其他品种的根体积均有不同程度的降低；所有品种总根长均有不同程度的降低（表5-3）。

表5-3 盐碱胁迫程度对不同玉米品种苗期根表面积、根体积、总根长的影响（孙浩，2016）

品种	根表面积相对值		根体积相对值		总根长相对值	
	轻度盐碱	中度盐碱	轻度盐碱	中度盐碱	轻度盐碱	中度盐碱
先玉335	1.20 abc	0.93 ab	1.09 bcd	0.98 bc	1.32 a	0.87 ab
济丰96	1.03 bcd	0.74 bcd	0.98 bcd	0.73 cd	0.94 bc	0.74 abc
鲁单818	1.46 a	1.16 a	1.53 a	1.41 a	1.41 a	0.95 a
沈玉21	1.04 bcd	0.63 cd	1.05 bcd	0.73 cd	1.05 abc	0.54 cd
承玉10	1.01 bcd	0.81 bcd	0.94 bcd	0.89 cd	1.09 abc	0.73 abc
中科11	1.11 bcd	0.78 bcd	1.10 bcd	1.01 bc	1.13 abc	0.61 cd
登海618	0.84 d	0.72 bcd	0.89 cd	0.83 cd	0.80 c	0.56 cd
金海5号	0.84 d	0.53 d	0.87 d	0.62 d	0.83 bc	0.46 d
登海605	0.94 bcd	0.68 bcd	1.00 bcd	0.82 cd	0.88 bc	0.57 cd
郑单958	1.16 abcd	0.84 bc	1.27 ab	1.03 bc	1.06 abc	0.68 bcd
德利农318	0.88 cd	0.79 bcd	0.96 bcd	0.95 bc	0.80 c	0.64 bcd
浚单20	0.94 bcd	0.64 bcd	1.02 bcd	0.79 cd	0.86 bc	0.52 cd

注：表中不同字母为$P<0.05$水平差异显著。

5.1.3 盐胁迫对玉米矿质元素吸收及利用的影响

在盐碱土壤条件下，玉米根际过量的钠离子和氯离子积累会强烈干扰根系对氮、磷、钾、钙、镁、铜、锌、铁、锰等营养元素的吸收利用，导致玉米营养失衡（Karimi et al.，2005；Aydin et al.，2007；Qu et al.，2012）。对于玉米而言，钠是主要的有毒离子，钠离子破坏气孔调节，导致水分流失，是干扰玉米钾离子摄取和运输的主要毒性离子。盐胁迫下钾离子和钠离子之间的竞争严重降低了玉米叶片和根系的钾含量（Kaya et al.，2014）；此外，盐胁迫不仅降低了钾离子吸收速率，更大程度上干扰了钾离子从地下部到地上部的转运，导致地下部钾离子含量远高于地上部（Shahzad et al.，2012）。钾离子的吸收与根区钾离子浓度和状态有关，在低钾浓度下盐胁迫对钾离子转运的抑制作用通常较高（Botella et al.，1997）。钠离子浓度的增加也会影响玉米对钙离子的吸收利用，主要的影响途径是降低了钙离子从老叶到新叶的转运（Fortmeier and Schubert，2010）。植物体内较高的钠离子/钾离子、钠离子/钙离子和钠离子/镁离子比值导致钾、钙、镁等离子的运输受阻，从而扰乱了其新陈代谢，影响了植物的正常生长。除了钾、钙离子外，盐碱胁迫下氮素的吸收与转运受到严重抑制，导致玉米不同器官中氮素含量大幅下降。

5.1.4 盐碱胁迫对玉米光合作用的影响

作物通过光合作用将太阳能转化为化学能，从而将大气中的二氧化碳固定合成为有机物质。玉米的光合碳固定对于盐碱胁迫非常敏感（Eiji et al.，2012），土壤中的钠离子会降低水分有效性，钠在地上部的积累会抑制光合作用。在盐碱胁迫下，气孔和非气孔限制及其组合与玉米光合作用的下降有关，气孔导度降低，碳固定相关酶活性受损，光合色素减少等是限制玉米固碳能力的关键因素（Gong et al.，2011；Farooq et al.，2015），随着盐碱胁迫的延长，离子毒性、细胞质膜破裂以及气孔完全关闭成为造成光合能力降低的主要因素（图5-2）。气孔导度是较易测量的直接反映玉米对盐碱胁迫响应的指标（Munns and Tester，2008）。光合色素如叶绿素a、叶绿素b以及类胡萝卜素的减少也是盐碱胁迫条件下玉米净光合速率下降的原因（Qu et al.，2012）。随着盐碱胁迫的增加，首先会导致玉米发生水分胁迫，玉米叶片中叶绿体中过氧化物增多、叶绿体基质体积减小，叶绿素a、叶绿素b、总叶绿素和类胡萝卜素含量呈线性降低趋势，导致净光合速率下降（Chaum and Kirdmanee，2009）。王丽燕（2005）等用100mmol/L的 Na^+ 处理7d，玉米叶绿体的双层膜部分损伤，基粒片层之间的连接出现断裂。

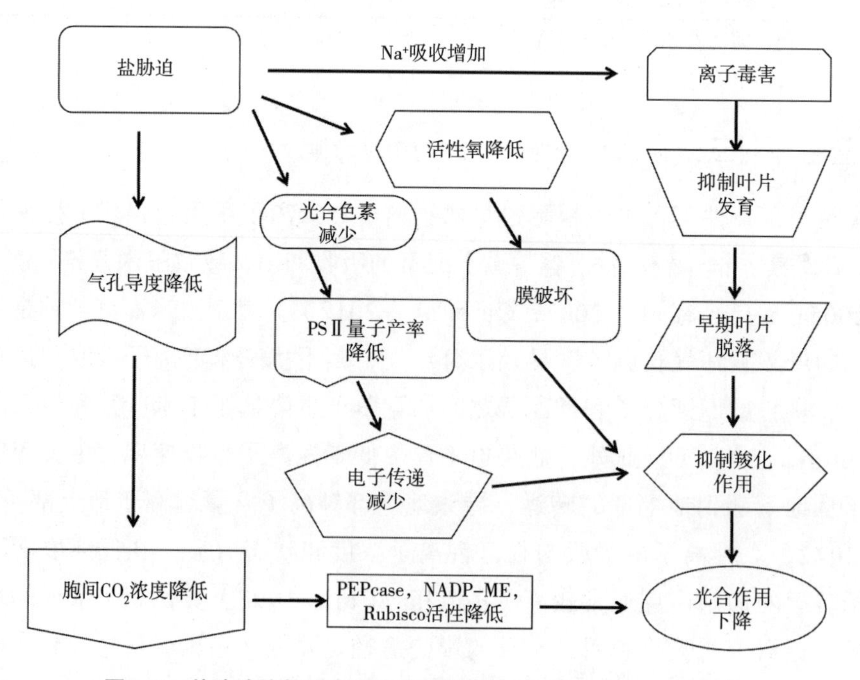

图5-2 盐胁迫降低玉米光合作用机制（Farooq et al.，2015）

匡朴（2018）等研究表明，随着NaCl浓度的升高，不同玉米杂交种的净光合速率均呈下降趋势。NaCl浓度升高至160mmol/L时，不同耐盐性玉米杂交种之间的净光合速率表现为鲁单818>登海605>浚单20>屯玉808>中单909>鲍玉3号，耐盐杂交种鲁单818、登海605、浚单20的净光合速率大于不耐盐杂交种屯玉808、中单909和鲍玉3号。NaCl浓度升高至280mmol/L时，玉米生长受到抑制严重，植株接近死亡（图5-3）。

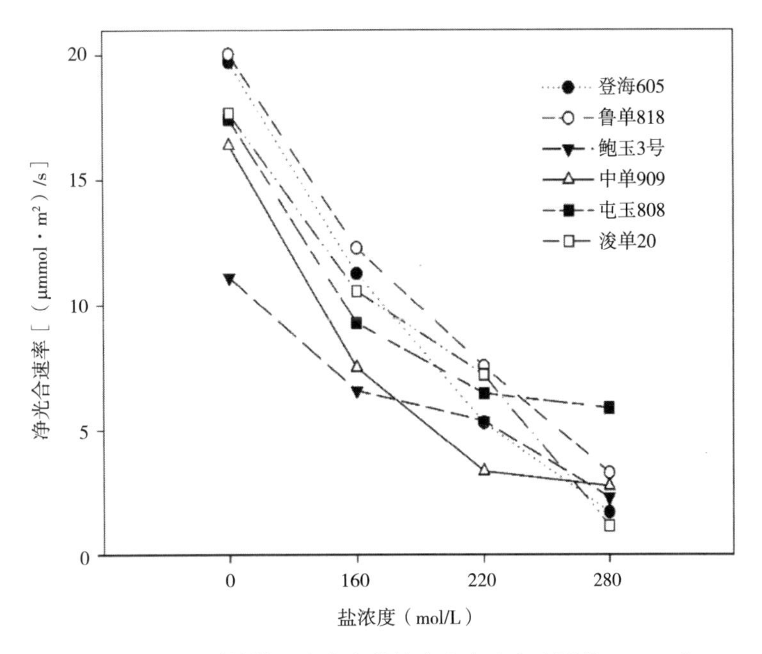

图5-3 不同耐盐性玉米杂交种的净光合速率（匡朴，2018）

5.1.5 盐碱胁迫对玉米籽粒建成及产量的影响

粒重与粒数是决定玉米最终产量的关键性指标。玉米在生殖生长阶段遭遇盐胁迫会降低粒重（Abdullah et al.，2010）及粒数（Kaya et al.，2013），导致产量大幅度下降；而粒重及粒数下降的主要原因是由于盐碱胁迫降低了作物的光合能力（Hiyane et al.，2010）。Hütsch等人（2014）研究结果表明相较于光合能力的下降，库限制的降低是盐碱胁迫下玉米粒重及粒数减少的主要原因；此外，盐碱胁迫下玉米籽粒发育过程中酸性转化酶活性的降低，光合同化物质的运输受阻也是影响盐碱胁迫下籽粒灌浆的原因（Lohaus et al.，2000）。在大田条件下（高英波，2020）研究表明，30个玉米品种穗部性状、产量构成及籽粒产量表现不同。穗数变化范围为42 363～53 438穗/hm^2，变异系数为5.65%，穗粒数变化范围为347.04～534.24粒，变异系数为8.04%，千粒重变化范围为230.97～334.57g，变异系数为8.09%（表5-4）。

表5-4　30个玉米品种在盐碱地条件下穗部性状及产量构成情况（高英波，2020）

项目	穗粗（cm）	穗长（cm）	秃尖长（cm）	穗数（穗/hm^2）	穗粒数（粒）	千粒重（g）	籽粒产量（$10^3kg/hm^2$）
最大值	4.73	18.27	1.77	53 438	534.24	334.57	8.83
最小值	3.95	11.94	0.10	42 363	347.04	230.97	4.67
平均值	4.32	15.17	0.68	49 137	460.79	302.29	6.76
标准差	0.21	1.20	0.40	2 774	37.05	24.45	1.07
变异系数（%）	4.80	7.90	58.33	5.65	8.04	8.09	15.81

籽粒产量变化范围为4.67～8.83t/hm^2，平均值为6.76t/hm^2，变异系数为15.81%。其中，产量表现在前10的品种包括邦玉339、登海605、济玉1号、鲁单818、浚单29、鲁单9088、郑单958、齐单1号、浚单20和青农105（图5-4）。

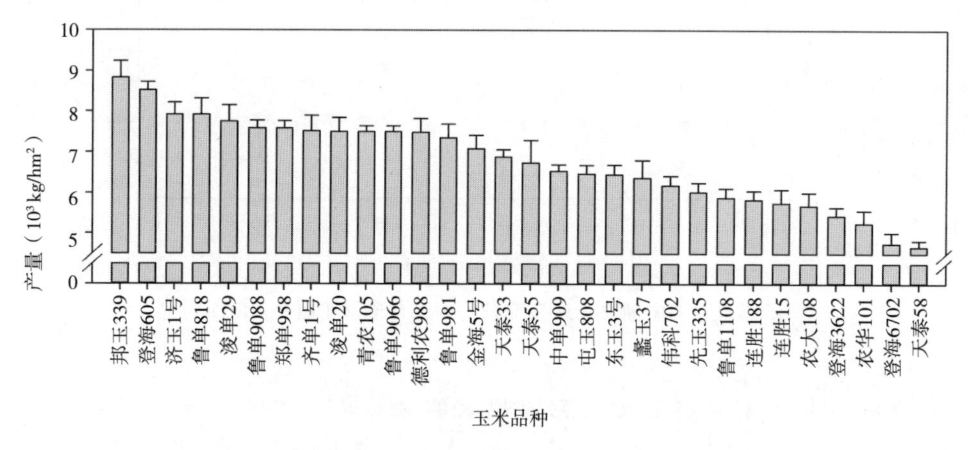

图5-4　滨海盐碱地条件下30个品种玉米籽粒产量（高英波，2020）

5.2　盐碱地玉米栽培技术

中国属于典型的资源约束型国家，耕地面积不到世界10%，且总面积以每年几十万公顷的速度递减，耕地后备资源不多。黄河三角洲有近800万亩未利用盐碱地和1 100多万亩中低产田，已成为国家区域协调发展战略的重要组成部分，由于受土壤盐碱瘠薄、淡水资源匮乏等因素制约，粮食生产潜力尚未得到有效发挥。充分利用黄河三角洲丰富的土地资源，培育筛选适应盐碱地种植的玉米新品种，提高耐盐碱作物产出能力，充分挖掘黄河三角洲地区中低产田和边际土壤的增产潜力，建立生态高效的耐盐作物生产技术体系，提高山东省黄河三角洲地区的农业综合生产能力，对于持续提高我国粮食自给能力，保障国家粮食安全具有重要意义。

5.2.1 盐碱地玉米品种筛选

5.2.1.1 耐盐碱玉米品种筛选

筛选耐盐碱品种是盐碱地玉米栽培的关键环节。高英波（2020）等综合运用室内水培耐盐萌发测试与田间原位耐盐性鉴定，以黄淮海夏玉米区30个主推玉米品种发芽率（GR）、发芽势（GP）、胚芽长（SL）和胚芽重（SW）的相对值及盐碱地条件下产量表现作为耐盐性评价依据，采用加权隶属函数法和聚类分析对不同玉米品种耐盐性进行了综合评价。结果表明，NaCl浓度≥160mmol/L时，不同玉米品种萌发均受到显著抑制，萌发期盐胁迫指标敏感程度表现为相对发芽势（RGP）>相对胚芽长（RSL）>相对胚芽重（RSW）>相对发芽率（RGR）；籽粒产量、发芽率、亩穗数和胚芽重与玉米品种耐盐性最为密切。根据加权隶属函数值和系统聚类分析（图5-5），可将30个玉米品种分为耐盐性不同的4个类群：强耐盐品种（4个）、中等耐盐品种（9个）、盐敏感型（9个）和盐极敏感型（8个）。160mmol/L NaCl可作为玉米萌发期耐盐性鉴定的适宜盐浓度，籽粒产量、发芽率、亩穗数和胚芽重可用于玉米品种耐盐鉴选的主要指标；邦玉339、鲁单818、登海605和青农105可用于盐碱地玉米栽培。

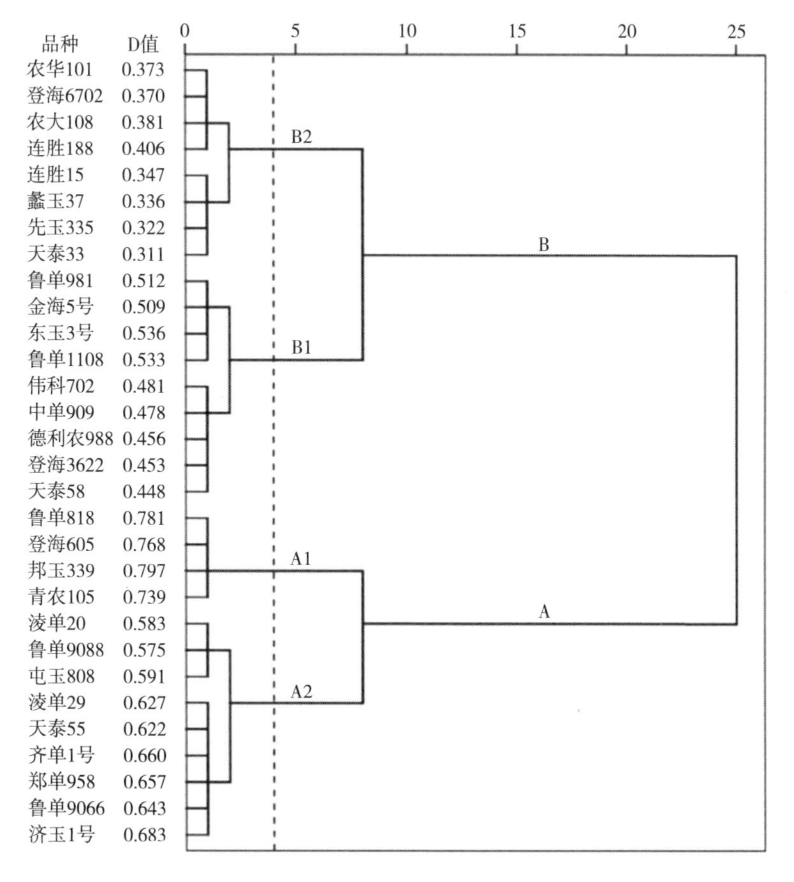

图5-5 30个玉米品种耐盐性综合评价聚类分析（高英波，2020）

5.2.1.2 氮高效玉米品种筛选

筛选盐碱地条件下玉米氮高效品种对于促进盐碱地玉米生产的减氮高效，实现绿色可持续生产具有重要意义。山东省农业科学院玉米研究所栽培生理团队研究了36个黄淮海地区主要夏玉米品种在黄河口滨海盐碱地上的氮肥利用效率差异，结果表明氮肥利用效率变化范围为18.3～40.9kg/kg，金阳光7号、农华101、登海605、浚单29的氮素利用效率较高，属于盐碱地氮高效型品种（图5-6）。该研究结果可为盐碱地玉米实现绿色可持续生产提供品种选择依据。

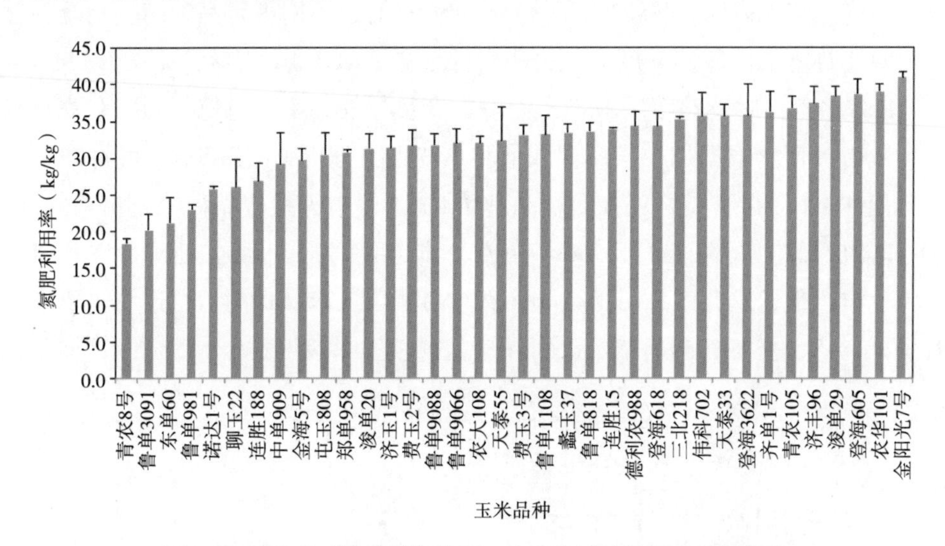

图5-6 滨海盐碱地种植条件下36个玉米品种的氮素利用效率

5.2.2 盐碱地玉米施肥

土壤肥力瘠薄是限制盐碱地玉米生产的关键性因素之一。化肥及有机肥料的正确施用是提升盐碱地土壤肥力，确保玉米高产稳产的重要技术途径。然而由于盐碱地土壤理化性状的特殊性，在肥料种类的选择、施用量以及施用方式上需要区别于普通农田，否则容易造成土壤的次生盐渍化，加剧盐碱危害。潘洁（2014）等研究表明，滨海盐碱地区生产100kg籽粒的氮素、磷素和钾素需求量分别为1.92kg、0.60kg和2.55kg，肥料增产率高低顺序为氮肥（44.39%）>磷肥（13.79%）>钾肥（6.55%）；土壤养分丰缺程度氮处于低水平，磷、钾处于中等水平，高低顺序为钾肥>磷肥>氮肥。盐碱地区玉米施肥应重视氮、磷肥的施用，不施或少施钾肥，即可获得高产并取得较高的经济效益。

5.2.2.1 氮肥

（1）氮肥的种类选择。按含氮基团进行分类可以将化学氮肥分为铵（氨）态氮肥、硝态（硝铵态）氮肥、酰胺态氮肥3类。不同类型的氮肥由于其理化性质及养分释放过程的不同，造成其在盐碱地上的适用性不同。

①铵态氮肥：碳酸氢铵化学性质不稳定但农化性质较好，且无酸根残留，其分解的产物氨、水和二氧化碳等都是作物生长所必需的，无有害中间产物。碳酸氢铵施入土壤后很快电离成铵离子和重碳酸根离子，铵离子很容易被土壤吸附，不易随水移动，在石灰性土壤上，碳酸氢铵深施后较其他氮肥效果更好。硫酸铵肥料施入土壤以后，很快地溶于土壤溶液并电离成铵离子和硫酸根离子。由于作物对营养元素吸收的选择性，吸收铵离子的数量多于硫酸根的数量，在土壤中残留较多的硫酸根离子，与氢离子（来自土壤或根表面铵的交换或吸收）结合，使土壤变酸，可中和盐碱土壤的碱性。氯化铵副成分氯根比硫酸根具有更高的活性，能与土壤中两价、三价阳离子形成可溶性物质，增加土壤中盐基离子的淋洗或积聚，长期施用可造成土壤板结，或造成更强盐渍化。因此，在酸性土壤上施用应适当配施石灰，在盐渍土上应尽可能避免大量施用氯化铵。氨水呈强碱性，因此也不宜在盐碱地条件下施用。

②硝态氮肥及硝铵态氮肥：硝酸铵肥料施入土壤后，很快溶解于土壤溶液中，并电离为移动性较小的铵离子和移动性很大的硝酸根离子。由于二者均能被作物较好地吸收利用，因此硝铵是一种在土壤中不残留任何成分的氮肥，属于生理中性肥料。由于硝酸铵吸湿溶解后盐渍危害严重，影响种子发芽及幼苗生长，因此不能作为种肥施用。硝酸钠肥料由于其中含有钠离子，因此不能在盐碱地上施用。

③酰胺态氮肥：尿素是最主要的酰胺态氮肥，易溶于水，为中性有机分子，在水解转化前不带电荷，不易被土壤吸附，因此易流失。尿素一经施入土壤，在脲酶催化作用下即开始水解。脲酶由多种土壤微生物所分泌，也广泛存在于多种植物体内。脲酶数量及其活性常与土壤有机质含量高低有密切关系，由于盐碱地土壤中一般有机质含量较低，因此尿素在盐碱土壤下分解可能会较慢。另外，在pH值>7.5的碱性土壤条件下，尿素的氨挥发损失可达60%左右。因此，考虑到肥料的高效利用，对于盐碱地玉米栽培上尿素的施用量及施用方式应特别注意。

综上所述，盐碱地条件下氮肥应选用酸性、无毒害且损失率较低的种类，如硫酸铵、碳酸氢铵等，尿素、硝酸铵等氮肥注意施用方式也可以在盐碱地上应用。

（2）氮肥的用量。氮素营养在作物的生长发育过程中起着十分重要的作用。在盐胁迫条件下，由于氯离子与硝酸根离子的拮抗作用，玉米生长易受到氮亏缺的影响（Shahzad et al.，2012），进而导致氮肥利用效率和产量降低（Hütsch et al.，2014）。Gadalla等（2007）研究表明，施用120kg/hm^{2}的氮素可显著改善盐胁迫下玉米的生长、产量和氮素吸收。肖辉等人（2015）在滨海盐碱地的研究结果表明，当施肥量为270kg/hm^{2}时，玉米产量较不施肥处理产量提高了44.39%，且肥料利用效率最高，为19.94%。马少帅等（2018）研究发现225kg/hm^{2}施氮量下盐碱地玉米产量较高。筛选耐盐碱的氮素高效利用玉米品种也是降低氮肥用量，实现盐碱地玉米节本增效的有效技术途径之一。耐盐型玉米品种在低氮（180kg/hm^2）条件下，产量显著高于不耐盐型品种，高氮（360kg/hm^2）条件下，不同耐盐型玉米品种之间产量无显著差异。表明氮肥施用量为180kg/hm^{2}时，不能满足不耐盐型玉米品种对氮素的需求，进而影响其产量提高（表5-5）。

表5-5　施氮水平对不同耐盐型夏玉米品种产量及产量构成的影响

品种	处理	籽粒产量（t/hm^2）	收获穗数（×10^{4}穗/hm^2）	穗粒数（粒/穗）	千粒重（g）	穗行数	行粒数
DH605	N0	5.58b	5.67b	455.86b	280.50b	15.6a	29.2b
	N1	7.39a	5.95a	524.80a	303.01a	16.0a	32.8a
	N2	7.64a	5.96a	571.71a	308.34a	16.4a	34.9a
LD818	N0	5.31b	5.61b	462.59b	272.14b	14.3a	32.4b
	N1	6.89a	5.92a	522.42a	295.36a	14.9a	35.0a
	N2	6.94a	5.97a	491.07a	313.81a	14.4a	34.1a
LD981	N0	5.22c	5.45b	471.02b	274.10b	14.6a	32.3b
	N1	6.50b	5.74ab	495.99b	301.44a	14.6a	34.0ab
	N2	7.08a	5.86a	553.30a	312.40a	15.2a	36.4a
LS188	N0	4.22c	5.26b	463.84b	257.03c	15.3a	30.3b
	N1	5.56b	5.72a	468.49b	276.81b	15.0a	31.2ab
	N2	6.67a	5.84a	503.51a	302.13a	15.1a	33.3a

注：表中不同字母为$P<0.05$水平差异显著。

（3）氮肥的施用方式。盐碱地玉米栽培中基施氮肥的选择以损失率较低的硫酸铵、碳酸氢铵等铵态氮肥为主，在施用时可采用种肥精准同播技术，种肥分离，播种行与施肥行间隔8cm以上，施肥深度在种子下方5cm以上。近年来缓控释肥料在生产上获得较大面积的推广应用，其中包膜尿素一次性基施可提高玉米氮素利用效率，诸海焘等（2017）研究结果表明，包膜尿素在玉米生育前期对盐碱地土壤脲酶的抑制率达27.06%～39.50%，有效降低了氮肥的损失；玉米抽雄期施用包膜尿素的处理土壤碱解氮含量比普通尿素提高了40.33%～66.64%，最终玉米籽粒产量提高了26.87%。王琦等（2016）研究了不同中速氮肥及缓释氮肥的比例对盐碱地玉米养分释放规律及产量的影响，结果表明添加缓效氮显著提高了盐碱地春玉米氮素利用率，其中缓释肥添加比例为33%增产效果最好，相比于普通尿素一次性施用增产42.23%，同时氮素利用率增加了33.89%。需要注意的是，包膜尿素适合一次性基施，在盐碱地玉米追肥中应选择普通尿素。由于尿素在碱性土壤条件下的氨挥发损失率较高（60%左右），因此在施用方式上应特别注意减少其损失，提高肥效。可在玉米大口期、花粒期分别追施全部氮肥用量的30%，采用开沟深施或者水肥一体化的方式施入。

5.2.2.2 磷肥

（1）磷肥的种类选择。按磷酸盐的溶解性质，一般将磷肥分为水溶性、弱酸溶性和难溶性3种形态。一般来说，在碱性或石灰性土壤上，水溶性磷肥或高水溶率的磷肥比较合适；在酸性土壤上，磷肥的水溶率并不太重要，水溶性很低的肥料同样有效，甚至更有效。

①普通过磷酸钙：普通过磷酸钙是我国使用量最大的一种水溶性磷肥，虽然有效磷含量较低（12%左右），但由于加工技术简单，且在多种土壤类型、多种作物上肥效均较好，因此是盐碱地玉米栽培上使用比较普遍的一种磷肥。

②钙镁磷肥：钙镁磷肥是我国施用量第二大的磷肥，大量研究都证明钙镁磷肥的肥效在酸性土壤上常优于普通过磷酸钙。在我国北方石灰性土壤上也大量施用钙镁磷肥，尤其是将其与过磷酸钙混合施用，肥效较好，受到农民欢迎。钙镁磷肥呈碱性反应，忌与铵（氨）态氮肥直接混合。

③磷矿粉肥料：磷矿粉肥料由磷矿直接磨碎而成，是最主要的一种难溶性磷肥。磷矿粉的肥效决定于磷粉的活性、土壤性质和作物特点。一般只在酸性土壤上推荐施用。

综上所述，盐碱地玉米栽培中磷肥的选择以过磷酸钙为主。

（2）磷肥的用量。磷对作物生长发育和产量的增加起着至关重要的作用。盐碱地土壤pH值呈碱性，钙、镁等离子对磷的固定能力较强，易造成土壤磷素供应障碍。土壤中的磷素易通过表面反应、生物固定、化学沉淀、闭蓄机制等方式被土壤吸附固定致使其移动性较差，导致当季磷肥利用率降低。由于盐碱土壤有效磷含量普遍不高，张慧齐（2015）通过“3414”试验得出盐碱地玉米的最适施磷量为104kg/hm^2。潘洁等（2014）通过建立玉米施肥效应模型，获得滨海盐碱地最佳经济施磷（P_2O_5）量为133.6kg/hm^2。

（3）磷肥的施用方式。磷肥的施用，以全层撒施和集中施用为主要方式，集中施用又可分为条施和穴施等方式。全层撒施即是将肥料均匀撒在土表，然后耕翻入土。集中施用是指将肥料施入到土壤的特殊层次或部位，以尽可能地减少与土壤接触的施肥方式。盐碱地条件下多施用水溶性磷肥，如过磷酸钙，因此在盐碱地玉米生产中，将全部磷肥作为基肥结合种肥精准同播机械一次性条施入土壤中，对玉米磷素的高效利用效果更好。

5.2.2.3 钾肥

（1）钾肥的种类选择。钾肥品种较多，如硫酸钾、氯化钾、硝酸钾、磷酸钾、窑灰钾肥、钾钙肥、钾镁肥、草木灰和有机钾肥等。商品钾肥以硫酸钾和氯化钾为主，两种肥料均为生理酸性肥料。硫酸钾施入土壤后，钾呈离子状态，一部分为植物直接吸收利用，另一部分与土壤胶粒上的阳离子进行交换。在中性及石灰性土壤中生成的硫酸钙溶解度小，易存留在土壤中，如果大量施用硫酸钾，要注意防止土壤板结，应增施有机肥料，改善土壤结构。氯化钾施用于土壤中与硫酸钾类似，不同的是氯离子抑制种子萌发及幼苗生长，因此不宜在盐碱地上使用。其他钾肥如草木灰、窑灰钾肥等均为碱性肥料，不能在盐碱地上使用。

（2）钾肥的用量。盐碱地玉米栽培中钾肥的用量应视土壤基础地力情况确定。潘洁等（2014）在有机质14.96g/kg、全氮1.06g/kg、碱解氮95.55mg/kg、有效磷4.80mg/kg、速效钾199.0mg/kg、全盐2.11g/kg、pH值8.45滨海盐碱地上的研究结果表明，通过建立玉米施肥效应模型，得出该土壤地力下最佳经济施钾肥量为19.1kg/hm^2。在土壤速效钾含量较低的地块，可适当提高钾肥的施用量，且在玉米植株表现出缺钾症状时及时追施钾肥。

（3）钾肥的施用方式。硫酸钾可作基肥、追肥。由于钾在土壤中移动性较差，故宜用作基肥，并应注意施肥深度。如作追肥时，则应注意早施及集中条施或穴施到植物根系密集层，既减少钾的固定，也有利于根系吸收，追施一般应距植物6～10cm远，深10cm左右。另外，需注意硫酸钾施用量过大时会加剧盐碱地土壤板结，应注意配合有机肥施用。

5.2.2.4 复混肥料及有机肥

（1）复混肥料。复混肥料是指其成分中含有两个或两个以上的植物营养元素的化学肥料。例如含有氮、磷、钾三要素中两者的称为二元复混肥料，如磷酸铵、硝酸钾、磷酸二氢钾；同时含有氮、磷、钾三要素的肥料称为三元复混肥料，如铵磷钾肥、尿磷钾肥、硝磷钾肥等。在复混肥料中添加一种或几种中、微量元素的称为多元复混肥料。复混肥料养分种类多，含量高，且物理性状好，适合于机械化施肥，因此在农作物种植中越来越受农民欢迎。然而由于复混肥料的养分比例固定，因此在盐碱地玉米栽培上应选用适合于盐碱地的专用复混肥料，以防加剧土壤的次生盐渍化，影响玉米产量。近年来，随着玉米轻简化作业的推广，将复混肥料制作成缓控释肥进行施用可有效降低追肥次数，节本增效。刘艳昆等（2014）在盐碱地玉米栽培中比较了高浓度氮、磷、钾玉米专用缓释肥、脲甲醛缓释肥、生物蛋白控释肥以及复合长效性缓释肥4种缓控释肥肥料的增产效果，结果表明4种缓释肥料较常规施肥玉米增产1.0%～24.8%，其中复合长效性缓释肥增产幅度最高，较适宜盐碱地玉米生产。另外，随着水肥一体化技术的推广应用，液体复合肥在盐碱地玉米栽培中也有一定的应用。严程明等（2018）发现在盐碱土壤条件下施用低氮高磷中钾的液体复合肥有益于玉米苗期的生长。

（2）有机肥料。有机肥料的施用在提升土壤肥力的同时还可以改善土壤结构，提高地温，增加土壤的保蓄性和通透性，加强淋盐作用，减少蒸发，抑制返盐。有机肥料分解过程中所产生的有机酸既可中和碱性，又能使土壤中的钙活化，可减轻或消除碱害。

①生物有机肥：微生物肥料中有益微生物在繁殖过程中产生大量的可以黏结土壤团粒的多糖，这些团粒结构可以使得土壤疏松，切断土壤毛细管孔隙，增加盐碱土中的非毛细管孔隙，加速盐碱土淋盐作用，有效地抑制了返盐（刘艳等，2017）。刘艳等（2018）研究结果表明生物有机肥能够提高功能叶片渗透调节物质，改善盐碱土的微生物环境，促进玉米根系生长，提高玉米耐盐碱胁迫能力。李北齐等（2011）发现生物有机肥改善了盐碱土壤的理化性状，增加了土壤中的真菌数量。进一步通过田间试验结果得出，施用45kg/hm^{2}微生物有机肥时，玉米在盐碱地条件下产量为12.3t/hm^2，显著高于不施肥处理（李北齐等，2011）。

②生物炭：生物炭具有多孔结构、大表面积和较高的阳离子交换能力，应用生物炭对盐渍土改良有助于降低土壤含盐量，减缓盐胁迫（Akhtar et al.，2015；Lashari et al.，2015）。朱成立等（2018）研究结果表明生物炭能有效缓解微咸水灌溉条件下土壤盐分的聚集，缓解玉米叶片因为盐胁迫而导致的离子毒害并促进玉米光合作用，因此在滨海盐碱地上施用生物炭有利于玉米的生长发育。杨刚和周威宇（2017）在盆栽条件下研究了施用生物炭对玉米生长发育的影响，结果表明随生物炭用量增加，土壤中有机碳、阳离子交换量、酶活性以及土壤微生物量均有不同程度的增加，同时促进了玉米苗期植株的生长。鲁新蕊等（2017）发现使用酸化生物炭可以有效减低苏打盐碱土的土壤容重、pH值，提高有机质含量、全氮，使玉米增产5.1%～7.2%，且酸化生物炭的最佳使用比例为2%。

③其他有机肥：有机肥包括种类较多，但并非所有有机肥料均可以用于盐碱地。例如人粪尿肥中含有0.6%～1.0%的钠盐，而钠离子能大量的代换盐基离子，使土壤变碱，同时钠离子对作物产生毒害作用，破坏作物的渗透调节，阻碍养分的正常运输，因此该类肥料不可以施用于盐碱地。王燕辉等（2016）研究了滨海盐碱地上不同有机肥对玉米籽粒产量的影响，结果表明施用鸡粪1 500kg/hm^{2}配合常规化肥对玉米的稳产效果更好。孙赫阳等（2017）在盆栽条件下发现施用猪禽粪便加玉米秸秆有机肥90t/hm^{2}可以减低苏打盐碱土容重、增加总孔隙度，促进玉米生长发育。杜红居等（2014）发

现在盐碱土中掺入木屑对玉米苗期的生长有促进作用。崔向超等（2014）研究结果表明施用造纸干粉和糠醛渣可缓解滨海盐碱地条件下盐碱胁迫对玉米生长发育的不利影响，同时提高了土壤微生物的活性，其中糠醛渣的效果要好于造纸干粉。绿肥对滨海盐碱地也有较好的改良效果（朱小梅等，2015），朱小梅等（2017）研究结果表明种植豆科绿肥田菁、草木犀可以显著改善滨海盐碱地土壤物理结构，减低土壤pH值与含盐量，提高土壤有机质。

5.2.3 盐碱地土壤改良剂

利用化学方法改良盐碱地始于19世纪末（陈义群和董元华，2008）。大量研究表明，施用含有可交换离子（如Ca^{2+}、Fe^{2+}等）的石膏、脱硫石膏、绿矾等改良剂可以置换土壤胶体表面的Na^+，提高土壤渗透性，加快土壤水盐运动（王成宝等，2008）。施用硫黄、糠醛渣等酸性改良剂，能够降低土壤或根际局部pH值（Qayyum et al.，2017），消除碱害，同时还能提供植物生长所需的多种矿质养分（崔向超等，2014）。沸石、蚯蚓粪等改良剂因为自身较强的离子交换能力和吸附能力以及良好的孔隙度、排水性和高持水量等特点，能够明显提高土壤团聚体含量，降低土壤容重，疏松土壤，改善土壤结构，抑制返盐（张莉等，2012），同时蚯蚓粪还含有多种微生物及植物生长调节物质，有益于作物生长（Zaller，2007）。土壤改良剂的种类很多，有矿物质类，如磷石膏、石膏、石灰；农业废弃物，如畜禽粪便、作物秸秆，工业副产品，如煤渣、高炉渣、粉煤灰；人工聚合物，如高分子合成物质、有益微生物制剂，筛选适宜于滨海盐碱地玉米种植的土壤改良剂具有重要意义（李可晔等，2014）。

5.2.3.1 脱硫石膏

韩剑宏等（2017）施用脱硫石膏对降低土壤碱度、盐度有显著效果，施用脱硫石膏后土壤pH值呈下降趋势（0~80d），pH值最多降低了0.74个单位，且脱硫石膏具有较好的脱盐作用，种植玉米后土壤中溶解性盐含量较盐碱土在种植玉米后0d、20d、40d、60d和80d分别降低了22.55%、25.60%、33.74%、44.07%和45.41%。张辉等（2017）选取了2种不同质地的滨海盐碱土以及2种不同来源的脱硫石膏，通过土柱淋洗试验发现脱硫石膏中的静态溶出率是决定其对盐碱土改良效果的重要因素，静态溶出率越高，则凝聚更多带负电荷的黏粒，实现盐碱地土壤物理结构的快速改良。卢星辰等（2017）在0~20cm土层中，脱硫石膏、硫黄、糠醛渣、蚯蚓粪、沸石处理的土壤pH值均有不同程度的降低，轻度盐碱条件下降低了0.05~0.19个单位，中度盐碱条件下降低了0.20~0.33个单位。脱硫石膏可显著降低0~20cm土层水溶性Na^+含量，增加玉米植株生物量，可以作为未来滨海盐碱地快速改良的有效措施。

5.2.3.2 其他改良剂

张丹等（2013）研究了不同生物废弃物组合对滨海盐碱土改良的效果，发现最优组合为文冠果果壳用量2.5kg/m^2、古龙酸母液施用2次、截短侧耳素发酵废水施用3次。张玉凤等（2017）研究了以糠醛渣、腐植酸尿素为主要成分研制的盐碱土壤改良剂对玉米生长及土壤改良的效果，结果表明该盐碱土壤改良剂使玉米生物量、叶绿素含量增加，土壤有机质增加，pH值、电导率下降。王睿彤等（2017）研究发现牛粪、石膏、秸秆、保水剂4种土壤改良剂混合使用对黄河三角洲滨海盐碱土的土壤呼吸强度、土壤酶活性以及土壤微生物碳氮改良效果明显。王明华等（2016）研究结果表明石膏与聚丙烯酰胺配施（12g石膏+0.75g聚丙烯酰胺/kg土壤）可以提高盐碱地玉米生物量及各保护酶活性，降低玉米幼苗体内钠离子含量，减轻了盐碱对于玉米幼苗的胁迫。

5.2.4 盐碱地玉米种植模式

5.2.4.1 盐碱地玉米垄沟种植模式

垄沟种植模式是盐碱地作物栽培的主要种植模式之一。与自然状态下的土壤相比，起垄可以提高垄沟耕层（0～30cm）土壤含水量，同时土壤电导率及pH值出现一定程度的下降，而垄台的土壤电导率及pH值升高，表面出现积盐现象（关法春等，2010）。李伟伟等（2017a）在盐碱地上比较了平作不覆膜、平作常规覆膜、起垄全覆膜垄沟种植、起垄覆膜膜侧种植以及裸地种植5种种植模式下的玉米产量及水分动态，结果表明利用起垄覆膜膜侧种植玉米，能有效降低土壤pH值，改善土壤理化性质，增加玉米产量。金辉等（2017）通过大田试验，以裸地为对照，研究了平作不覆膜、平作覆膜、起垄覆膜以及全膜双垄沟4种模式下玉米田的水盐纵向动态分布，结果表明全膜双垄沟模式可有效改善土壤生态环境，促进玉米植株生长发育，产量较其他3种模式提高10.98%～36.62%；其主要原因是全膜双垄沟模式提高了耕层土壤（0～40cm）土壤含水率，降低了土壤电导率以及pH值。李磊等（2016）同样发现全膜双垄沟播技术可以提高土壤脱盐率，提高玉米出苗率，缩短玉米生育进程，大幅提高产量。张宁等（2016）在滨海盐碱地上的研究结果表明，起垄沟播种植条件下较平作提高了土壤微生物多样性。山东省农业科学院玉米研究所研究发现改变种植方式对玉米出苗率和成穗率均有明显影响。改平作为沟播、垄作均提高了出苗率和成穗率，深耕沟播种植、深耕垄作种植的出苗率和成穗率比常规种植方式免耕平作分别提高了13.17%、15.64%，成穗率比常规种植方式免耕平作分别提高了12.35%、11.52%（图5-7）。

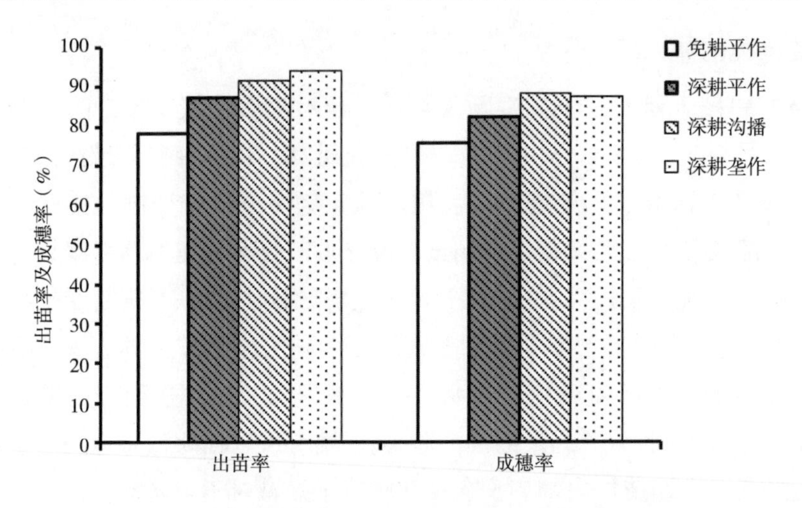

图5-7　盐碱地不同种植方式下玉米出苗率和成穗率

5.2.4.2　盐碱地玉米覆盖种植模式

地面覆盖种植相比于常规种植可有效减少棵间蒸发，抑制盐分在表层土壤聚集，缓解盐碱胁迫（Kladivko，2001；孙博等，2011）（王海娟等，2018）。梁建财等（2015）在中度盐碱地上的研究结果表明玉米秸秆粉碎覆盖量为9t/hm^{2}时，可使0～20cm土壤脱盐，提高了作物的水分利用效率。杨东等（2018）在滨海盐渍耕地上的研究结果表明，有机覆盖下0～40cm土壤含盐量降低幅度较大，抑制盐分表聚效果明显；玉米产量随着覆盖量的增加呈先上升后下降趋势，当覆盖量为9t/hm^{2}时最高，最优的有机覆盖物为小麦秸秆。李小牛（2018）发现重度盐碱地玉米种植的最佳秸秆覆盖量同样为9t/hm^2。

5.2.4.3　其他盐碱地玉米种植模式

作为一种可持续的种植模式，有机种植过程中严格限制化学肥料、农药的投入，可有效地防治盐碱地土壤次生盐渍化，在盐碱地玉米绿色可持续生产中占据重要地位。王宏燕等（2016）在盐碱地上开展了玉米有机种植试验表明土壤微生物量碳、氮含量增加，温室气体（二氧化碳、氧化亚氮）排放量减少，能够实现盐碱地玉米的绿色稳产。另外，玉米秸秆夹层种植模式（玉米秸秆掩埋深度10cm，秸秆用量6t/hm^2）也可以改善盐碱地土壤生物性状、增加土壤养分含量、降低盐碱度（范富等，2013，2015），可以作为盐碱地玉米种植模式进行推广应用。

5.2.5　盐碱地玉米高产栽培技术

针对黄淮海盐碱耕地现状和玉米生产技术需求，在通过秸秆还田、微生物土壤改良材料和有机肥等对盐碱地土壤改良和地力提升基础上，从耐盐碱、高产稳产玉米品种筛选入手，研究提出了盐碱地玉米增产增效耕作方式、种植模式、灌溉和施肥制度等栽培技术，为盐碱地玉米规模化、标准化、高产高效栽培提供技术样板。该技术已于2016年7月批准发布为山东省推荐性地方标准（DB 37/T 2824.1—2016），并于2019年被推荐认定为山东省农业主推技术。山东省农业科学院玉米研究所于2016年综合采用机械浅沟播、控释肥配施生物菌肥、合理密植、缩行增距等栽培技术措施，选用耐盐碱玉米品种，良种良法配套，在东营市利津县滨海盐碱地（0.249%含盐量）上培创了26亩盐碱地高产攻关试验田，依据农业部制定（2006年）的“关于玉米高产、超高产田间测产验收方法和标准”，专家组实打验收4.08亩，平均鲜穗重1 045kg，平均鲜穗出籽率79.28%，平均产量为622.78kg/亩（表5-6），较当地平均单产增产46.2%，创造了滨海盐碱地玉米高产纪录。

表5-6　盐碱地玉米高产攻关田实收测产统计

品种	收获面积（亩）	鲜穗重（kg）	鲜穗出籽率（%）	含水量（%）	产量（kg/亩）
鲁单818	1.02	1 010	78.97	34.4	596.44
鲁单9066	1.02	1 135	77.78	32.1	683.32
郑单958	1.02	885	80.18	35.5	521.73
东玉3号	1.02	1 150	80.19	34.4	689.64
平均	1.02	1 045	79.28	34.1	622.78

注：测产计算公式：收获鲜穗重×鲜穗出籽率（%）÷收获样点实际面积×666.7×[1-籽粒含水率（%）]÷（1-14%）。

依据农业部（2006年）制定的“关于玉米高产、超高产田间测产验收方法和标准”。

参考文献

陈义群，董元华，2008. 土壤改良剂的研究与应用进展[J]. 生态环境，17（3）：1 282-1 289.

崔向超，胡君利，林先贵，等，2014. 造纸干粉和糠醛渣对滨海盐碱地玉米生长和土壤微生物性状的影响[J]. 生态与农村环境学报，30（3）：331-335.

杜红居，李晓月，王梅，等，2014. 木屑对盐碱土中玉米幼苗生理生化指标的影响[J]. 安徽农业科学（12）：3 550-3 551.

范富，张庆国，侯迷红，等，2013. 玉米秸秆隔离层对西辽河流域盐碱土碱化特征及养分状况的影响[J]. 水土保持学报（3）：131-137.

范富，张庆国，邰继承，等，2015. 玉米秸秆夹层改善盐碱地土壤生物性状[J]. 农业工程学报，31（8）：133-139.

高英波，张慧，薛艳芳，等，2020. 不同夏玉米品种耐盐性综合评价与耐盐品种筛选[J]. 玉米科学，28（2）：33-40.

关法春，苗彦军，FANG T B，等，2010. 起垄措施对重度盐碱化草地土壤水盐和植被状况的影响[J]. 草地学报，18（6）：763-767.

韩剑宏，李艳伟，张连科，等，2017. 生物炭和脱硫石膏对盐碱土壤基本理化性质及玉米生长的影响[J]. 环境工程学报，11（9）：5 291-5 297.

胡凯凤，孙丽芳，邓杰，等，2016. 苏打碱胁迫对玉米种子萌发的影响[J]. 种子，35（6）：41-45.

金辉，郭军玲，王永亮，等，2017. 全膜双垄沟种植模式对晋北盐碱土水盐动态特征的影响[J]. 中国土壤与肥料（3）：111-117.

李北齐，邵红涛，孟瑶，等，2011. 生物有机肥对盐碱土壤养分、玉米根际微生物数量及产量影响[J]. 安徽农学通报（上半月刊），17（23）：99-102.

李北齐，王倡宪，孟瑶，等，2011. 生物有机肥对盐碱土壤养分及玉米产量的影响[J]. 中国农学通报，27（21）：182-186.

李可晔，薛志忠，王文成，等，2014. 滨海盐碱地土壤改良添加物筛选研究[J]. 北方园艺（19）：165-168.

李磊，张强，冯悦晨，等，2016. 全膜双垄沟播种改善干旱冷凉区盐渍土水盐状况提高玉米产量[J]. 农业工程学报，32（5）：96-103.

李伟伟，王永亮，郭军玲，等，2017. 不同覆盖对盐碱土水分动态及玉米产量的研究[J]. 山西农业科学，45（11）：1 801-1 805.

李文阳，胡秀娟，王长进，等，2019. 盐胁迫对不同品种玉米苗期生长与叶片光合特性的影响[J]. 生态科学，38（2）：51-55.

李小牛，2018. 不同秸秆覆盖量对重度盐碱土壤含盐量及水分变化的影响[J]. 山西水利，34（5）：49-51.

梁建财，史海滨，李瑞平，等，2015. 不同覆盖方式对中度盐渍土壤的改良增产效应研究[J]. 中国生态农业学报，23（4）：416-424.

刘春晓，董瑞，刘强，等，2017. 盐胁迫对不同玉米种质资源种子萌发特性的影响[J]. 山东农业科学，49（10）：27-30，35.

刘锴，赵燕燕，刁岗，等，2018. 基于叶片电信号边际谱熵的玉米耐盐碱性无损评价方法[J]. 农业工程学报，34（2）：197-204.

刘艳，李波，隽英华，等，2018. 生物有机肥对盐碱地玉米渗透调节物质及土壤微生物的影响[J]. 西南农业学报，31（5）：1 013-1 018.

刘艳，李波，孙文涛，等，2017. 生物有机肥对盐碱地春玉米生理特性及产量的影响[J]. 作物杂志（2）：98-103.
刘艳昆，阎旭东，徐玉鹏，等，2014. 几种缓释肥在盐碱地区夏玉米栽培中的应用研究[J]. 安徽农业科学，42（5）：1 340-1 341.
卢星辰，张济世，苗琪，等，2017. 不同改良物料及其配施组合对黄河三角洲滨海盐碱土的改良效果[J]. 水土保持学报，31（6）：326-332.
鲁新蕊，陈国双，李秀军，2017. 酸化生物炭改良苏打盐碱土的效应[J]. 沈阳农业大学学报，48（4）：462-466.
马少帅，蒋静，马娟娟，等，2018. 灌水量和施肥量对盐碱土氮素分布和玉米产量的影响[J]. 江苏农业科学（16）：63-67.
潘洁，肖辉，王立艳，等，2014. 滨海盐碱地玉米施肥效应及土壤供肥潜力研究[J]. 华北农学报，29（6）：208-213.
彭云玲，李伟丽，王坤泽，等，2012. NaCl胁迫对玉米耐盐系与盐敏感系萌发和幼苗生长的影响[J]. 草业学报，21（4）：62-71.
山东省农业科学院. 1986. 中国玉米栽培学[M]. 上海：上海科学技术出版社.
孙博，解建仓，汪妮，等，2011. 秸秆覆盖对盐渍化土壤水盐影响的试验研究[J]. 水土保持通报，31（3）：48-51.
孙浩，张保望，李宗新，等，2016. 夏玉米品种盐碱胁迫耐受能力评价[J]. 玉米科学，24（1）：81-87.
孙赫阳，王鸿斌，杨明，等，2017. 有机物料改良苏打盐碱土增产玉米长期试验研究[J]. 玉米科学（5）：122-127.
王成宝，崔云玲，郭天文，2008. 磷石膏在作物生产中的利用[J]. 甘肃农业科技（5）：40-42.
王海娟，马红娜，姜海波，2018. 秸秆覆盖对塔里木盆地南缘绿洲农田土壤水盐运移的影响[J]. 江苏农业科学，46（17）：281-285.
王宏燕，宋冰冰，聂颖，等，2016. 有机种植对盐碱土壤N_2O、CO_2排放通量的影响[J]. 浙江农业学报（9）：1 580-1 587.
王丽燕，赵可夫，2005. 玉米幼苗对盐胁迫的生理响应[J]. 作物学报，31（2）：264-266.
王明华，李明，高祺，等，2016. 改良剂对苏打盐碱土玉米幼苗生长和生理特性的影响[J]. 生态学杂志，35（11）：2 966-2 973.
王琦，2016. 盐碱地玉米缓释型专用肥缓效氮添加比例的研究[D]. 太原：山西大学.
王睿彤，孙景宽，陆兆华，2017. 土壤改良剂对黄河三角洲滨海盐碱土生化特性的影响[J]. 生态学报，37（2）：425-431.

王燕辉，吉艳芝，崔江慧，等，2016. 滨海盐渍土地区不同有机肥对玉米体内养分浓度及分配的影响[J]. 华北农学报，31（2）：164-169.

肖辉，程文娟，王立艳，等，2015. 滨海盐碱地夏玉米氮肥利用率及土壤硝态氮累积特征[J]. 西北农业学报，24（5）：168-174.

严程明，涂攀峰，李中华，2018. 液体复合肥对盐碱土养分含量和玉米苗期生长发育的影响[J]. 安徽农业科学，46（25）：119-121.

杨东，李新举，许燕，李俊颖，2018. 不同有机物覆盖对滨海盐渍土改良效应的研究[J]. 山东农业大学学报（自然科学版），49（2）：272-277.

杨刚，周威宇，2017. 生物炭对盐碱土壤理化性质、生物量及玉米苗期生长的影响[J]. 江苏农业科学，45（16）：68-72.

张春宵，袁英，刘文国，等，2010. 玉米杂交种苗期耐盐碱筛选与大田鉴定的比较分析[J]. 玉米科学，18（5）：14-18.

张丹，王力华，孔涛，等，2013. 生物废弃物对滨海盐碱土改良效果[J]. 生态学杂志（12）：3 289-3 296.

张辉，陈小华，付融冰，等，2017. 脱硫石膏对不同质地滨海盐碱土性质的改良效果[J]. 环境工程学报，11（7）：4 397-4 403.

张慧齐，姜丽芳，2015. 大同盆地盐碱条件下玉米最佳施肥效应研究[J]. 辽宁农业科学（2）：6-10.

张莉，赵保卫，李瑞瑞，2012. 沸石改良土壤的研究进展[J]. 环境科学与管理，37（1）：39-43.

张宁，郭洪海，王梅，等，2016. 起垄沟播种植对滨海盐碱地土壤微生物区系的影响[J]. 山东农业科学，48（6）：62-65.

张玉凤，林海涛，王江涛，等，2017. 盐碱土壤调理剂对玉米生长及土壤的改良效果[J]. 中国土壤与肥料（1）：134-138.

朱成立，吕雯，黄明逸，等，2018. 生物炭对咸淡轮灌下盐渍土盐分分布和玉米生长的影响[J]. 农业机械学报，50（1）：1-14.

朱小梅，董静，丁海荣，等，2015. 绿肥牧草对滨海盐渍土的改良作用研究进展[J]. 安徽农业科学，43（17）：150-151.

朱小梅，温祝桂，赵宝泉，等，2017. 种植绿肥对滨海盐渍土养分及盐分动态变化的影响[J]. 西南农业学报，30（8）：1 894-1 898.

诸海焘，蔡树美，2017. 包膜尿素在盐碱土壤中氮素转化及其对玉米增产效应的研究[J]. 中国农学通报（4）：15-20.

ABDULLAH Z，KHAN M A，FLOWERS T J，2010. Causes of Sterility in Seed Set of

Rice under Salinity Stress[J]. Journal of Agronomy & Crop Science，187：25–32.

AKHTAR S S，ANDERSEN M N，LIU F，2015. Residual effects of biochar on improving growth，physiology and yield of wheat under salt stress[J]. Agr Water Manage，158：61–68.

ASHRAF M，FOOLAD M R，2005. Pre - Sowing Seed Treatment—A Shotgun Approach to Improve Germination，Plant Growth，and Crop Yield Under Saline and Non - Saline Conditions[J]. Adv Agron，88：223–271.

AYDIN G，ALI I，MEHMET A，FIGEN E，et al.，2007. Salicylic acid induced changes on some physiological parameters symptomatic for oxidative stress and mineral nutrition in maize（*Zea mays* L.）grown under salinity[J]. J. Plant Physiol，164：728–736.

BOTELLA M A，MARTINEZ V，PARDINES J，et al.，1997. Salinity induced potassium deficiency in maize plants[J]. J. Plant Physiol，150：200–205.

CHAUM S，KIRDMANEE C，2009. Effect of salt stress on proline accumulation，photosynthetic ability and growth characters in two maize cultivars[J]. PAK J BOT，41：87–98.

CHINNUSAMY V，JAGENDORF A T，ZHU J，et al.，2005. Understanding and Improving Salt Tolerance in Plants[J]. Crop Science，45（2）：437–448.

EIJI O，MITSUTAKA T，HIROSHI M，2012. Adaptation responses in C_4 photosynthesis of maize under salinity[J]. J. Plant Physiol，169：469–477.

FAROOQ M，HUSSAIN M，WAKEEL A，et al.，2015. Salt stress in maize：effects，resistance mechanisms，and management. A review[J]. Agron Sustain Dev，35：461–481.

FORTMEIER R，SCHUBERT S，2010. Salt Tolerance of Maize（*Zea mays* L.）– The role of sodium exclusion[J]. Plant Cell & Environment，18：1 041–1 047.

GADALLA A M，HAMDY A，GALAL Y G M，et al.，2007. Evaluation of maize grown under salinity stress and N application strategies using stable nitrogen isotope[J]. Independent on Sunday，9（2）：217–220.

GONG X，CHAO L，ZHOU M，et al.，2011. Oxidative damages of maize seedlings caused by exposure to a combination of potassium deficiency and salt stress[J]. Plant & Soil，340：443–452.

GRATTAN S R，GRIEVE C M，1992. Mineral element acquisition and growth response of plants grown in saline environments[J]. Agriculture Ecosystems & Environment，38（4）：275–300.

HIYANE R，HIYANE S，AN C T，et al.，2010. Sucrose feeding reverses shade-induced kernel losses in maize[J]. Ann. Bot., 106: 395–403.

HÜTSCH B W, SAQIB M, OSTHUSHENRICH T, et al., 2014. Invertase activity limits grain yield of maize under salt stress[J]. Journal of Plant Nutrition and Soil Science = Zeitschrift fuer Pflanzenernaehrung und Bodenkunde, 177: 278–286.

KARIMI G, GHORBANLI M, HEIDARI H, et al., 2005. The effects of NaCl on growth, water relations, osmolytes and ion content in Kochia prostrata[J]. Biol Plantarum, 49: 301–304.

KATERJI N, HOORN J W V, HAMDY A, et al., 2003. Salinity effect on crop development and yield, analysis of salt tolerance according to several classification methods[J]. Agricultural Water Management, 62（1）: 37–66.

KAYA C, ASHRAF M, DIKILITAS M, et al., 2013. Alleviation of salt stress-induced adverse effects on maize plants by exogenous application of indoleacetic acid（IAA）and inorganic nutrients-a field trial[J]. Australian Journal of Crop Science, 7: 249–254.

KAYA C, TUNA A L, OKANT A M, 2014. Effect of foliar applied kinetin and indole acetic acid on maize plants grown under saline conditions[J]. Turkish Journal of Agriculture & Forestry, 34: 529–538.

KHAN A A, RAO S A, MCNEILLY T, 2003. Assessment of salinity tolerance based upon seedling root growth response functions in maize（*Zea mays* L.）[J]. Euphytica, 131（1）: 81–89.

KLADIVKO E J, 2001. Tillage systems and soil ecology[J]. Soil Till Res, 61: 61–76.

LASHARI M S, Ye Y, JI H, et al., 2015. Biochar–manure compost in conjunction with pyroligneous solution alleviated salt stress and improved leaf bioactivity of maize in a saline soil from central China: a 2 - year field experiment[J]. Journal of the Science of Food & Agriculture, 95: 1 321–1 327.

LOHAUS G, HUSSMANN M, PENNEWISS K, et al., 2000. Solute balance of a maize（*Zea mays* L.）source leaf as affected by salt treatment with special emphasis on phloem retranslocation and ion leaching[J]. J. Exp. Bot, 51: 1721.

MUNNS R, TESTER M, 2008. Mechanisms Salinity Tolerance[J]. Annu Rev Plant Biol, 59: 651.

QAYYUM M F, REHMAN M Z U, ALI S, et al., 2017. Residual effects of monoammonium phosphate, gypsum and elemental sulfur on cadmium phytoavailability and translocation from soil to wheat in an effluent irrigated field[J]. Chemosphere, 174: 515–523.

QU C，LIU C，GONG X，et al.，2012. Impairment of maize seedling photosynthesis caused by a combination of potassium deficiency and salt stress[J]. Environmental & Experimental Botany，75：134-141.

SHAHZAD，WITZEL M K，ZÖRB C，et al.，2012. Growth-Related Changes in Subcellular Ion Patterns in Maize Leaves（*Zea mays* L.）under Salt Stress[J]. Journal of Agronomy & Crop Science，198：46-56.

ZALLER J G，2007. Vermicompost as a substitute for peat in potting media：Effects on germination，biomass allocation，yields and fruit quality of three tomato varieties[J]. Sci Hortic-Amsterdam，112：191-199.

6 滨海盐碱地水稻种植

水稻是盐碱地先锋作物，在水资源充足的沿海滩涂地区种植耐盐水稻品种，可实现以稻治涝、以稻治盐的目标。黄河三角洲地区水稻种植历史悠久。20世纪80年代末至90年代初，东营市水稻种植面积曾达到45万亩，后来由于黄河断流等原因，水稻面积有所减少。黄河小浪底工程建成后，断流现象消失，水稻灌溉水得到保障，种植面积逐年增加，水稻生产得到快速发展。目前黄河三角洲水稻种植面积约30.67万亩，集中分布在黄河和黄河故道两岸盐碱地，引水压碱种植。东营市水稻种植面积约28.67万亩，其中河口区水稻种植面积6.9万亩，东营区水稻种植面积0.77万亩，垦利县水稻种植面积17.5万亩，利津县水稻种植面积3.5万亩；滨州市高新区水稻种植面积1万多亩；淄博高青县水稻种植面积1万亩左右。水稻种植品种包括圣稻系列、盐丰系列、临稻系列等，平均亩产550kg左右。水稻栽培方式包括人工育插秧、盘育机插秧、直播稻。人工插秧面积约1万亩，机插秧面积约5万亩，直播稻面积约24万亩。随着农村劳动力的日益匮乏，人工育插秧面积逐年缩小，直播稻栽培面积逐年扩大。

6.1 盐碱地水稻生长发育

盐碱地含盐量高、土壤贫瘠，对水稻生长有多方面影响，盐碱地种植水稻，往往种子萌发慢、成秧率低、分蘖减少、生长量小、抽穗困难，甚至不能抽穗或包颈，颖花育性差和千粒重低等，最终导致产量不高。盐胁迫导致水稻减产的幅度与盐浓度、环境条件及品种特性密切相关。水稻在不同发育阶段对盐的耐受性也存在差异，一般认为，水稻在萌发期、分蘖期和成熟期耐盐性相对较强，而在幼苗早期和幼穗分化期对盐分相对敏感（Zeng et al.，2001）；但也有学者研究认为，水稻在种子萌发期和幼苗期对盐比较敏感，很低的盐浓度都会抑制种子的萌发和幼苗的生长（Ali et al.，2004）。在盐浓度较低时，对水稻的影响主要是由于渗透压胁迫、营养失调和离子毒害引起的；在中高盐浓度条件下，主要是由于营养失衡和离子积累产生的离子毒害引起的，主要是Na^+和Cl^-。盐碱地条件下，除了土壤含盐量高对水稻有巨大影响外，其他相关因子，例如土壤pH值、水分和养分吸收不畅等因素，也会影响水稻生长发育和最终产量。

水稻的一生分为种子萌发、幼苗期、分蘖拔节期、孕穗期、抽穗扬花期、灌浆期和成熟期，如图6-1所示。

盐分可以对水稻的各个时期均产生影响。水稻对盐害的响应分为两个阶段：第一阶段，快速的渗透压胁迫阶段，时间较短，主要表现为水稻发育减缓，新叶生长受抑制；第二阶段，缓慢的离子毒害阶段，时间较长，盐离子被水稻吸收并在老叶中积累，影响体内离子平衡，最终可导致叶片死亡，如图6-2所示。

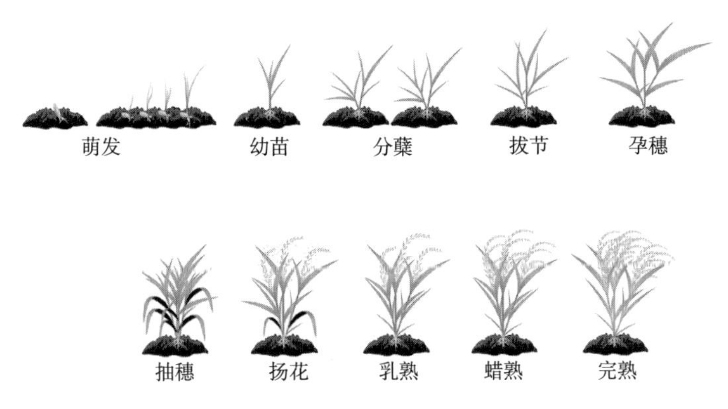

图6-1 水稻的一生（图片来自网络）

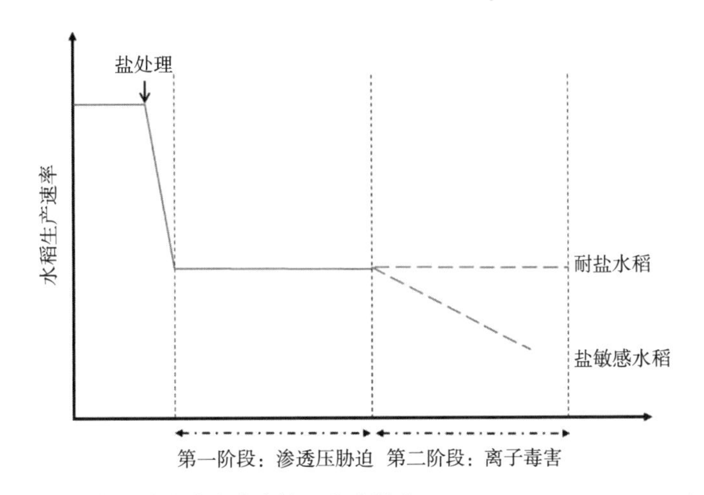

图6-2 水稻对盐胁迫响应的两个阶段（Munns and Twater，2008）

6.1.1 盐胁迫对水稻种子萌发的影响

种子萌发是水稻生命发育进程的开始，影响着整个植株体的发育。根系是水稻吸收水分及营养元素的重要器官，同时还具有合成、储存、疏导营养物质的重要功能，其与土壤直接接触，最容易受盐碱的影响。盐胁迫会产生非常多的生理和生化的改变，从而影响胚的活性。盐分对种子萌发的影响主要是由于渗透压胁迫下的吸水困难和Na^+积累导致的营养失衡和离子毒害作用。同时，离子毒害作用还会导致脂质双分子细胞膜的结构和化学成分发生变化，导致膜的选择性吸收能力降低，致使K^+和细胞可溶性物质外流，从而使种子发芽率和萌发速率降低（Munns and Tester，2008）。Liu等（2018）研究认为，盐胁迫主要是通过多种途径降低种子中内源活性赤霉素（GA_1和GA_4）的含量，进而抑制水稻种子萌发。盐处理可以使种子胚中活性GA_1和GA_4的含量分别降低了24%和60%，导致种子萌发率降低了27%；同时，盐处理能够诱导GA钝化基因的表达，促进活性GA钝化，进而显著降低活性GA（GA_1和GA_4）含量。

因此，选择耐盐性强的品种进行种植，是提高盐碱地水稻成苗率的重要方式。郑崇珂等（2018）以东营地区生产上应用的11个粳稻品种为研究对象，研究了不同盐浓度（NaCl，0、5g/L、10g/L、12g/L、15g/L）胁迫下种子发芽情况，盐胁迫抑制种子发芽，并且随着盐浓度提高抑制作用越显著；种子发芽率、发芽势及根长、芽长均受到盐胁迫抑制，尤其是当盐浓度超过15g/L时，抑制作用极显著。考察种子发芽率、芽长和根长，以相对盐害作为耐盐评价指标，筛选出发芽期耐盐性较强的水稻品种3个：临稻19、盐丰47和盐粳456，为东营盐碱地水稻种植提供了参考。

6.1.2 盐胁迫对水稻生长的影响

盐胁迫对水稻生长和发育产生多个方面的影响，主要有形态学上的变化，表现出根系减少、叶片卷曲、叶黄化、生长延迟等；有生理生化方面的变化，如茎中Na^+含量升高，钾、磷等营养元素吸收量降低，光合作用受抑制，气孔关闭，植株含水量降低等表现；最终使水稻产量降低，表现在育性降低、穗粒数减少、千粒重降低，如图6-3所示。

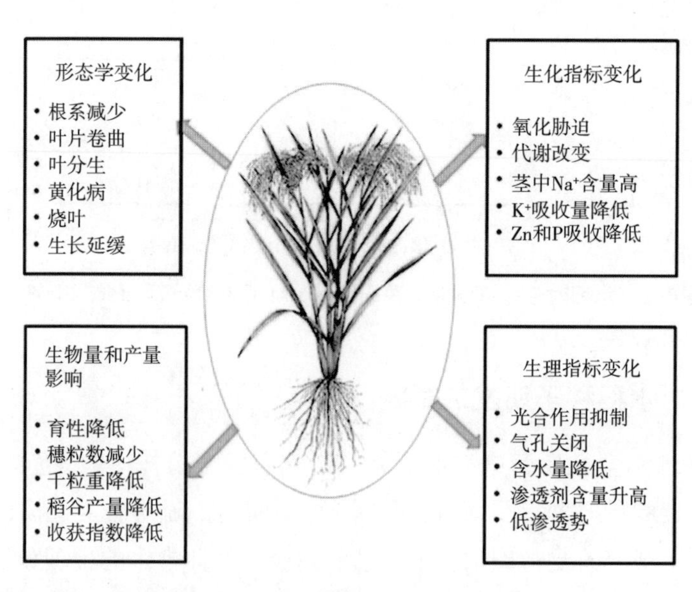

图6-3 盐胁迫对水稻生长、发育和产量多方面影响示意图（Riaz et al.，2019）

6.1.2.1 盐分对水稻叶片发育的影响

在盐胁迫条件下，水稻叶片会变小，以此应对由于盐胁迫导致的水分吸收减少，降低蒸腾作用。盐胁迫会导致水稻老叶提前死亡，这是由于随着盐胁迫时间推移，Na^+随水分在植株体内运输，并随着蒸腾作用，在叶片中不断积累。新长出的幼叶由于生长较快，细胞发生膨胀作用，从而部分稀释了Na^+浓度，降低了离子的毒性；而老叶片不发生膨胀，没有稀释离子毒性效应，导致水稻底部老叶片的死亡。盐胁迫会使水稻生长速率减缓，当新叶片生长的速率低于老叶片的死亡率时，水稻的光合作用能力会大大降低，从而导致生长速率的总体下降（Munns and Tester，2008）。

Ali等（2004）研究了盐分对18个水稻品种叶片及其他产量性状的影响，随着盐度的增加，水稻植株的叶面积显著减少。叶片大小取决于细胞分裂的数目和细胞伸长的程度，盐胁迫导致的叶面积减少的原因是由于细胞分裂受到了抑制。

6.1.2.2 盐分对水稻株高、分蘖和生物量的影响

株高是水稻生长的一个基本形态指标，大量研究表明，盐分对水稻株高和茎长具有显著负向效应。盐分胁迫会诱导水稻气孔关闭，导致叶面温度升高，叶面积减少。Gain等（2004）考察了盐分对水稻品种BR11生长的影响。试验在0、7.81dS/m、15.62dS/m、23.43dS/m和31.25dS/m不同盐度下开展，随着盐浓度增加，水稻株高、茎长相应减少。这可能是由于盐胁迫导致的渗透压胁迫，使水稻吸收水分和养分的能力降低。Amirjani（2011）在植物生长室采用0和200mM NaCl处理，研究盐分对水稻株高的影响，与对照相比，盐胁迫导致水稻茎长减少71%，而与之相反，水稻根系增加，在限制同化物质在地上部分积累的同时，将同化物质重新分配到根系中，增加根系的生长，这可能与水稻在低水势条件下维持水分吸收密切相关，以此提高应对盐胁迫的能力（梁正伟等，2004）。

盐分对水稻分蘖有显著抑制作用。Gain等（2004）同时考察了BR11在0、7.81dS/m、15.62dS/m、23.43dS/m和31.25dS/m不同盐度下水稻单株分蘖数和生物量的变化情况，与对照相比，在7.81dS/m低浓度盐分条件下，分蘖数少量增加；而在23.43～31.25dS/m高浓度盐分条件下，分蘖数大量减少。这表明，与其他性状相比，水稻分蘖对盐分敏感性相对要低一些。

水稻在盐胁迫条件下，水分利用、营养物质吸收和光合作用均受到抑制。在盐胁迫下，水稻植株的生长量和干物质量减少是由于渗透压胁迫使细胞水势降低，水分吸收困难，导致气孔关闭和限制CO_2同化作用，因而盐胁迫条件下水稻生物量和干物质积累均减少。Nemati等（2011）将耐盐品种（IR651）和抗盐品种（IR29）播种在0和100mM NaCl胁迫条件下，生长21d，直至水稻6叶期，调查发现，抗盐品种（IR29）比耐盐品种（IR651）干物质积累减少的量更大。

在水稻发育的各个时期发生盐害，水稻的生长和产量构成因子（有效穗数、穗粒数、结实率、千粒重）都会受到负面影响（Fraga et al.，2010）。水稻在3叶期至抽穗期对盐分最敏感，该时期盐胁迫对水稻产量降低最显著，水稻小花不育是造成盐胁迫条件下产量降低的最主要原因。与营养期相比，穗发育阶段的盐胁迫更难恢复。

6.1.3 盐胁迫对水稻生理和生化指标的影响

盐胁迫导致水稻一系列生理和生化指标发生变化，包括Na^+/K^+比值的变化、气孔导度降低、光合速率下降、活性氧（ROS）含量升高，使植株蛋白质结构和功能发生变化，导致酶活降低。长时间盐胁迫条件，使植株中积累大量的Na^+和Cl^-，导致细胞间隔发生膨胀，影响植物酶的形成和功能，从而使能量合成和转移受限，产生一系列生理生化反应，如老叶片出现黄化等受毒症状，老叶死亡，最终导致植株死亡，如图6-4所示。

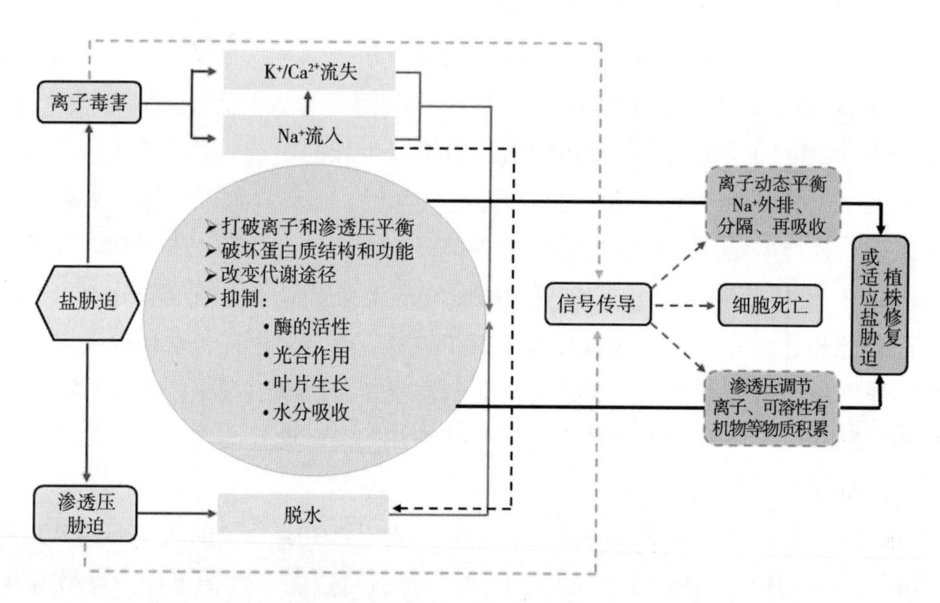

图6-4 盐胁迫对水稻生理生化方面影响示意图（Riaz et al.，2019）

6.1.3.1 盐胁迫对水稻光合作用的影响

光合作用（Photosynthesis）是绿色植物利用叶绿素，在可见光的照射下，将二氧化碳和水转化为有机物，并释放出氧气的生化过程。光合作用速率受叶片叶绿素含量和气孔导度控制，在盐胁迫条件下，光合作用速率会降低。盐胁迫下光合速率下降的几个因素如下。

（1）渗透势增加，植物水分利用率降低，导致细胞膜脱水，CO_2通透性降低，光合电子传递系统受到细胞间隙收缩的限制。

（2）Cl^-毒性效应，降低了根系对硝酸盐的吸收，导致光合作用受抑制。

（3）气孔关闭，导致CO_2供应减少，羧化反应速率降低。

（4）盐胁迫诱导的老叶早衰。

（5）盐胁迫导致的细胞质结构和酶活性的改变（Iyengar and Reddy，1996）。

Moradi等（2007）在温室条件下，进行了3种不同基因型水稻在苗期和生殖发育阶段不同盐分胁迫下盐度影响的试验研究。结果表明，盐胁迫显著降低了光合作用中CO_2的固定和同化进程、气孔导度和蒸腾作用，盐分对盐敏感品种的负效应更明显。耐盐品种对土壤盐分的适应性较强，在最初几个小时内以较快的速度关闭气孔，经过短期驯化后部分恢复；气孔导度在较长时间内持续下降，没有任何恢复症状；叶绿素荧光测量表明，非光化学猝灭增加，而电子传输速率随着盐度的增加而降低。耐盐水稻品种通过维持较高水平的抗坏血酸和酶活性，在生长发育阶段有效清除活性氧，表现出较低的脂质过氧化作用。

水稻叶绿素含量的变化是解释盐胁迫下光合作用受抑制的有效指标。Kibria等（2017）考察了不同水稻品种在40mM和60mM NaCl条件下表现情况，发现叶绿素a和叶绿素b含量均随盐度的增加而下降，但耐盐品种和盐敏感品种总叶绿素含量的降低模式不同。

6.1.3.2 盐胁迫导致的抗氧化能力降低

活性氧（ROS）产生的生化变化和抗氧化反应是植物处理盐胁迫影响的基本反应。水稻叶绿体和线粒体等细胞器是产生活性氧的重要细胞内成分，电子传递过程中与O_2发生反应，产出ROS，如超氧化物（O_2^-）、过氧化氢（H_2O_2）和羟基（OH^-）。ROS是高反应性的物质，如果没有保护机制存在，它们会严重损害正常代谢途径中的脂类、蛋白质和核酸，必须及时清除。盐胁迫会严重削弱抗氧化反应。

抗氧化酶被细分为两类（Sharma and Dubey，2007）。第一类是非酶成分，包括脂溶性和膜相关的生育酚、水溶性还原剂、抗坏血酸和谷胱甘肽等；第二类是各种酶类，包括超氧化物歧化酶、过氧化物酶、过氧化氢酶和抗坏血酸—谷胱甘肽循环酶类，如抗坏血酸过氧化物酶、单脱水抗坏血酸还原酶、脱水抗坏血酸还原酶和谷胱甘肽还原酶。

超氧化物歧化酶是一种主要的清除剂，用于清除活性氧，这是一组金属酶，可将超级氧化物转化为H_2O_2和O_2，并保护细胞免受超氧诱导的氧化应激（Lee et al.，2011）。盐胁迫会导致水稻幼苗超氧化物歧化酶活性大幅下降，但品种间差异明显。

Kibria等（2017）利用3个耐盐品种和4个盐敏感品种研究盐胁迫对抗氧化酶的影响。试验将30d水稻幼苗移栽于0、20mM、40mM和60mM NaCl 4种盐度水平的盆栽中。结果表明，盐胁迫对抗氧化酶活性有显著影响，在耐盐基因型中过氧化氢酶和抗坏血酸过氧化物酶浓度随盐度的增加呈线性增加，过氧化物酶在所有水稻基因型中的浓度呈相反的趋势。而盐敏感水稻中的过氧化氢酶和抗坏血酸过氧化物酶活性则随盐度的增加而降低。因此，与耐盐品种相比，盐敏感水稻品种的抗氧化酶活性下降更明显。

6.1.3.3　盐胁迫导致Na^+/K^+比值失衡

在盐胁迫条件下，盐诱导的Na^+和Cl^-的吸收和迁移与K^+、N、P和Ca^{2+}等营养元素竞争，造成营养失衡，最终导致水稻产量降低，品质下降。许多研究结果表明，在根系周围增加NaCl含量，会使Na^+和Cl^-在茎中积累，导致茎中Ca^{2+}、K^+和Mg^{2+}浓度降低（Khan et al.，2000）。Na^+含量超过10mM浓度时，对水稻就有毒害作用，导致水稻生长减缓、产量降低。而K^+是水稻生长必需的营养物质，作为辅助因子能够激活50多个酶，在100～200mM浓度范围内水稻代谢功能才能高效运转，正常生长（Cuin et al.，2003）。盐胁迫条件下，水稻中Na^+/K^+比值会升高，Na^+和K^+会发生动态竞争，竞争与许多酶的结合位点结合，导致代谢毒性。

6.1.4　提高水稻耐盐性的方法

耐盐性是水稻克服根系周围或叶片中高盐浓度的不利影响，完成生长周期的内在能力。水稻耐盐性涉及发育、生理和生化过程的复杂现象。

（1）利用根系微生物提高水稻耐盐性。根际土壤微生物，如芽孢杆菌和假产碱假单胞杆菌，在盐水条件下有助于提高水稻生产力（Jha et al.，2011）。在根系周围的有益细菌和真菌，通过提高可吸收的营养物质含量、分泌化学物质刺激水稻的生长发育，减少盐胁迫的负面影响，提高水稻耐盐性。

（2）施用硅肥提高水稻耐盐性。施用硅肥可以提高水稻耐盐性。Gong等（2006）研究了硅肥在50mM NaCl盐胁迫下降低水稻Na^+毒害作用的潜力，施硅肥显著提高了植株的茎长、地上部干重和植株鲜重。对根干重有所增加，但对根长没有显著影响。硅的应用主要是限制了Na^+和Cl^-从根到茎的转运，降低细胞中Na^+浓度，减少离子毒害作用，提高了水稻耐盐性。硅还可以通过刺激根系质膜活性，如HC-ATP酶、液泡膜HC-ATP酶和HC-PPase等，影响Na^+和K^+的转运，以此减轻盐害作用（Liang et al.，2005）。硅肥施用降低了盐胁迫条件下Na^+的吸收，而不影响水稻蒸腾作用。

（3）增施锰元素肥提高水稻耐盐性。锰（Mn）是植物需要的一种重要的必需微量营养素，施用锰可以通过减少离子积累和脂质过氧化来提高光合作用、类胡萝卜素含量、生物量生产和抗氧化防御系统，从而消除植物的离子毒害作用，如锰作为过氧化氢酶的辅助因子，作为O_2和H_2O_2的清除剂，在水稻防御氧胁迫方面发挥着至关重要的作用。外源施锰对盐胁迫引起的水稻幼苗变化的影响，锰通过减少Na^+的积累和迁移，对水稻在盐胁迫下的生长发育具有显著的正效应。与对照相比，锰处理增加了盐胁迫下植株地上部离子平衡稳定性，Na^+积累量减少。同时，施锰降低了镁的含量，提高了乙醛酶系统的活性（Rahman et al.，2016）。

（4）增施植物激素提高水稻耐盐性。植物激素是植物生长调节剂的内源化合物，包括脱落酸（ABA）、乙烯（ETHY）、赤霉素（GA）、生长素（IAA）、细胞分裂素（CTK）和油菜素类（BR）。如ABA可以调节控制植物对盐分反应的表达基因，在适应盐胁迫的能力方面发挥着重要作用（Narusaka et al.，2003）。已有研究认为，ABA通过调节植物气孔开关度，在减少蒸腾作用，降低叶片中Na^+和Cl^-积累等方面发挥积极作用。盐胁迫下气孔的关闭受到ABA诱导细胞质中Ca^{2+}浓度增加的调节。ABA对于脯氨酸和脱水素等渗透保护剂的生物合成和积累也很重要，通过促进脯氨酸和可溶性糖含量的积累，增加了水稻耐盐能力，提高了水稻产量。IAA还在调节植物维管组织发育、细胞伸长和根尖优势等方面发挥重要作用，盐胁迫条件下，通过对相关基因的表达调控，提高了水稻对盐胁迫的耐受能力（Wang et al.，2001）。

（5）水稻基因工程提高水稻耐盐性。一是增加水稻中渗透调节剂的含量，提高水稻耐盐性。水稻中的渗透调节剂主要有三大类：氨基酸（如脯氨酸）、季胺（如甘氨酸甜菜碱、磺酰丙酸二甲酯）和多元醇/糖（如甘露醇、海藻糖）。如脯氨酸是植物中唯一具有清除激发态氧和自由基的渗透分子，在盐胁迫条件下，可以维持细胞的渗透压，保护蛋白质、核酸和细胞膜的完整性（Matysik et al.，2002）。通过基因工程方法，提高相关基因表达，增加渗透调节剂的含量，提高水稻耐盐性。二是维持细胞内离子平衡，提高水稻耐盐能力。盐胁迫对水稻的影响主要反映在Na^+毒害作用以及K^+、Ca^{2+}平衡性破坏上。如Na^+/H^+反转运蛋白的作用排出细胞内Na^+，维持细胞内Na^+/K^+平衡，在水稻和拟南芥中过表达该基因，使其在盐胁迫条件下的生长和发育得到促进，提高了其耐盐性（Apse et al.，1999）。

6.2 盐碱地水稻栽培技术

水稻是盐碱地先锋作物，在水资源较充足的黄河三角洲地区种植耐盐水稻品种，可以实现以稻治涝、以稻治盐的目标。盐碱地种植水稻主要是通过引黄灌溉、大水压碱、增施有机肥与使用化学改良剂相结合技术、稻渔互作种植技术、暗管排碱技术等。盐碱地水稻生产涉及土壤洗盐、水稻种植、肥水管理、病虫害防治、收获等各个环节。

6.2.1 滨海稻田耕层脱盐技术

在盐碱地种植水稻的关键是降低土壤中盐分含量，生产中主要采用水洗压盐的措施来降低盐碱地耕作层土壤的含盐量，以保证水稻正常生长。水洗压盐可快速降低土壤中盐含量，改善水稻生长状况，提高产量。冬耕也能显著降低大田耕作层土壤盐导率，可以使水稻叶片黄叶率显著降低，叶面积指数、干物质及氮积累量显著增加。冬耕条件下，洗盐1次和洗盐2次处理间差异不显著。因此，科学的盐碱地耕作方式可减轻盐分对水稻生长及产量的影响，生产中应鼓励冬耕，春季合理安排洗盐次数，节约宝贵淡水资源（向镜等，2018）。

盐碱地洗盐主要有以下两个步骤：一是平整土地，保证田间进排水顺畅，田内水深基本一致。耕地后，利用激光平地机平整土地，使地面高度差小于5cm。二是淋盐洗盐。采用深沟淋盐、以水洗盐、机械旋耕等方法，将土壤中盐分降到0.3%以下，以降低盐分对水稻萌发、立苗和生长发育的影响。具体步骤：把黄河水灌入盐碱地里泡田，水层深5～10cm（根据盐碱轻重情况，盐碱越重，水层越深），保持5～7d，旋耕2遍后将水排出，重新灌新水后播种（直播）或插秧；新开荒盐碱地或重度盐碱地需洗盐2遍，再灌水5～10cm，旋耕2遍后将水排出。如图6-5所示，在中度及以上盐碱地种稻前需洗盐，降低土壤中盐分。

图6-5　中度盐碱地洗盐效果

6.2.2　盐碱地水稻栽培技术

6.2.2.1　盐碱地水稻直播优质高产栽培技术

黄河三角洲地广人稀，劳动力短缺，直播可节省用工，大幅提高生产效率，近年来直播技术得到较快发展，目前水稻直播面积在14万亩左右，其中约80%为水直播，人工直播占80%，机械直播占20%。盐碱地水稻直播需从品种选择、播种、整地、田间肥水管理、病虫草害防治等方面进行加强（陈峰等，2018）。

（1）品种选择。选择耐盐性较强、抗倒伏、适于黄河三角洲盐碱地直播的水稻品种，生育期一般在140～150d，如盐丰47及衍生系列品种，圣稻22、圣稻19、津原89、金稻919等优质品种。晚熟品种可适当早播，早熟品种可适当晚播。

（2）整地。平整田面是确保直播稻苗全苗匀的关键。采用冬季旱耕，于水稻收获后，采用中型拖拉机翻耕，深度20cm左右。播种前用激光整平机平地，然后旋耕1～2遍，同一地块高低差不超过3cm。

（3）洗盐。4月下旬开始灌水洗盐压碱一周以上，盐碱较重的地块，洗盐2～3次，使含盐量降至0.3%以下。

（4）播种。一般在5月中下旬播种，播前用浸种剂（25%咪鲜胺乳油或17%杀螟·乙蒜素等）浸种2～3d，防治恶苗病和干尖线虫病。稻种晾干后播种，播种量为每亩9～12kg（干种），可采用人工撒播或机械直播。

机械直播方式有撒播和条播。撒播容易出现种子分布不均，植株通风透光不畅，不便于田间管理。条播适宜于机械化操作，便于田间管理，但工作效率较撒播低。条播一般行距22～25cm，播幅10cm。

直播可分为水直播和旱直播。水直播时田块表面保持3～5cm水层。旱直播播种深度1～2cm，播种后灌水，保持水层3～5d。将水排干或耗干，保证出苗整齐，出苗后复水，管理同水直播。如图6-6所示，在中度及重度盐碱地需洗盐后进行水直播，在轻度盐碱地上可进行机械条播，提高工作效率，增加水稻抗倒性。

水直播—撒播

旱直播—条播

图6-6 盐碱地水稻直播

（5）灌水。水直播在稻苗3叶期前保持3～5cm水层，分蘖期浅水勤灌、勤排，遇低温时夜间灌水，白天排水，遇高温时夜间排水，白天灌水。经常保持浅水层，促进分蘖。3叶期至孕穗期采取间歇灌水法，前水不见后水，抽穗期至扬花期保持浅水层，灌浆期采用间歇灌水法，干湿交替。

（6）施肥。盐碱重的地块先洗盐整平后施入化肥。其他盐碱地可结合耙地，亩施腐熟有机肥1.5t、磷酸二铵15～20kg或复合肥30kg。也可在播种时用种肥一体播种机将化肥施入。苗期追肥宜早不宜迟，3叶期亩施尿素8kg、磷酸二铵5kg，10d后亩施尿素7.5kg、磷酸二铵4.5kg，拔节期亩施尿素10kg，根据田间长势，亩施穗肥5kg左右。也可使用水稻专用控释肥［视产量水平亩施含腐植酸控释肥50～70kg作基肥（硫酸钾型，N-P_2O_5-K_2O：25-15-6，控释氮含量>12%，控释期3个月，腐植酸含量≥3%）］，整地时一次性施入，保证肥料埋入土壤。

（7）除草。一是利用翻耕、耙地、旋耕等耕作措施，将杂草打碎，或把草籽深埋。芦苇较多的田块，可结合冬前深耕，将芦苇根打断，人工捡拾出田块。二是化学除草。旱直播化学除草包括封闭处理和茎叶处理。封闭处理：灌水后苗前亩用40%噁草・丁草胺乳油110～125mL，如果种子已萌动，可选用40%苄嘧・丙草胺可湿性粉剂60～80g，兑水30～40L均匀喷雾。茎叶处理：在杂草2～5叶期（与封闭用药间隔约20d，水稻3叶期前后），茎叶均匀喷雾，对土壤封闭未杀死的杂草进行补杀。水直播化学除草在稻苗1叶1心至4叶期，每亩可施用35%丁・苄可湿性粉剂140～160g或30%丙・苄可湿性粉剂80～100g等，兑水喷雾，药后1～2d复水。此后根据田间草情，杂草较多时可再进行1次茎叶处理，每亩施用10%氰氟草酯乳油100～167mL或25g/L五氟磺草胺可分散油悬浮剂40～80mL或36%苄・二氯可湿性粉剂40～60g等。

（8）病虫害防治。一是农业防治。及时清除田间杂草、病残体，减少病源。整地要平，合理密植。在保证有效穗数的前提下，尽量保持水稻植株群体的通透性。平衡施肥，避免重施、迟施氮肥，增施磷钾肥，注意施用锌肥、硅肥等微量元素和有益元素肥料，提高水稻抗逆性。二是生物防治。二化螟、稻纵卷叶螟蛾始盛期释放稻螟赤眼蜂，每代放蜂2～3次，间隔3～5d，每亩均匀放置点位5～8个，每次放蜂10 000头。放蜂高度以分蘖期蜂卡高于植株顶端5～20cm、穗期低于植株顶端5～10cm为宜。三是物理防治。利用粘虫板、糖饵诱杀剂、性诱剂等诱杀螟虫等害虫。四是药剂防治主要病害，包括稻瘟病、纹枯病、稻曲病等。稻瘟病：田间初见病斑时施药控制叶瘟，破口前3～5d施药预防穗颈瘟，气候适宜病害流行时7d后第2次施药。纹枯病：分蘖末期封行后和穗期病丛率达到20%时及时防治。稻曲病：在水稻破口前7～10d（水稻叶枕平时）施药预防，如遇多雨天气，7d后第2次施药。可与纹枯病兼防，防治药剂同纹枯病。五是防治主要害虫。包括红线虫、二化螟、稻纵卷叶螟、飞虱等。红线虫：防治时期为5月中下旬（水直播播种至2叶1心期），兼治稻水象甲、腮蚯蚓、稻飞虱等。二化螟：一年发生2代，6月中旬为一代幼虫盛发期，8月上中旬为二代幼虫盛发期。分蘖期于枯鞘丛率达到8%～10%或枯鞘株率3%时施药，穗期于卵孵化高峰期进行重点防治。稻纵卷叶螟：

一年发生2～3代，重点防治二三代幼虫，生物农药防治适期为卵孵化始盛期至低龄幼虫高峰期。防治药剂同二化螟，兼治大螟、黏虫等害虫。稻飞虱：8月中旬至10月上旬易发生稻飞虱为害，根据田间发生情况及时防治。

根据水稻生长阶段进行多种病虫害的综合防治，防治纹枯病和飞虱为害时应注意稻丛基部的喷雾。施药应避开高温和强光照时段。药后保持3～5cm水层2～3d。药后24h内遇雨须补治。

6.2.2.2 盐碱地水稻机插秧优质高产栽培技术

黄河三角洲盐碱地地广人稀，劳动力短缺，以手工插秧为主的传统水稻种植方式不能适应水稻生产发展的要求。水稻机插秧种植是黄河三角洲盐碱地稻区种植生育期长（超过160d）、米质优品种的首选种植方式。

（1）育秧方式。育秧是水稻机插秧成功的关键环节，目前，以大棚育秧与小拱棚塑料膜覆盖两种方式均存在。小拱棚育秧成本低，但存在保温性差，温度稳定性低，出苗和成秧遇倒春寒易造成出苗差、成苗率低等问题。同时，小拱棚育秧存在操作不便，通风炼苗麻烦费工等问题。大棚育秧成本较高，但克服了小拱棚育秧存在的主要问题，降低了水稻育秧的烂种烂苗烂秧的现象，提高了秧苗质量。

大棚育秧（工厂化育秧），实现集中育秧及供秧，基本解决了传统散育秧存在的秧苗素质差、出苗不整齐、病害严重等问题。大棚的棚高一般2～3m，棚宽6～8m，长60m左右。棚内空气容量大、昼夜温差小且温度稳定，受环境温度变化影响小，操作方便，秧苗生长一致，成秧率高。大棚育秧，通过大棚保温、良种精选、精量播种、精确施肥、病虫害统防统治，秧苗健壮，为水稻高产提供了保障。

黄河三角洲盐碱地稻区还广泛应用机械化露天育秧，它是指利用现代先进的机械化育秧设备，集自动化、机电化、标准化生产为一体，现代农艺与现代农业工程相结合的育秧方式。机械化露天育秧的核心技术为机械化播种设备、自动化控温催芽设备、配套的露天育秧管理技术。该育秧方式可节约种子、化肥和淡水资源，不需要建复杂的配套设施，因此得到广泛的推广应用，如图6-7所示。

（2）品种选择。选择适宜黄河三角洲盐碱地种植的优质水稻品种，种子发芽率在90%以上。品种要分蘖能力强，株系、穗型适中，抗逆性强，产量、熟期适中，米质优。如目前生产上应用的金粳818、圣稻2620、圣稻18等品种。

（3）播种。种子播种前要进行晾晒，脱芒机去芒和枝梗；用药剂浸种（同水稻直播处理方法）。

（4）育秧。一般采用商品化育苗基质作为育秧土。以机械化露天育秧为例，采用SYS-1000型苗盘播种机播种流水作业，依次完成放盘、铺土、镇压、喷水、播种、覆盖等程序，然后移入催芽室。每盘播种150g左右。将播种完的育秧盘进行暗室催芽，首先采用35℃左右高温催芽，使种胚快速突破谷壳（80%以上种子破胸）；然后转入25℃催芽，当芽长到2mm左右时，进行摊晒晾芽，室内摊晒5h左右。

图6-7 盐碱地工厂化育秧

（5）摆盘。覆膜及水分管理。秧盘要摆平摆直，盘与盘之间咬紧，不留空隙。对育秧床进行定量灌水，浇足、浇透水。先盖无纺布，防止高温烧苗；后盖塑料布，保温保湿。一般8～10d揭掉无纺布炼苗，苗床与秧盘保持湿润，不能有积水，特别是雨天后要及时将水排出。秧苗早晨叶尖无吐水珠时要及时补水，补水可在早晨或傍晚，一次浇足浇透。揭膜后要适当增加浇水次数。整个育苗期间，不能大水长时间漫灌。

（6）秧苗管理。出苗至1.5叶期，温度不超过28℃，开始通风炼苗；秧苗1.5～2.5叶期，逐步加大通风量，温度控制在25℃左右；秧苗2.5叶期至移栽前，温度与自然温度保持一致。遇低温，可增加覆盖物或灌大水保温，回暖后，及时将覆盖物移走，排水。

（7）病虫害防治及施肥。秧苗1.5叶期喷施1 500倍20%移栽灵药液，预防立枯病；起秧前2～3d，喷施1 500倍40%吡蚜酮药液，预防稻小潜叶蝇。秧苗在2叶期时，按每盘纯氮1g、硫酸锌0.2g的标准稀释500倍液喷施追肥，喷施后及时用清水再喷1次，防止烧苗。

（8）插秧前准备。插秧前3d开始控水炼苗，增加秧苗抗逆能力。起秧时，先慢慢拉断穿过渗水孔的少量根系，连盘带秧一并提起，再平放，从一头小心卷苗脱盘。

（9）插秧。机插秧对田地质量要求较高，水整地需做到“平、净、齐、深、匀”。“平”指田内高低差不高于3cm；“净”指田内无稻田残渣、杂草等；“齐”指田块要整齐，田埂横平竖直；“深”指田内水深一致，以10～15cm为宜，插秧前将水调至2cm左右的“瓜皮水”；“匀”指田地均匀一致，泥水分清，沉实但不板结。

一般采用中小苗移栽的方法机插秧，苗高15cm左右，行距30cm，株距12～18cm（根据品种特性，分蘖力强的品种株距大，反之株距小），每穴4～6株苗。合理的株行距可保证机插密度，有利于确保高产。插秧深度对秧苗的返青、分蘖及全苗率具有重要影响，插秧深度一般控制在2cm左右（过浅，小于1cm，易造成倒伏；过深，大于3cm，返苗慢，分蘖延迟，甚至造成僵苗）。

（10）肥水管理及病虫草害防治，大田管理与直播稻基本相同。

6.2.3 盐碱地水稻高效生态种养技术

6.2.3.1 盐碱地稻鸭共作有机稻生产技术

稻鸭共作有机稻生产技术是一项增产、增效、种养结合的高效稻作生产新模式。它利用鸭子的杂食性和活动能力，吃掉稻田内的杂草和害虫，利用鸭子不间断的活动产生中耕、浑水效果，促进水稻根系下扎，提高深层根系比例和根系活力，并能抑制中后期无效分蘖，减少基部枯黄老叶，改善水稻基部的透光性，提高结实率和千粒重。同时，鸭的粪便具有增加土壤肥力、改善土壤结构的功能。鸭子为稻田除虫、除草、施肥和松土，而稻田又为鸭群提供劳作、生活、休息的场所以及充足的水源和丰富的食物，两者相互依赖、相互作用、相得益彰。因此，稻田围栏养鸭，不但达到了减少化肥、减少农药（“双减”）的目标，保护了生态环境、提升了稻米品质，而且可以获得很好的水稻种植效益和可观的鸭子养殖效益，如图6-8所示。

稻鸭共作主要涉及水稻种植技术和鸭子放养技术。

（1）水稻种植。选择适宜盐碱地种植的优质、抗病虫、高产的水稻品种，如圣稻2620、圣稻18、金粳818等。种子处理，晴天晒种1～2d，筛选出饱满的种子用浸种剂（25%咪鲜胺乳油或17%杀螟·乙蒜素等）浸种2～3d，防治恶苗病和干尖线虫病。增加水稻种植密度是确保足够穗数的有效措施，机插秧株距12cm，行距30cm，每穴4～6苗，基本苗7.4万/亩以上。稻鸭混养本田中不施化肥，在基肥中多施有机肥，以保障水稻生长发育需要。插秧前一次性施足基肥。中后期可根据苗情追施有机复合肥，以促进群体、个体协调生长。对水稻苗期害虫、植株中下部害虫而言，鸭均有较好的控制效果，但对稻纵卷叶螟或二化螟防治效果不够理想，可采用频振杀虫灯诱杀、粘虫板等方法防治，每隔2～3d将诱杀的害虫收集后喂鸭。当病虫害大面积发生时，选用低毒高效的复配药剂或生物农药进行防治。稻田内水深度以鸭脚刚好能触到泥为宜，便于鸭在活动过程中充分搅拌泥土。随着鸭的生长，水的深度逐渐增加。

图6-8　盐碱地稻鸭共养

（2）鸭子放养技术。选择体型小、抗逆性强、食性杂的鸭品种。一般在水稻插秧10d后将鸭子放入稻田。每亩20只左右，5～10亩一个单元格。选择晴天上午放养，同时将病、弱、小的鸭苗挑出，提高鸭子的田间成活率。根据稻田杂草、昆虫等食物的数量及时补充饲料，在田埂四周设置木质食槽，一般傍晚饲喂1次玉米颗粒较好。每5亩一个单元格，稻田一角修建简易鸭棚，供鸭子休息。田地四周挖一斜坡沟，沟宽1m，深40cm，沟渠内放水。高温天气需做好鸭子防暑，可通过灌20cm左右的深水层，并采用边灌边排的方法防止鸭子中暑死亡。围栏设置，围栏的作用有两点：一是围栏可防止鸭子离开稻田，确保混养效果；二是防御天敌、保护鸭子。围栏可用塑料网制成，围孔以1～2指宽为宜，网高100cm。在鸭子放入稻田后，稻和鸭即结为一个密不可分的整体，互生共利，直到水稻抽穗后将鸭从稻田里收上来，稻和鸭才重新分开，一般有60～70d的时间。水稻抽穗扬花时，鸭子完成稻鸭混养的田间作业任务，这时将鸭子及时从稻田里收上来，以免对稻穗造成危害。

6.2.3.2 盐碱地稻渔共作高效生产技术

稻渔共作是水稻种植与大闸蟹、龙虾、甲鱼等水产品养殖二者互利共作的复合生产方式，实现稻渔互利共生，有利于生产复合绿色食品标准的稻米以及优质水产品。盐碱地目前以水稻—大闸蟹共作为主，如图6-9所示。

图6-9 盐碱地稻蟹共养

（1）水稻种植。

①品种选择：选择的品种要生长期长，分蘖力强，品质优，丰产性能好，抗病虫，叶片直立，株型紧凑。经过2016—2017年两年试验，确定东营盐碱地稻田混养种植最适宜水稻品种为圣稻2620。

②适期播种：根据放养时间，尽可能早的育秧、插秧，增加水产养殖的时间。

③合理密植：稻渔共作稻田水层加深，抑制了水稻分蘖，因此需适当提高插秧密度。机插秧行距30cm，株距12cm，每穴4～6苗。

④施肥与病虫害防治：插秧前一次性施足基肥，以腐熟的畜禽粪为主。病虫害防治以粘虫板、杀虫灯、性诱剂等绿色防控为主。

（2）大闸蟹养殖。

①开挖环沟：环形围绕稻田一周，占比20%，上沟宽5m，沟底宽3.2m，深1.5m，坡比1∶1.5，开挖出的土壤用于加高加固田埂。田块要设置防逃墙，防逃墙材料以经

济、实惠、防逃效果好为原则，采用钙塑板为防逃墙，防逃墙埋入土内20cm，高出地面50cm以上，用竹桩支撑固定，四角成圆弧形。按照水稻种植、水产养殖调控水位和水质的要求，建好进排水系统，确保灌得进、排得出，在进排水口安装密眼网，以防大闸蟹逃逸和敌害生物侵入。

②苗种放养前的准备：干塘消毒。放养前15～20d，将环形沟内的水排干，晾晒；而后每亩环形沟用生石灰75～100kg化水均匀泼洒消毒，杀灭野杂鱼和病原生物。加注新水及移栽水草（水生植物）。消毒7d后，用60～100目筛绢网过滤注水深10～20cm，移栽轮叶黑藻、伊乐藻等沉性水草，种植行距4～5m，株距2～3m，栽种面积占环形沟底部面积的50%。也可移植部分茭白等挺水水草。种植水草，主要为净化水质，使水环境清新，并可作为螃蟹的饲料。施放基肥，培肥水质。水草种植后，幼蟹投放前7～10d，每亩施腐熟的畜禽粪30～50kg，或使用微生态肥料，以培育生物饵料，供幼蟹进行入后摄食，同时促进水草的生长发育。

③苗种投放：一是投入时间。4月下旬，选择晴暖天气将幼蟹放入暂养池内暂养，以延长养殖周期。二是投放幼蟹数量。每亩投放单体重量6g的中华绒蟹3kg，约500只/亩。体质健壮、附肢完整、爬行活跃、行动敏捷、无病无伤、无畸形、身上无附着物、手抓松开后立即四散逃逸；性腺未发育成熟的幼蟹。

④水质调控：稻田养蟹水质调控是关键，主要是以下几个方面：一是科学控制水位，适时注水和换水。养殖前期水深应浅些，有利于水温的升高、螃蟹和水草的生长。养殖中、后期提高水位，以利于螃蟹的生长。随着田塘水稻生产量的提高和沟渠水质的老化，每3～5d加注新水1次，稻田注水一般在10—11时进行，保持引水水温与稻田水温相近，水位相对稳定。高温季节（7—8月），每1～2d加注1次新水；环形沟内水体每7～10d换1次，每次换水20～30cm。9月后，每15～20d换水1次，每次换水20～30cm。螃蟹大批蜕壳时，不宜大量换水。环形沟中水体透明度保持在30～40cm。二是科学施用微生物制剂。养殖过程中，光合细菌每8～10d遍洒1次，浓度为6.68×10^{11}个/m^3；枯草芽孢杆菌每12～14d遍洒1次，浓度为6.0×10^{9}个/m^3。为提高微生物制剂的使用效果，枯草芽孢杆菌和光合细菌可交替使用，并将采用枯草芽孢杆菌或光合细菌与沸石粉（沙土等）混合后施入池水中，利用沸石粉的吸附作用和密度大的特点，吸附微生物制剂进入水体底部，以达到同时改善水质和底质的目的。三是定期泼撒生石灰。每月泼洒1～2次，每次每立方米水用生石灰15～20g，保持pH值在7.5～8.5。但应注意，池水pH值高时，不要使用生石灰。四是适时施肥。水中浮游生物量过少，水质偏瘦，水的透明度大于50cm时，应及时进行施肥，增加水的肥度。稻田内追肥应少量多次，最好是半边田先施半边田后施。一般每月追肥1次，每亩施发酵后的畜禽粪30～50kg。五是控制藻类和青苔生长。池水老化，易诱发藻类和青苔疯长，有时分泌大量细胞外产

物（如毒素等）。采取分次、分批在下风口杀灭并大量换水办法。当池水中出现青苔时，可使用30%含量的漂白粉局部施于青苔密集处，见效较快。六是使用环境改良剂。根据池水和底质状况，定期使用“水体保护解毒剂”“解毒底改片”等环境改良剂，以改善养殖水质和底质环境，利于养殖动物摄食和生长。每次大雨过后，泼洒1次二氧化氯等消毒剂，以调节水质、预防疾病。七是水草管理。加强高温季节对水草的管理，防止水草老化和死亡。及时清除水草上的附着污物，可在水草上泼洒光合细菌液，有效减轻污物，为螃蟹营造一个优良的生长环境。

⑤饲料投喂：投喂螃蟹专用配合饲料。每天投喂1～2次，白天投喂量占日投饵量的30%～40%，傍晚投喂量占日投饵量的60%～70%。白天可将饲料重点遍撒到水草上和深水区，傍晚和夜间重点遍撒到池边浅水区；底质污泥较多地段少投喂或不投喂。幼蟹阶段日投饲率5%～6%，养成蟹阶段3%～4%。鱼肉等鲜活饵料的日投饲率6%～10%。投喂量应根据季节、水温、天气、河蟹摄食和蜕壳状况而灵活增减。但遇有阴雨或暴雨天气，应减少或停喂；蟹体大批蜕壳阶段及时减少投喂量；天气晴好或换水后水质良好情况下，应增加投喂量。6月中旬以前，水温低，水草少，多投喂优质配合饲料。6月下旬至8月中旬，天气热水温高，螃蟹生长速度快，摄食量大，投喂配合饲料、青饲料等促进生长。8月下旬至起捕，为催肥期，多投喂优质配合饲料和鱼肉，使蟹黄积累多，体重增加大，螃蟹质量好，价格相对高，效益显著。

⑥病害防治：坚持“以防为主，防治结合、防重于治”的原则。除采取清塘消毒、蟹体消毒、水体调控等措施以外，进排水时要用60～100目筛绢网过滤，以防敌害生物入田；平时要清除蛙、水蛇、泥鳅、黄鳝、水老鼠等敌害；养殖过程中，定期在配合饲料中添加或喷洒适量微生态制剂、维生素C、维生素E和钙，以增强螃蟹抗病力和免疫力。养殖期间，使用中草药及高效低毒、无残留的绿色药物防治病害，杜绝使用国家禁止的渔用药物，严格控制化学药品的施用量和使用次数，减少化学药物对水体的污染。做到合理用药、科学用药、不滥用药。

⑦加强日常管理：水草养护、早晚巡塘、定期检查防逃设施等，建立养殖日志。

参考文献

陈峰，尹秀波，赵庆雷，等，2018. 黄河三角洲盐碱地水稻直播优质高产栽培技术规程[J]. 北方水稻，48（4）：37-39.

范正辉，张永江，夏启英，等，2008. 稻渔共作有机水稻栽培技术研究[J]. 上海农业科技（5）：37-38.

顾福南，2015. 机插秧与稻鸭共作栽培技术[J]. 现代农业科技（2）：258-259.

梁正伟，杨福，王志春，等，2004. 盐碱胁迫对水稻主要生育性状的影响[J]. 生态环境，13（1）：43-46.

向镜，张义凯，朱德峰，等，2018. 盐碱地耕作和洗盐方式对水稻生长及产量的影响[J]. 中国稻米，24（4）：68-71.

郑崇珂，张芝振，周冠华，等，2018. 不同水稻品种发芽期耐盐性评价[J]. 山东农业科学，50（10）：38-42.

ALI Y，ASLAM Z，ASHRAF M Y，et al.，2004. Effect of salinity on chlorophyll concentration，leaf area，yield and yield components of rice genotypes grown under saline environment[J]. Int. J. Environ. Technol.，1：221-225.

AMIRJANI M R，2011. Effect of salinity stress on growth，sugar content，pigments and enzyme activity of rice[J]. Int. J. Bot.，7：73-81.

APSE M P，AHARON G S，SNEDDEN W A，et al.，1999. Salt tolerance conferred by overexpression of a vacuolar Na^+/H^+ antiport in Arabidopsis[J]. Science，285：1 256-1 258.

CUIN T A，MILLER A J，LAURIE S A，et al.，2003. Potassium activities in cell compartments of salt-grown barley[J]. Exp. Bot.，54：657-661.

FRAGA T I，CARMONA F D C，ANGHINONI I，et al.，2010. Flooded rice yield as affected by levels of water salinity in different stages of its cycle[J]. R. Bras. Ci. Solo.，34：163-173.

GAIN P，MANNAN M A，PAL P S，et al.，2004. Effect of salinity on some yield attributes of rice[J]. Pak. J. Biol. Sci.，7：760-762.

GONG H J，RANDALl D P，FLOWERS T J，2006. Silicon deposition in the root reduces sodium uptake in rice（*Oryza sativa* L.）seedlings by reducing bypass flow[J]. Plant Cell Environ. 29：1970-1979.

IYENGAR E，REDDY M，Photosynthesis in highly salt-tolerant plants. In：Pessarakli，M.（Ed.），Handbook of Photosynthesis[C]. CRC Press，897-909.

JHA Y，SUBRAMANIAN R B，PATEL S，2011. Combination of endophytic and rhizospheric plant growth promoting rhizobacteria in Oryza sativa shows higher accumulation of osmoprotectant against saline stress[J]. Acta Physiol. Plant，33：797-802.

KHAN M H，UNGAR I A，SHOWALTER A，2000. Effects of sodium chloride treatments on growth and ion accumulation of the halophyte Haloxylon recurvum[J]. Commun. Soil Sci. Plant Anal.，31：2 763-2 774.

KIBRIA M G，HOSSAIN M，MURATA Y，et al.，2017. Antioxidant defense mechanisms of salinity tolerance in rice genotypes[J]. Rice. Sci.，24：155-162.

LIANG Y C, ZHANG W H, CHEN Q, et al., 2005. Effects of silicon on HC-ATPase and HC-PPase activity, fatty acid composition and fluidity of tonoplast vesicles from roots of salt-stressed barley (*Hordeum vulgare* L.) [J]. Environ. Exp. Bot., 53: 29-37.

LIU L, XIA W L, LI H X, et al., 2018. Salinity inhibits rice seed germination by reducing α-amylase activity via decreased bioactive gibberellin content[J]. Frontiers in Plant Science, 9: 275.

MATYSIK J, BHALU A B, MOHANTY P, 2002. Molecular mechanisms of quenching of reactive oxygen species by proline under stress in plants[J]. Curr. Sci., 82: 525-532.

MORADI F, ABDELBAGI M I, 2007. Responses of photosynthesis, chlorophyll fluorescence and rosscavenging systems to salt during seedling and reproductive stages in rice[J]. Ann. Bot., 99: 1 161-1 173.

MUNNS R, TESTER M, 2008. Mechanisms of salinity toleranc[J]. Ann. Rev. Plant Biol., 59: 651-681.

NARUSAKA Y, NAKASHIMA K, SHINWARI Z K, et al., 2003. Interaction between two cis-acting elements, ABRE and DRE, in ABA-dependent expression of Arabidopsis rd29A gene in response to dehydration and high-salinity stresses[J]. Plant J., 34: 137-148.

NEMATI I, MORADI F, GHOLIZADEH S, et al., 2011. The effect of salinity stress on ions and soluble sugars distribution in leaves, leaf sheets and roots of rice (*Oryza sativa* L.) seedings[J]. Plant Cell Environ, 57: 26-33.

RAHMAN A, HOSSAIN M S, MAHMUD J A, et al., 2016. Manganese-induced salt stress tolerance in rice seedlings: regulation of ion homeostasis, antioxidant defense and glyoxalase systems[J]. Physiol. Mol. Biol. Plants, 22: 291-306.

RIAZ M, ARIF M S, ASHRAF M A, et al., 2019. Advances in rice research for abiotic stress tolerance[M]. Woodhead Publishing.

SHARMA P, DUBEY R S, 2007. Involvement of oxidative stress and role of antioxidative defense system in growing rice seedlings exposed to toxic concentrations of aluminum[J]. Plant Cell Rep., 26: 2 027-2 038.

WANG Y, MOPPER S, HASENTEIN K H, 2001. Effects of salinity on endogenous ABA, IAA, JA and SA in Iris hexagona[J]. J. Chem. Ecol., 27: 327-342.

ZENG L H, SHANNON M C, LESCH S M, 2001. Timing of salinity affects rice growth and yield components[J]. Agric. Water Manage, 48: 191-206.

7 滨海盐碱地高粱种植

高粱［*Sorghum bicolor*（L.）Moench］是世界上重要的禾谷类作物之一，主要分布在世界五大洲100多个国家。从世界范围看，它的种植面积仅次于小麦、玉米、水稻、大麦，居第五位。高粱具有耐盐碱、抗旱、耐涝、耐瘠薄等多重抗逆性，是集饲料、经济和粮食作用于一身的三元作物，对提高我国盐碱地区农村经济效益、增加农民收入具有不可低估的作用。黄河三角洲滨海盐碱地其他粮食作物很难正常生长（盐碱地>0.3%），而高粱在盐碱度0.3%～0.6%的土地上仍能较好的生长发育，滨海盐碱地高粱生产具有巨大潜力。

7.1 盐碱地高粱生长发育

盐胁迫会对植物生长发育的各个阶段产生不同程度的影响。当外界盐浓度超过植物的生长极限时，植物膜透性、各种生理生化过程和植物营养情况都会受到不同程度的伤害，最后使植物的生长发育受到不同程度的抑制，抑制程度与植物的种类、发育阶段有关。一般盐分胁迫使作物的生长周期缩短，生物量和经济产量下降。

7.1.1 盐胁迫对高粱不同发育阶段的影响

多数农作物在芽期、幼苗期和开花期对盐分最为敏感。盐胁迫下，芽期和苗期表现出高耐盐性是植株生长发育的前提。Francios等（1983）对高粱整个生育期的耐盐性进行了研究，发现高粱芽期的耐盐性高于其他生长时期。许多学者对高粱在芽期和苗期的耐盐性进行了研究，发现高粱苗期和芽期的耐盐性不一致，芽期的耐盐性强于苗期。孙守钧等（2004）研究还发现，高粱整个生育期中，苗期的耐盐性最低，随着植物的生长发育，其耐盐能力也相应提高。王海莲等（2020）通过比较分析不同发育时期高粱盐胁迫28d后的生长状况，发现萌发期和苗期开始盐胁迫，对植株的盐害最大，株高、茎粗、地上部鲜重和根干重的相对盐害率显著高于其他4个时期。盐胁迫对株高的危害程度，随着播种天数的增加，呈递减趋势，即植株越小，相对盐害率越大。萌发期到孕穗期5个生长时期的盐胁迫，对茎粗造成了显著的影响，茎秆变细，相对盐害率也大于开花期。从整个发育过程看，萌发期、苗期、拔节前期、拔节后期、孕穗期和开花期盐胁迫对根的生长抑制最显著，相对盐害率分别为86.9%、44.8%、9.7%、14.1%、38%、4.3%。根是植物吸收营养物质的主要器官，盐胁迫抑制了根的正常生长，从而影响了营养物质向地上部运输，在一定程度上抑制了植株的生长发育，使株高降低、茎秆变细、生物量下降。尤其是萌发期到苗期盐胁迫，根的生长最缓慢，生物量积累最少。

7.1.2 盐胁迫对高粱种子萌发出苗的影响

当土壤中的可溶性盐分达到一定程度时，会对高粱的生长发育产生明显不良的影响，最初的表现就是影响种子的萌发、发芽和出苗，造成缺苗断垄。种子萌发要有充足的水分、氧气和合适的温度，盐碱地上播种高粱时，由于土壤溶液浓度和渗透压高，导致种子吸水困难，较长时间不能萌发出苗，盐害严重时甚至烂种；有些种子虽然能够发芽，但幼苗生活力差，顶土能力弱，出苗前就已经死亡。盐分抑制种子萌发，一方面影响种子吸水膨胀过程，造成萌发慢，萌发率低；另一方面在种子萌发的过程中，体内储存的有机物质进行分解、转化，新有机物合成，而盐分胁迫会影响这些代谢过程中的酶活性，特别是脂肪分解过程中的一些酶。

秦岭等（2009）从103份材料中随机选取12份材料，研究了不同盐浓度对这些材料发芽势和发芽率的影响，研究表明，随着盐浓度的升高，高粱的发芽率、发芽势呈下降的趋势。盐浓度从0升至1.5%时，发芽率降低趋势较缓和；当盐浓度达1.5%以上时，发芽率迅速降低（图7-1）；当盐浓度达2.5%时，大部分品种（系）的发芽率在25%以下，并研究得出了高粱品种种子萌发时耐盐浓度为1.86%，耐盐半致死浓度为2.08%。

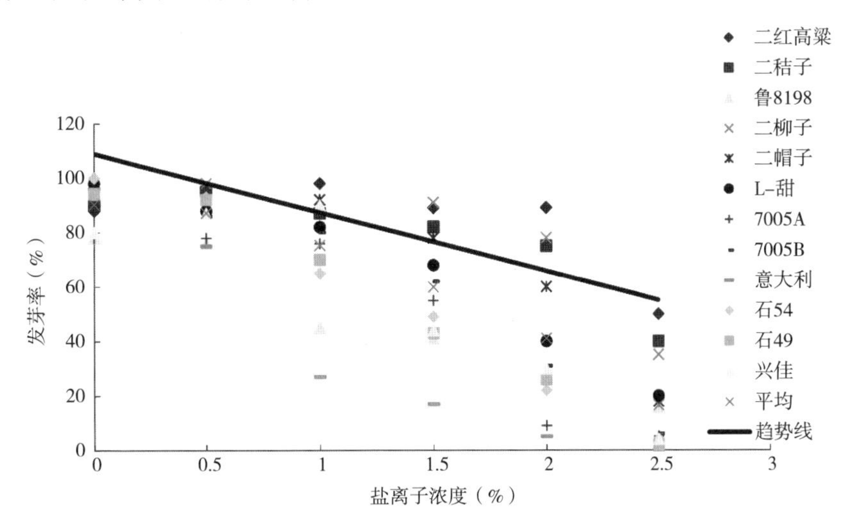

图7-1 不同高粱品种（系）在不同盐离子浓度下的发芽率

（摘自《种子》，2009年第28期，作者，秦岭等）

7.1.3 盐胁迫对高粱幼苗生长的影响

盐碱对幼苗的影响是根细，数量少，根系不发达；叶片生长慢，叶片小，叶尖变黄，黄叶率增多；植株矮小，长势弱。拔节之后的影响表现是植株细弱，叶片变黄发暗，茎秆枯黄，光合作用减弱。盐分对高粱生育影响的实质是体内生理功能和代谢受到抑制或破坏的结果。土壤中盐分浓度高，根水势降低，吸水发生困难，造成“生理干旱”。吸水不足引起气孔关闭，蒸腾减弱，使光合速率下降。光合作用的下降，又使酶的活性降低，进而影响氮代谢、矿物质代谢和细胞色素代谢等，蛋白质大分子发生降解，体内积累二胺、尸胺和腐胺等有毒的中间产物，氯离子增多抑制磷元素向根和茎叶转移；钠离子增多，不仅减少根系对钾离子的吸收，而且还会把钾离子从细胞液中代换出来，造成生理功能紊乱，从而导致高粱形态上出现一系列受盐分危害的症状。

王宝山等（1997）研究了高粱根、地上部、生长叶片及叶鞘、成熟叶片及叶鞘对氯化钠胁迫的响应，发现氯化钠胁迫下生长叶鞘鲜质量降幅最大，其次是生长叶片，成熟叶鞘和成熟叶片的变化最小。还有学者研究发现，氯化钠胁迫对植株生长的抑制主要是抑制正在生长的器官，对地上部生长的抑制作用大于根部。长期盐胁迫加速器官的衰老和死亡，降低高粱主根长、根体积、苗高，致使植株鲜质量和干质量下降。

7.1.4 盐胁迫对高粱发育的影响

发育一般指生殖器官诱导和形成的过程，盐分对作物发育也具有显著的影响。自出苗到开花，高粱随着生育期的发展其耐盐性逐渐增强，但土壤中盐分过多会显著抑制高粱的发育，主要表现为盐胁迫使植物发育迟缓，抑制植物组织和器官的生长和分化，遭受盐害的高粱，生育期明显延迟，抽穗、开花、授粉、灌浆等都受到抑制，造成减产，盐害严重的地块，高粱植株会枯萎死掉而绝收。

7.1.5 根际盐分差异分布促进高粱生长发育

由于盐渍土的形成受多种自然因素和人为因素的影响，盐碱地盐分在土壤表层分布通常不均匀，盐分在土壤表层的不均匀分布称为盐分差异分布，盐分差异分布造成同一单株的根系分布在不同盐分浓度的土壤环境中，不仅影响地上部的生长发育，而且显著地影响根系的生长发育和生理特性，进而影响作物的产量和品质（董合忠，2010；李少昆，2010）。张华文（2019）利用分根方法将高粱根系均匀分成两部分，并用不同浓度NaCl溶液处理，分别形成无盐对照、盐分差异分布处理和盐分均匀分布处理，研究分根盐处理条件下高粱生长发育、生理响应和短期内转录组表达水平的变化，揭示根际盐分差异分布缓解盐胁迫对高粱生长发育影响的生理和分子机制。

与盐分均匀分布处理相比，盐分差异分布处理高粱幼苗鲜重和干物质重量都显著增加，盐分差异分布处理高粱幼苗的鲜重和干重都取决于根重加权盐分浓度平均值。盐分差异分布处理幼苗无盐或低盐一侧的根系长度、根系体积、根系表面积、根尖数和分支数显著高于有盐或高盐胁迫一侧的根系，整株根系形态得到改善，根系鲜重和干重都显著高于有盐或高盐一侧，从而促进盐分差异分布处理各个生育时期的鲜重、干重、株高和茎粗显著增高。另外，盐分差异分布处理的叶面积显著增加，由此可见，盐分差异分布处理缓解了盐胁迫对高粱生长发育的影响。

盐处理对高粱叶片的SPAD值，光合性状参数Pn、Gs、Tr和荧光参数ΦPSⅡ、Fv/Fm、ETR都有显著影响，但盐分差异分布处理条件下植株光合能力得到显著改善，主要体现在不同生育时期的叶片SPAD值、光合参数和荧光参数的提高，部分性状差异达到显著水平，光合产物显著增加，减小了盐胁迫对高粱产量和品质性状的影响。

盐分差异分布处理叶片Na^{+}浓度和Na^{+}/K^{+}比盐分均匀分布处理显著下降，K^{+}浓度显著上升；无盐或低盐一侧根系Na^{+}浓度和Na^{+}/K^{+}低于有盐或高盐一侧，K^{+}浓度高于有盐或高盐一侧根系。盐分差异分布处理地上部分的Na^{+}积累量显著小于盐分均匀分布处理，K^{+}积累量显著大于盐分均匀分布处理。无盐或低盐一侧根系Na^{+}积累量显著高于盐分均匀分布处理，但通过积累更多的钾离子，减少了积累量Na^{+}/K^{+}；盐分差异分布处理的Na^{+}积累量根冠比高于盐分均匀分布处理，说明盐分差异分布处理Na^{+}在根部积累显著高于地上部，减缓盐胁迫对地上部的危害。无盐或低盐一侧根系通过积累大量的Na^{+}促进根系对水分的吸收，无盐或低盐一侧根系进行补偿性的吸收水分和增长，从而促进对营养成分的大量吸收，有效缓解了盐胁迫对高粱生长发育的影响。

盐分差异分布处理各生育时期的叶片MDA含量增加幅度较小，SOD、APX、POD、CAT和GPX活性，ASA和GSH含量，以及PRO和SS含量增加幅度大于盐分均匀分布处理，但不同的抗氧化酶和抗氧化物质在不同生育时期增加幅度不同。

转录组研究结果表明，盐处理条件下RNA-Seq在叶片和根系中分别鉴定出2 608个和1 305个差异表达基因（DEG），在盐分均匀分布处理（根系两侧用100mM NaCl溶液处理）叶片中的差异表达基因数量显著高于盐分差异分布处理（根系一侧用无NaCl溶液处理，另一侧用200mM NaCl溶液处理），而盐分差异分布处理高盐一侧根系差异表达基因数量最多，显著高于盐分均匀分布处理和盐分差异分布处理无盐一侧。参与光合作用、叶片中Na^{+}区隔化、植物激素代谢、抗氧化酶和相应盐害的转录因子（TF）等基因的表达水平在盐分差异分布状态下均有所上调，大部分编码水通道蛋白和必需矿质元素转运蛋白的基因表达在盐分差异分布处理的无盐一侧根系得到强化。

综上所述，盐分差异分布处理可以缓解盐胁迫对高粱幼苗和全生育期生长发育的影响。与盐分均匀分布处理相比，由于盐分差异分布处理SOS2和ABC转运蛋白基因以及Na^+和K^+转运蛋白基因的表达水平上调，促进钠离子的区隔化分布，促使无盐一侧根系积累大量的Na^+，根部Na^+增多，地上部Na^+显著减少，另外高盐一侧根系可诱导无盐一侧根系大量水通道蛋白基因上调表达，促进无盐一侧根系吸收大量的水分；多个NO_3^-、K^+和PO_4^-转运蛋白基因在无盐一侧根系表达显著上调，促进无盐一侧根系吸收大量的氮、磷、钾等营养元素，维持盐胁迫条件下的养分平衡，低盐或无盐一侧根系补偿性增长，整株根系形态得到改善，叶片叶面积、抗氧化酶活性、渗透调节能力和光合性能均有一定程度的提高，有效缓解了盐胁迫对高粱生长发育的影响。因此，在大田生产中，通过地膜覆盖、隔沟灌溉、沟播种植都可以在一定程度上造成盐分的不均匀分布，缓解盐胁迫对高粱生长发育的影响。

7.1.6 高粱耐盐栽培技术研究进展

土壤改良是盐碱地有效利用的基础，提高盐碱土地利用的方法和技术主要包括水利工程、农艺技术、化学改良和生物措施，在此主要叙述盐碱地高粱种植的栽培技术研究进展。因为高粱具有抗旱、耐涝、耐瘠薄和抗盐碱等多重抗性，在盐碱环境条件下是很好的选择。筛选耐盐高粱品种是开展盐碱地种植的一种有效方法，而且已经筛选出了一些耐盐品种（李丰先等，2013；Almodares et al.，2014）。也有一些参数被报道可以作为高粱耐盐鉴定的指标，如有专家提出一种50kDa的多肽可以用来作为在NaCl胁迫表达下的标记蛋白（Bavei et al.，2011），由于K^+/Na^+比值在耐盐品种呈上升趋势，在敏感型品种中呈下降趋势，因此这个比值也是耐盐品种鉴定中的一个良好指标（Almodares et al.，2014）。

随着一些栽培措施的应用，高粱在盐碱土壤生产越来越受欢迎（王海洋等，2014；李春宏等，2015；王为等，2015），但是盐碱地栽培技术的研究还不够系统和全面。王海洋等（2014）描述了一套盐碱地甜高粱高产栽培技术方法，包括品种选择、整地、播种方法和田间管理等。盐碱地种植和非盐碱地相比播种深度要浅，建议地膜平铺覆盖、沟畦覆盖起垄和沟播种植（李春宏等，2015；潘宗瑾，2019）。为探讨盐土条件下高粱栽培技术，张文洁等（2015）研究了不同栽培措施对高粱体内Na^+、K^+、Ca^{2+}和Mg^{2+}含量和分布的影响，结果表明在盐土条件下，覆盖秸秆和添加保水剂处理可使饲草地上部分的Na^+含量降低，K^+含量升高，维持饲草体内较高的K^+/Na^+值和离子运输选择性系数S_{K^+/Na^+}值，提高高粱的耐盐性。

在盐碱地中施用特定的化合物也有助于缓解土壤中盐的负面影响。例如，高浓度钙离子的营养液可以部分减少耐盐基因型品种萌发期盐的影响（Lacerda et al.，2004）。硅的应用可以通过调节水通道蛋白的活性，减少根渗透压的降低，从而提高根系吸水能力和抗盐碱能力（Liu et al.，2015）。水杨酸在胁迫和非胁迫条件下均可促进植物生长（Noreen et al.，2009）。盐引发处理可以提高甜高粱的耐盐性，增强渗透抗性，减少根对Na^+的吸收（Yan et al.，2015），马金虎（2010）研究表明，种子引发处理在一定程度上提高了高粱幼苗对盐胁迫的适应性，引发处理在品种间产生的效应不同，对弱耐盐性品种效应优于耐盐性品种。

7.2 盐碱地高粱栽培技术

7.2.1 种植技术

7.2.1.1 整地压盐

（1）深耕整地。高粱根系发达，入土深厚，播种前进行深耕整地对加深耕层，蓄水保墒，促进土壤微生物活动，加速有机质分解有显著作用，可破除土层板结，改良土壤结构，切断毛细管，防止地下水中盐分上升，从而有利于高粱根系的生长，扩大根系吸收养分和水分的范围，使地上部生长良好，提高产量。前茬作物收获后及时秋深耕，耕翻深度25～30cm。

（2）灌溉压盐。浇水排盐是盐碱改良的有效措施之一，秋耕后冬灌或春天大水漫灌1次，一般盐碱地每亩灌溉量60～80m^3，重盐碱地每亩灌溉量达到80～100m^3，条件允许情况下可把水排走，洗出耕层盐分，灌后适时翻耕土壤，抑制返盐。

（3）科学施肥。盐碱地土壤养分含量低，土壤理化性质差，盐碱地增施有机肥，可以改良土壤结构，增强保肥保水能力，抑制盐碱上升，提高地温，每亩地施土杂肥2 000～2 500kg。重度盐碱地可结合秋耕施以腐植酸、含硫化合物和微量元素为主的土壤改良剂100～150kg，可利于土壤生物生长，并有隔盐的作用。盐碱地普遍缺氮、严重缺磷，施用氮磷肥，可促进高粱早发，增强抗盐碱能力。

（4）平整土地。“一步三样土”形容盐碱地盐分不均匀，有盐斑，而土壤不平是形成盐斑的主要原因之一，所以平整土地是减少盐斑、保证苗全、苗匀的重要措施，播种前旋耕1～2遍，使土肥混合，耙压保墒，做到地面平整，无秸秆杂草，滨海盐碱地地区春季风沙大，春耕要随耕随耙，防止土壤水分蒸发。

7.2.1.2 种子准备

（1）品种选择。根据本地气候条件，土壤肥力状况，不同市场需求，选择优质、高产、抗盐性强的杂交高粱品种，并注意定期更换品种。

（2）种子处理。种子质量是决定出苗好坏的内因，通过种子处理可以提高种子质量，增强种子活力，提早出苗或提高出苗率。种子纯度不低于95%，净度不低于98%，发芽率不低于80%，含水量不高于13%。播种前应将种子进行风选或筛选，淘汰秕粒、损伤、虫蛀籽粒，选出粒大饱满的种子做种用，不仅出苗率高，而且幼苗生长健壮。播前15d将种子晾晒2d，播前晒种能促进种子生理成熟，增强种子透水通气性，加强酶的活性，提高种子生活力，播后发芽快，出苗整齐。播前10d，进行1～2次发芽试验，通过播前发芽试验确定播种量。播前药剂拌种和种子包衣具有防病防虫，促进发芽及幼苗生长的作用。

7.2.1.3 适时播种

（1）确定播期。播期的确定依据地温和土壤墒情，一般10cm耕层地温稳定在10～12℃，土壤含水量在15%～20%为宜。山东黄河三角洲地区选择5月上中旬播种，由于黄河三角洲地区80%降水量都集中于6—8月，此时播种，苗期正好进入雨季，防止因返盐而造成死苗、弱苗现象。

（2）播种方式。播种方法：采用可一次性完成开沟、播种、覆土、镇压等工序的点播机播种。播前调整排种口大小到播量要求；调整播种深度到播深要求；调整开沟器间距达到行距要求。轻度盐碱地可以开沟播种，起到躲盐、借墒、抗旱等作用，一般沟深10cm左右；重度盐碱地可用覆膜播种机播种，出苗后破膜放苗。播种量：一般盐碱地播种量0.35～0.5kg/亩，行距50～60cm，10cm一粒种子。重度盐碱地播量适当加大。

（3）播种深度。高粱播种的深度一般为3～5cm，做到深浅一致，覆土均匀。播种过深，幼苗出土时所受的阻力大，出苗时间延长。播种过浅，表土跑墒多，种子易落干，对出苗同样不利。

7.2.1.4 合理密植

适宜的种植密度是获得高产的重要前提之一，过大或过小都会对产量造成影响，盐碱地高粱苗期有一定的死亡率，单株生产力较低，应适当加大种植密度，以充分利用地力和光能。适当增加密度，可以减少裸露地面面积，提高作物的覆盖度，减少水分蒸发，抑制反盐。早熟、矮秆、叶窄的品种适宜密植，每亩保苗8 000～10 000株。晚熟、高秆、叶宽大的品种适宜稀植，每亩保苗5 000～6 000株。

7.2.1.5 田间管理

在播种保全苗的基础上，加强田间管理是保证高粱高产稳产的重要措施。高粱从播种至成熟要经过苗期、拔节抽穗期、结实期3个阶段。由于各阶段的生育特点和对环境的要求不同，应采取相应的技术措施，以保证实现株壮、穗大、粒重的目的。

（1）苗期的生育特点及管理措施。从出苗至拔节前的一段时间为幼苗期，一般35～45d。苗期是生根、长叶、分蘖和全部茎节分化形成的营养生长时期，形成大量营养器官，积累有机物质，为过渡到生殖生长准备必要的物质基础，该阶段决定了单位面积穗数的多少。苗期阶段所采取的栽培措施，要有利于促进根系发育，使地上部生长苗壮，达到苗齐、苗壮。高粱苗期的丰产长相是：根系发达，叶片宽厚，叶色深绿，基部扁宽。主要田间管理措施包括间苗、定苗、中耕、追苗肥、防治害虫等。

①间苗定苗：高粱在3～4叶期间苗，有利于培育壮苗。3叶以后，幼苗开始出现次生根，间苗过晚，苗大根多，容易伤根或拔断苗。高粱可于4～5叶期定苗。定苗时要求做到等距留苗，间苗时，根据芽鞘、幼苗颜色、叶形和幼苗长势等特点，拔除杂株，提高纯度，充分发挥良种的增产作用。

②中耕除草：中耕既可除草、松土，也可消除表面盐分，改善土壤的水分、养分条件，特别是小雨过后及时中耕，防止盐分上升。在杂草控制良好的田块可尽量减少中耕，以降低生产成本，实现轻简栽培。如果田间杂草较多，可结合定苗进行中耕除草，也可喷施苗后除草剂。高粱5～8叶期内抗药力较强，而5叶期前8叶期后对除草剂较敏感，不宜喷药。高粱幼苗根浅苗小，中耕应注意提高质量，掌握苗旁浅，行间深，做到不伤苗，不压苗，不漏草。

③追苗肥：苗期由于生长量小，需要养分数量较少。种植在较肥沃的土壤上，或基肥、种肥数量充足时，可不追施苗肥。但对弱苗、晚发苗、补栽苗需追施速效性氮肥，促进弱苗生长，达到全田生长健壮一致。对于全田生长较弱的高粱，可提早在定苗后拔节前追肥，促弱转壮。

④防治害虫：高粱苗期的主要害虫为地下害虫，如地老虎、蝼蛄、金针虫等。在地下害虫较严重的地块，可在播种时施用毒土、毒谷进行防治。苗期的地上害虫主要是黏虫。

（2）拔节抽穗期的生育特点及管理措施。拔节抽穗期是指幼穗开始分化至抽穗前的一段时期，包括拔节、挑旗、孕穗、抽穗等生育时期，历时30～40d。拔节以后根、茎、叶等营养器官旺盛生长，幼穗也急剧分化形成，进入营养生长与生殖生长同时并进的阶段，是高粱一生中生长最旺盛的时期，是决定高粱穗子大小、粒数多少的关键时期。该阶段高粱的丰产长相是：植株健壮、茎粗节短、叶片宽厚、叶色深绿、叶挺有力、根系发达。田间管理的主要措施包括追肥、灌溉、中耕和防治害虫。

①追肥：拔节抽穗期间由于营养器官与生殖器官旺盛生长，植株吸收养分数量急剧增多，是高粱一生中需肥最多的时期，其中幼穗分化前期吸收量多而快，因此改善拔节期植株的营养状况至关重要。这是因为高粱每穗粒数受每穗小穗小花数和结实率的影响，而小穗小花数又在很大程度上受二、三级枝梗数所支配，所以增加小穗小花数的关键在于增加二、三级枝梗数。采用追肥措施促进小穗小花增加，必须使其在枝梗分化阶段生效，才能产生最大增产效果。盐碱地营养成分低，在拔节孕穗期追施氮肥，每亩施用尿素15～20kg，可有效提高枝梗和小穗小花分化，减少小穗小花退化，增加结实粒

数与粒重的作用，即保花增粒。

②灌溉：高粱拔节到抽穗期间，由于生长旺盛，加之气温升高，叶面蒸腾与株间蒸发量大，因而对水分要求迫切，是需水的关键时期。此期干旱，不仅营养生长不良，而且严重影响结实器官的分化形成，造成穗子小，粒稀少。高粱拔节期土壤含水量低于田间持水量75%，抽穗期低于70%时，应该适当进行灌溉。

③中耕：拔节后中耕，能保持土壤疏松，并通过切断部分老根而促进新根发生，扩大吸收面积，对形成壮秆大穗，提高籽粒产量有积极作用。拔节抽穗期间，结合追肥进行中耕培土，能够促进支持根早生快发，增强防风抗倒、防旱保墒能力。

④防治害虫：这一时期的主要害虫有黏虫、蚜虫和玉米螟。黏虫防治方法与苗期相同。蚜虫繁殖快，为害大，要及时药剂防治。玉米螟可用赤眼蜂生物防治，也可用颗粒剂毒杀。

（3）结实期的生育特点及管理措施。高粱结实期是指从抽穗到成熟的阶段，包括抽穗、开花、灌浆、成熟等生育时期，历时35～50d。高粱抽穗开花以后，茎叶生长渐趋停止，从营养生长与生殖生长并进转入以开花、受精、结实为主的生殖生长时期，生长中心转移至籽粒部分，是决定粒重的关键时期。植株早衰或贪青，都将影响籽粒灌浆充实。加强后期管理，延长绿叶功能期，增强根系活力，养根保叶，防止早衰，促进有机物质向穗部输送，力争粒大粒饱、优质高产，是该阶段田间管理的主攻方向。高粱结实期的丰产长相是：秆青叶绿不倒，早熟不早衰，穗大粒饱。田间管理的主要措施包括灌溉与排水、施粒肥和防治病虫害。

①灌溉与排水：高粱开花结实期间，体内新陈代谢旺盛，对水分反应也较敏感，如遇干旱，土壤含水量低于田间持水量70%时，应及时灌水，以保持后期较大的绿叶面积和较高的光合同化量，但灌水不宜过多，以免引起倒伏和因地温降低而延迟成熟。高粱生育后期，根系活力减弱，因雨水过多田间积水时，土壤通气不良，影响灌浆成熟，应排水防涝。

②施粒肥：高粱开花成熟阶段，吸收养分较中期减少，但若养分不足，将影响根系和叶片的功能，引起早衰，造成减产。盐碱地上种植高粱，后期经常出现脱肥情况，可使用叶面喷肥的方法补充营养。

③防治病虫害：蚜虫、棉铃虫、叶部病害是高粱生育后期的主要病虫害。虫害要及时药剂防治，但接近成熟时应防止施药。叶部病害防治以选用抗病品种为主，还要通过中前期的种植密度、田间配置、肥水管理等合理调控。

7.2.1.6 适时收获

高粱开花受精后形成籽粒，籽粒成熟过程划分为乳熟、蜡熟和完熟3个时期。籽粒在成熟过程中不断积累干物质，并不断散失水分。乳熟期籽粒干物质增加速度最快，到蜡熟末期籽粒的干物质积累量达到最高值，此时收获可获得最高产量，是人工收获的适宜时期。完熟阶段，籽粒干物质不再增加，含水量则继续下降。待籽粒含水量下降到18%或更低时，可机械收获。收获的高粱经过清选、干燥达到安全水分后，即可入库贮藏。收获过早，影响产量及品质；若过晚，植株衰败枯萎甚至倒伏，造成自然落粒及穗部发芽，使产量品质下降。

7.2.2 化学除草

杂草是高粱生产的一大灾害，传统人工除草的低效、高成本成为影响高粱生产的一个主要因素。为害高粱的杂草有数百种，它们与高粱争水、争肥、争光、争地，造成高粱的产量和品质下降，盐碱地的草害尤为严重。使用除草剂应提倡在出苗前进行，一般不宜苗期喷除草剂。如苗期确因草害严重，应严格掌握喷药时间、浓度和品种。常用的播后苗前化学除草剂及使用方法如下。

7.2.2.1 莠去津或阿特拉津38%水胶悬剂

每亩用38%莠去津180～250mL。喷液量为人工喷雾每亩30～40L，拖拉机15L以上。莠去津持效期长，易对后茬作物造成药害，后茬只能种玉米、高粱，敏感作物如大豆、谷子、水稻、小麦、西瓜、甜瓜、蔬菜等均不能种植。高粱套种豆类、蔬菜等条件下不能用莠去津。

7.2.2.2 都尔（又称异丙甲草胺）乳油

每亩用72%都尔乳油100～150mL，兑水35L左右，喷洒土表；或用75mL都尔，加40%阿特拉津（又称莠去津）胶悬剂100mL，兑水喷洒土表。

7.2.3 病虫害防治

7.2.3.1 虫害防治

（1）高粱蚜。在高粱上为害的蚜虫主要是高粱蚜，其次还有麦二叉蚜、麦长管蚜、玉米蚜、禾谷缢管蚜、榆四条蚜，统称高粱蚜。高粱蚜寄生在寄主作物叶背吸食营养，初期多在下部分叶片为害，逐渐向植株上部叶片扩散，并分泌大量蜜露，滴落在下部叶面和茎上，油光发亮，影响植株光合作用及正常生长。高粱蚜发生世代短、繁殖快，持续高温、少雨，高粱蚜即可能大发生。

防治方法：早期消灭中心蚜株（即窝子蜜），可轻剪有蚜底叶，带出田外销毁；用10%吡虫啉乳油或50%抗蚜威乳油或2.5%溴氰菊酯乳油或20%氰戊菊酯乳油或40%乐果乳油喷雾，按照各药剂使用浓度要求兑水稀释后喷雾施用。

（2）黏虫。黏虫以幼虫为害，低龄幼虫潜伏在心叶中啃食叶肉，造成孔洞。3龄后幼虫为害叶片后，呈现不规则缺刻。暴食时，可吃光叶片，只剩主脉，再结队转移到其他田为害，损失较大。

防治方法：黏虫幼虫3龄前对药剂敏感，是防治最佳时期。用0.04%二氯苯醚菊酯（除虫精）粉剂喷粉，用量每亩2.0～2.5kg；或用2.5%溴氰菊酯（敌杀死）乳油25mL兑细沙250g制成颗粒剂，250～300g/亩，均匀撒施于植株新叶喇叭口中。或用20%杀灭菊酯乳油15～45mL/亩，兑水50kg喷雾。田间在清晨或傍晚用药，要做好操作人员的安全保护。

（3）玉米螟。玉米螟以幼虫蛀茎为害，初龄幼虫蛀食嫩叶形成排孔花叶，3龄后幼虫蛀入茎秆。受害高粱营养及水分输导受阻，长势衰弱、茎秆易折，造成减产。

防治方法：释放赤眼蜂，在高粱生长季放蜂2～3次，玉米螟虫一年发生2代以上地区可在螟虫产卵初始、盛期和末期各放赤眼蜂1次。一般放蜂2次，玉米螟产卵初期，田间百株高粱上玉米螟虫卵块达2～3块时进行第一次放蜂，第一次放蜂后5～7d进行第二次放蜂。每次放蜂方法为，每亩分5～6点释放，放蜂量视虫情程度决定，一般每次放蜂2万头/亩。化学防治，在高粱心叶末期（大喇叭口期），用3%呋喃丹颗粒剂进行新叶投放，用量200g/亩，5～6粒/株；或用1.5%辛硫磷颗粒剂500g，兑细沙5 000g，每株投1g。

（4）地下害虫。高粱自播种萌芽至苗期，主要受蛴螬、蝼蛄、金针虫、地老虎和金针虫等为害。因这类害虫生活史的全部或大部分时间在地表以下土壤中，主要为害高粱等植物（种子、根、茎等）和近地面部分组织（嫩叶、幼茎等）。这类害虫食性很杂，而且为害的时间又很长，从春天到秋季，从播种到收获，轻者造成缺苗断垄或根系组织被破坏，重者全田毁种，造成损失很大。

防治办法：毒谷诱杀，用25%辛硫磷微胶囊剂150～200mL拌饵料（饵料为麦麸、豆饼、玉米碎粒或秕谷等）5kg，或50%辛硫磷乳油100mL饵料6～8kg，播种时撒施于播种沟内。药剂拌种，用50%辛硫磷乳油2mL加水100mL拌高粱种1kg，堆闷后播种；用35%呋喃丹种子处理剂28mL（有效成分9.8g），加水30mL混合拌种1kg，堆闷后播种，可有效地防治地下害虫。

（5）桃蛀螟。桃蛀螟为害高粱时成虫把卵单产在吐穗扬花的高粱穗上，一穗产卵3～5粒，初孵幼虫蛀入高粱幼嫩籽粒内，用粪便或食物残渣把口封住，在其内蛀害，吃空一粒又转一粒，直至3龄前。3龄后吐丝结网缀合小穗，中间留有隧道，在里面穿行啃食籽粒，严重时把高粱粒蛀食一空。桃蛀螟是高粱穗期的重要害虫，此外还可蛀秆，为害情况如同玉米螟。

防治办法：在高粱抽穗始期要进行卵与幼虫数量调查，当有虫（卵）株率达20%以上，或100穗有虫达到20头以上时，即需用药剂防治。可用40%乐果乳油1 200～1 500

倍液，或2.5%溴氰菊酯乳油3 000倍液等喷雾；在产卵盛期提倡生物防治，可喷洒苏云金杆菌75～150倍液或青虫菌液100～200倍液。总之，在合理利用农业方法的基础上，适时进行化学防治和生物防治，可以有效控制桃蛀螟的为害。

（6）棉铃虫。棉铃虫在高粱上为害主要为幼虫取食穗部籽粒和叶片，取食量明显较玉米螟大，大发生时几乎把高粱籽粒吃光，造成严重产量损失。

防治方法：在棉铃虫幼虫3龄前，喷施75%拉维因乳油，或50%辛硫磷乳油，能够有效杀灭幼虫。喷施75%拉维因3 000倍液，或50%辛硫磷乳油1 000倍液。

7.2.3.2 病害防治

加强耕作与栽培管理是减轻高粱病害发生的重要措施，在高粱生长期间，保持充分的土壤水分，提高植株对营养的吸收能力，是控制发病的最重要手段。减少害虫以及其他根部病害侵染造成的伤口，可以大大减少侵染机会，明显地减轻发病。科学合理地施用氮磷钾肥料，防止偏施氮肥，以保持土壤肥力平衡，可提高植株抗病力。合理密植，减少植株个体间争肥争水，保证植株生长健旺，可明显地减少发病。选择种植茎秆健壮、抗病性强的杂交种，可减轻发病，减少倒伏。

（1）高粱靶斑病。高粱靶斑病主要为害植株的叶片和叶鞘，在高粱抽穗前后症状表现尤为明显。发病初期，叶面上出现淡紫红色或黄褐色小斑点，后成椭圆形、卵圆形至不规则圆形病斑，常受叶脉限制呈长椭圆形或近矩形。病斑颜色常因高粱品种不同而变化，呈紫红色、紫色、紫褐色或黄褐色。当环境条件有利于发病时，病斑扩展迅速、较大，中央变褐色或黄褐色，边缘呈紫红色或褐色，具明显的浅褐色和紫红色相间的同心环带，似不规则的“靶环状”，大小为1～100mm不等，故称靶斑病。田间高粱在籽粒灌浆前后，感病品种植株的叶片和叶鞘自下而上被病斑覆盖，多个病斑可汇合成一个不规则的大病斑，导致叶片大部分组织坏死。

防治方法：可用50%多菌灵可湿性粉剂，或75%百菌清可湿性粉剂，或50%异菌脲可湿性粉剂等喷雾防治。间隔7～10d喷1次，连续喷2～3次。

（2）高粱纹枯病。纹枯病主要为害植株叶片和基部1～3节的叶鞘。受害部位初生水浸状、灰绿色病斑，后变成黄褐色或淡红褐色，中央灰白色坏死，边缘颜色较深，椭圆形或不规则形，病斑大小不等，一般直径2～8mm。后期病斑互相汇合，造成组织部分或全部枯死。后期在叶鞘组织内或叶鞘与茎秆之间形成淡褐色、颗粒状、直径1～5mm大小不等的菌核。

防治方法：对低洼潮湿，高肥密植，生长繁茂，遮阴郁闭，容易发病的田块，于高粱孕穗期开始，注意田间检查，摘除病叶、鞘，并及时喷药保护，药液要喷在植株下部茎秆上。防治效果较好的药剂有井冈霉素、多菌灵、退菌特等。其中井冈霉素防效最好，每亩喷洒5%井冈霉素150mL，防效可达70%。

（3）高粱炭疽病。炭疽病可发生于高粱各生育阶段，苗期能引起幼苗立枯病甚至死苗。该病以为害叶片为主，也可侵染茎秆、穗梗和籽粒。病斑常从叶尖处开始发生，较小，（2～4）mm×（1～2）mm，圆形或椭圆形，中央红褐色，边缘依不同高粱品种呈现紫红色、橘黄色、黑紫色或褐色，后期病斑上形成小的黑色分生孢子盘。遇高温、高湿或高温、多雨的气候条件发生较重。叶鞘上病斑椭圆形至长形，红色、紫色或黑色，其上形成黑色分生孢子盘。叶片和叶鞘均发病时，常造成落叶和减产。

防治方法：播种前，应用50%福美双可湿性粉剂、50%拌种双可湿性粉剂或50%多菌灵可湿性粉剂，按种子重量的0.5%拌种，可有效防治苗期种子带菌传播的炭疽病。

（4）高粱锈病。高粱抽穗前后开始发病。初在叶片上形成红色或紫色至浅褐色小斑点，后随病原菌的扩展，斑点扩大且在叶片表面形成椭圆形隆起的夏孢子堆，破裂后露出米褐色粉末，即夏孢子。后期在原处形成冬孢子堆，冬孢子堆较黑，外形较夏孢子堆大些。

防治方法：在高粱锈病的发病初期喷药剂防治，可有效地降低病菌的萌发率，从而减轻病害发生为害。可用25%三唑酮可湿性粉剂1 500～2 000倍液，或12.5%烯唑醇可湿性粉剂3 000倍液，或50%胶体硫200倍液叶面喷雾，7～10d 1次，连续防治2～3次。

（5）高粱红条病毒病。高粱红条病毒病通过蚜虫取食带毒新芽进行传播。初期病株心叶基部的细脉间出现褪绿小点，断续排列呈典型的条点花叶状，后扩展到全叶，叶色浓淡不均，叶肉逐渐失绿变黄或红，成紫红色梭条状枯斑，最后变成“红条”状。当夜间温度在16℃或以下时，易诱病害症状产生，严重时红色症状扩展相互汇合变为坏死斑。病斑易受粗叶脉限制，重病叶全部变色，组织脆硬易折，最后病部变紫红色干枯。

防治方法：及时防治蚜虫是预防高粱红条病毒病发生与流行的重要措施，为了取得较好的防病效果，治蚜必须及时和彻底。在高粱红条病初发期，要及时喷施药剂治蚜，消灭初次侵染来源。

（6）高粱黑束病。高粱黑束病是一种维管束病害，为土壤和种子带菌传播的系统侵染病害。叶片显症时叶脉上产生褐色条斑，多沿主脉一侧或两侧呈现大的坏死斑，致叶片、叶鞘变为紫色或褐色，严重时叶片干枯，茎秆稍粗，病株上部有分枝现象。横剖病茎，可见维管束，尤其是木质部导管变为褐色，并被堵塞。纵剖面可见维管束自下而上变成红褐色或黑褐色，基部节间的维管束变黑较上部节间明显。严重的病株早枯，不抽穗或不结实。

防治方法：12.5%腈菌唑乳油100mL加水8 000mL，混合均匀后拌种100kg，稍加风干后即可播种；17%羟锈宁拌种剂或25%粉锈宁可湿性粉剂，按种子量的0.3%拌种。

（7）高粱顶腐病。苗期、成株顶部叶片染病表现失绿、畸形、皱褶或扭曲，边缘出现许多横向刀切状缺刻，有的沿主脉一侧或两侧的叶组织呈刀削状。病叶上生褐色斑点，严重的顶部4～5片叶的叶尖或整个叶片枯烂。后期叶片短小或残存基部部分组织，呈撕裂状。有些品种顶部叶片扭曲或互相卷裹，呈长鞭弯垂状。叶鞘、茎秆染病致叶鞘干枯，茎秆变软或猝倒。花序染病穗头短小，轻的部分小花败育，重的整穗不结实。主穗染病早的，造成侧枝发育，形成多头穗，分蘖穗发育不良。湿度大时，病部产生一层粉红色霉状物。

防治方法：播种前可用25%粉锈宁可湿性粉剂按0.2%拌种，或10%腈菌唑可湿性粉剂150～180g拌种100kg，均具有一定防病效果；用0.2%增产菌拌种或叶面喷雾，对顶腐病都有一定的控制作用。用哈氏木霉菌或绿色木霉等生防菌拌种或穴施，具有明显的防治效果。

参考文献

董合忠，等，2010. 盐碱地棉花栽培学[M]. 北京：科学出版社.

李春宏，张培通，郭文琦，等，2015. 耐盐甜高粱新品种中科甜3号的选育及栽培技术[J]. 江苏农业科学，43（3）：95-96.

李丰先，周宇飞，王艺陶，等，2013. 高粱品种萌发期耐碱性筛选与综合鉴定[J]. 中国农业科学，46（9）：1 762-1 771.

李少昆，2010. 玉米抗逆减灾栽培[M]. 北京：金盾出版社：69-73.

卢庆善，等，1999. 高粱学[M]. 北京：中国农业出版社.

马金虎，郭数进，王玉国，等，2010. 种子引发对盐胁迫下高粱幼苗生物量分配和渗透物质含量的影响[J]. 生态学杂志，29（10）：1 950-1 956.

潘宗瑾，王海洋，刘兴华，等，2019. 江苏沿海甜高粱新品种盐甜1号与苏科甜1号选育与栽培技术[J]. 大麦与谷类科学，36（4）：21-22.

秦岭，张华文，杨延兵，等，2009. 不同高粱品种种子萌发耐盐能力评价[J]. 种子，28（11）：7-10.

孙守钧，刘惠芬，王云，2004. 高粱—苏丹草杂交种耐盐性的杂种优势研究[J]. 华南农业大学学报（S2）：24-27.

王宝山，邹琦，赵可夫，1997. 高粱不同器官生长对NaCl胁迫的响应及其耐盐性阈值[J]. 西北植物学报，17（13）：279-285.

王宝山，等，2010. 逆境植物生物学[M]. 北京：高等教育出版社.

王海莲，王润丰，刘宾，等，2020. 六个生长时期高粱对NaCl胁迫的响应[J]. 核农学报，34（7）：1 543-1 550.

王海洋，王为，陈建平，等，2014. 江苏沿海滩涂盐碱地甜高粱高产栽培技术[J]. 大麦与谷类科学（3）：33-34.

王明珍，朱志华，张晓芳，1992. 中国高粱品种资源耐盐性鉴定初报[J]. 作物品种资源，5（12）：28-29.

王为，何晓兰，潘宗瑾，等，2015. 雅津系列甜高粱品种在江苏沿海盐碱地适应性研究初报[J]. 西南农业学报，28（4）：1 851-1 853.

张华文，王润丰，徐梦平，等，2019. 根际盐分差异性分布对高粱幼苗生长发育的影响[J]. 中国农业科学，52（22）：4 110-4 118.

张文洁，丁成龙，程云辉，等，2015. 盐土条件下不同栽培措施对4种禾本科饲草阳离子分布的影响[J]. 草地学报，23（1）：107-113.

张云华，孙守钧，王云，等，2004. 高粱萌发期和苗期耐盐性研究[J]. 内蒙古民族大学学报：自然科学版，19（3）：300-302.

张忠合，杨树昌，2017. 黄骅市雨养旱作技术集成[M]. 北京：中国农业科学技术出版社.

ALMODARES A，HADI M R，DOSTI B，2007. Effects of salt stress on germination percentage and seedling growth in sweet sorghum cultivars [J]. Journal of Biological Sciences，7：1 492-1 495.

ALMODARES A，HADI M R，KHOLDEBARIN B，et al.，2014. The response of sweet sorghum cultivars to salt stress and accumulation of Na^+，Cl^- and K^+ ions in relation to salinity [J]. Journal of Environmental Biology，35：733–739.

BAVEI V，SHIRAN B，KHODAMBASHI M，et al.，2011. Protein electrophoretic profiles and physiochemical indicators of salinity tolerance in sorghum（*Sorghum bicolor* L.）[J]. African Journal of Biotechnology，10：2 683–2 697.

FAN H，CHENG R R，WU H D，et al.，2013. Planting sweet sorghum in Yellow River Delta：agronomy characters of different varieties and the effects of sowing time on the yield and other biological traits[J]. Advanced Materials Research，6：726-731.

FRANCOIS L E，DONOVAN T，MAAS E V，1983. Salinity effects on seed yield，growth，and germination of grain sorghum [J]. Crop Sci.，76：741-744.

HASSANEIN A H M，A ZAB A M，1993. Salt tolerance of grain sorghum[J]. Proceedings of the AWAS Conference，2：153-156.

LACERDA C F，CAMBRAIA J，OLIVA M A，et al.，2004. Calcium effects on growth and solute contents of sorghum seedlings under NaCl stress[J]. Revista Brasileira de Ciência do Solo，28：289–295.

LEVITT J. 1980. Response of plants to environmental stress[M]. New York：Academic

Ptress：300–590.

NOREEN S，ASHRAF M，HUSSAIN M，et al.，2009 . Exogenous application of salicylic acid enhances antioxidative capacity in salt stressed sunflower（*Helianthus annuus* L.）plant[J]s. Pakistan Journal of Botany，41：473–479.

YAN K，XU H L，CAO W，et al.，2015. Salt priming improved salt tolerance in sweetsorghum by enhancing osmotic resistance and reducing root Na^{+} uptake[J]. Acta Physiologiae Plantarum，37：203.

YANG Y W，NEWTON R J，MILLER F R，1990. Salt tolerance in sorghum Ⅰ. Whole plant resonse to sodium chloride in S. bicolor and S. halepense [J]. Crop ciences，30：775–781.

8 滨海盐碱地谷子种植

谷子是起源于中国的传统粮食作物，主要种植于我国北方，距今已有8 000多年历史。谷子去壳，称为小米，具有重要的营养价值，特别适合于老人、产妇和儿童食用。小米的蛋白质含量平均为11.2%，脂肪含量平均为4.17%，85%以上为不饱和脂肪酸，小米中富含维生素A、维生素B_1、维生素B_2和维生素E，显著高于其他谷类作物，小米中的氨基酸组成比较均衡，近似于牛奶和大豆的氨基酸组成。随着人们对健康饮食的重视，鉴于谷子较高的营养价值，谷子在人们的生活中起着越来越重要的作用。

滨海盐碱地是山东省农业的重要组成部分，农业生态类型丰富，主要集中在黄河三角洲地区。近年来，随着玉米产能过剩，种植业结构亟须调整，杂粮成为新兴种植结构中的重要组成部分。谷子作为杂粮之首，营养价值和种植效益均较高，成为新兴种植业结构中的首选作物。谷子是环境友好型作物，具有耐旱、抗瘠薄的特性，耐盐性较强，能在0.3%左右盐碱条件下生长。发展滨海盐碱地的谷子种植对于调整滨海盐碱地的产业结构和促进可持续发展农业具有重要的意义。

8.1 盐碱地谷子生长发育

盐碱地条件下作物的生长发育决定着最终的产量，本节将重点介绍盐碱地条件下谷子的生长发育。

8.1.1 盐碱地条件下谷子的萌发和出苗

谷种在适宜的温度下，有足够的水分和氧气供应，便可以开始萌发，主要分为吸收膨胀、物质转化和幼胚生长3个过程。种子中的淀粉、蛋白质和纤维素等物质在水分充足条件下进行吸水膨胀，开始种子萌发的第一步。正常条件下，当谷子吸水含量达到自身重量的15%时便能缓慢萌动发芽，含水量达到自身重量的25%～30%时，便能快速萌动发芽。在盐碱地条件下，土壤中水分含盐量较高，在含盐量0.3%以下的条件下，谷种可以开始进行吸水膨胀作用，但受土壤中盐离子的影响，吸水膨胀作用较为缓慢，种子的萌动较慢。

谷种内含物质吸水膨胀后，开始进行呼吸作用，胚乳中的淀粉、蛋白质和脂肪在相关酶的作用下开始转化为简单的碳水化合物和含氮化合物。谷种胚中开始利用胚乳中的各种物质进行呼吸作用，开始生长。在这一过程中各种物质的转化起着关键作用，需要大量的转化酶进行作用。在盐碱地条件下，盐对各种转化酶均有一定的抑制作用，故谷胚生长所需要的物质受到抑制，对谷种的发芽起到一定的影响作用。同时盐碱地条件下的土壤容易板结，造成土壤下的缺氧，对物质的转化和幼胚的生长均有一定的抑制作用。

谷种胚在具有足够能量和养分的条件下，便开始进行生长，胚根开始向地下生长，胚芽鞘向地上部生长，胚根达种子长度的1倍以上，胚芽伸长到种子相等长度，种子萌芽完成。有研究（张永芳，2015）表明，在低盐碱浓度（50mmol/L）下发芽率、发芽势、相对盐害率与对照无显著差异，但在高盐浓度（100mmol/L）下，盐胁迫对谷子萌发有一定抑制效应，随着盐浓度的增加，发芽率、发芽势逐渐减低，相对盐害率升高，根长和芽长均受到明显抑制，且根长受到抑制大于芽长。因此盐碱地下谷种虽然能够出苗，但由于根系受到盐分的影响较大，容易引起死苗。

8.1.2 盐碱地对谷子苗期的影响

谷子从种子萌发出苗到3～4片叶时为苗期，这一生育期在春播条件下需要20～30d，在夏播条件下需要10～15d。在这一生育期内，由于种子胚中的养分消耗殆尽，需要根系吸收土壤中的水分和养分维持地上部幼苗叶片光合作用所需要的营养元素和蒸腾作用所需要的水分。在这一时期，谷子的根系和叶片尚未发育完全，易受逆境胁迫的影响。关于盐胁迫下谷子苗期的生长发育也有相关的研究（徐新志，2016）。研究认为在盐胁迫下谷苗的干物重和株高均受到抑制，且随盐浓度的升高，抑制作用增强，主要是盐胁迫抑制了幼苗的生长和光合作用，叶片的SPAD值在盐胁迫下降低，叶片的气孔导度、光合速率和蒸腾速率均降低，从而最终影响谷苗的生长和发育。在盐碱条件下，适宜的氮磷钾配施能够缓解盐胁迫，提高谷子的抗盐性，但高量用肥不利于谷子的抗盐性（胡红梅，2016），因此结合苗期的栽培管理措施，可以同时在谷子苗期适量喷施叶面肥，有利于提高谷子的抗盐性。在滨海盐碱地春播条件下，谷子出苗以后，雨季尚未到来，容易引起返盐，从而加剧盐胁迫对谷子苗期生长的抑制，从而导致谷苗生长受到抑制或致死。

8.1.3 盐碱地对谷子拔节期和孕穗期的影响

谷子拔节期是指谷子根系开始出现次生根到开始拔节，对于春谷这一时期需要20～30d，夏谷需要10～15d。这一时期主要是谷子根系的生长和发育，在这期间根系能够产生3～5条次生根，是根系发育的第一个高峰期，这一时期谷子的抗性能力较强，特别是对抗旱性。在盐碱地条件下，盐碱主要影响谷子地上部生长发育，对根系影响较小，这一时期主要影响叶片的光合性能和抑制茎节的长度，从而最终影响谷子的株高。

孕穗期是谷子生长发育的关键时期，这一时期主要是谷子的幼穗开始形成和分化，是由营养生长转向生殖生长的关键时期。但这一时期仍以营养生长为主。春谷种植中这一时期需要25～30d，夏谷需要15～20d，在这一时期是生长发育的快速时期，需要吸收大量的水分和养分维持地上部的生长。这一时期，同时存在营养生长和生殖生长，这一时期需要协调两者的关系，既能保持营养生长为后期的生长发育提供物质转运的基础，同时又能促进生殖生长，为后期的灌浆提供库基础。这一时期，盐碱条件下对孕穗期的影响主要是抑制地上部同化物质的形成，同时主要影响穗的分化和形成，使很多单株形成无效穗，不能正常进行灌浆和成熟。

8.1.4　盐碱地对谷子抽穗期和灌浆期的影响

谷子抽穗期是指由抽穗至开花灌浆之前的时期，在这一阶段谷子生长发育的关键是穗的伸长增粗，完成谷胚的生长发育，为后期籽粒的灌浆提供库，其发育的好坏决定穗的大小。这一时期在春谷中需要15～20d，夏谷需要10～15d，叶片已完全长出，次生根已全部形成。这一时期主要进行大量水分和养分吸收，从而促进穗部的发育和形成。在盐胁迫条件下，谷子的抽穗期缩短，谷胚的形成和发育受到抑制，库的建成不完全，从而形成的谷穗较小，即使后期无盐害胁迫，光合产物充足，成熟期形成的穗依然较小，单穗重较低。

谷子完成抽穗以后开始进行开花受精，后进行灌浆，称为灌浆期，这一时期春谷需要40～45d，夏谷需要30～40d。谷子开花一般持续7d左右，从穗的中上部向两端扩展，三级枝梗上小花的发育是从顶端到底端。这一时期是决定籽粒结实的关键期，在这一时期如开花授粉不完全，多易形成瘪粒。山东省农业科学院作物研究所杂粮创新团队研究表明，在盐碱地条件下，开花期谷子地上部各器官均受到不同程度的抑制，叶茎干物质积累受到影响最大，穗部受到的影响相对较小。因此在盐碱地条件下，开花期受到的盐害胁迫相对较小，开花期开花授粉的好坏主要受温度和水分的影响。

完成开花授粉以后，开始进入籽粒灌浆期。这一时期是决定籽粒质量的关键时期。在这一时期，籽粒的灌浆主要是来源于花前营养器官同化物质的转运和花后同化物质的积累向籽粒中的输入。花后光合产物的积累对籽粒的贡献起主导作用，高达70%。杂粮创新团队前期研究表明盐碱胁迫影响了花后同化物质的积累，降低了叶片的叶绿素含量和光合速率，从而最终影响产量。但研究也表明盐碱胁迫能够提高花前营养器官同化物质对籽粒的贡献。

8.1.5 盐碱地对谷子成熟期相关农艺性状的影响

在盐碱地下，谷子的最终籽粒产量受到影响，在不同盐碱浓度和品种间变幅较大。杂粮创新团队在东营盐碱地开展试验表明，在盐碱地下谷子的产量随着盐浓度的提高降幅增大，但存在品种间差异，降幅在20%～60%。成熟期谷子的单穗重、单穗粒重、千粒重、出谷率、株高、穗长和穗粗均有不同程度的降低，但均存在品种间差异。在盐碱地条件下不同谷子品种地上部各器官同化物质的积累量均降低，而花前同化物质的转运量提高；谷子产量盐害率与开花期地上部含水量和花前转运同化物质对籽粒的贡献率均呈显著负相关，可以通过提高开花期地上部含水量和花前同化物质的转运降低盐害率。

8.2 盐碱地谷子栽培技术

8.2.1 种植区域的划分

滨海三角洲地区土地广袤，但由于地区海拔低，地下水位浅且矿化度高，自然蒸发量大，导致土壤盐渍化（乔玉辉，2013），盐渍化面积超过总面积的70%（张凌云，2007），同时土壤含盐量分布不均匀，约有39%为中轻度盐碱地（关元秀，2001）。智慧（2004）等研究了发芽生理法和盐床法在鉴定谷子耐盐性基因中的应用，结果表明，发芽生理法可用于谷子耐盐性基因型鉴定的初筛，1.00%～1.50%的NaCl水溶液是较为适合的浓度；田伯红（2008，2009）利用不同浓度的碱性盐溶液（$NaHCO_3$和Na_2CO_3摩尔比为9：1）处理冀谷19号种子，研究了碱胁迫对谷种萌发和幼苗生长的影响。结果表明，盐碱胁迫影响谷子的萌发和幼苗生长。在盐浓度较低时，高pH值对种子发芽率没有明显影响，但芽和根的生长受抑制程度均随着溶液浓度的提高而增大，同时根据大田条件下谷子耐盐性的研究，确定谷子种植适用范围为山东省滨海中轻度盐碱地地区（土壤含盐量<0.3%）。

8.2.2 播前准备

8.2.2.1 选地

谷子是典型的环境友好型作物，具有抗旱耐瘠的特点，但是谷子不耐涝，过多的水分容易在苗期引起缺苗，死苗；在灌浆期容易引起减产甚至绝产。滨海盐碱地海拔较低，地下水位较低，且土壤多为黏土，在夏季雨季来临时，容易造成积水。因此种植谷田应选择地势较高，排灌方便，不积水无涝洼的地块，同时盐碱不能过高，盐碱含量在0.3%以下。

8.2.2.2　整地

8.2.2.2.1　春谷

春谷一般播种期在4月中下旬至5月底。春谷种植需要提前整地，上季作物收获后，秋耕翻地。翻耕深度不宜过深，不要超过25cm，盐碱地土壤肥力较低，在施肥少耕得又深的情况下，会使土壤养分降低。秋冬耕的效果与施肥水平和施肥深度密切相关，有机肥多的增产效果明显。有机肥力不足条件下，若深耕，会降低土壤养分浓度，增产效果不太明显。秋耕后冬灌或春天大水漫灌1次，每亩灌溉60～80m^{3}水压盐。播前施用氮磷钾肥和有机肥做底肥，然后旋耕整地，达到无大土块和残茬，表土疏松，地面平整。

8.2.2.2.2　夏谷

夏播谷子前茬一般为小麦，可采用免耕残茬覆盖或灭茬作业。采用免耕残茬覆盖，在小麦收获时，采用带秸秆切碎的联合收获机，尽量留茬矮、粉碎细，并均匀抛撒。如灭茬作业，首先用秸秆还田机切碎秸秆，再用圆盘耙、旋耕机等机具耙地或旋耕，表土处理不低于8cm，将小麦残茬切碎，并与土壤混合均匀，尽量做到地面平坦，上虚下实，无坷垃，无根茬，减少表层盐分聚集的危害。在耕耙之前施用氮磷钾肥和有机肥作底肥。

夏谷生育期短，要抢墒早种。有灌溉条件腾茬早的地片，可以铺肥抢耕，但耕地不宜过深，一般不超过15cm。耕地后要马上耙地，耙平耙细，抢时播种。一般情况下麦茬夏谷提倡贴茬播种。贴茬播种能争取农时，有利于充分利用光热资源，能减少因耕翻造成的土壤失水，起到保墒作用，减轻盐碱地后期返盐效应，降低死苗率。墒情不足时，有水浇条件的应在麦收前10d以内浇麦黄水，这样既有利于小麦增产，又为夏谷播种造墒起到一水两用的作用。

8.2.2.3　品种选择

目前黄河三角洲地区的主要谷子栽培品种为地方品种，但地方品种的耐盐性、抗病虫性、抗倒伏性较差，产量较低，已不能满足生产需求。山东省农业科学院作物研究所杂粮创新团队在谷子新品种培育方面取得重要进展，并在滨海盐碱地开展了谷子耐盐品种筛选试验，根据产量和盐害率（图8-1），确定了适应黄河三角洲地区的高产、优质、耐盐碱能力强的谷子新品种，分别为灰谷品种济谷17、优质米品种济谷20（1级优质米）和济谷21（1级优质米）、抗除草剂（抗拿捕净）新品种济谷22（2级优质米），并分别对上述品种进行如下介绍。

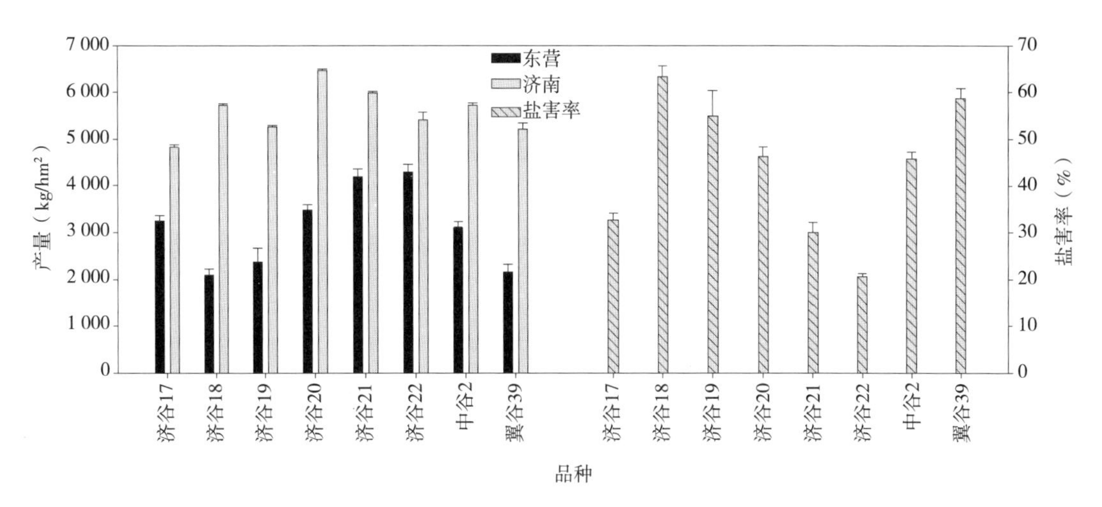

图8-1 盐碱地和对照条件下谷子产量和盐害率

注：盐害率（%）=（对照产量-盐碱地产量）/盐碱地产量×100

高产灰米谷子新品种济谷17

育成单位：山东省农业科学院作物研究所

济谷17以高产、抗性好的谷子品种冀谷22为母本，以山东地方品种乌谷为父本，有性杂交，系谱法选育而成的高产谷子新品种。经农业农村部食品质量监督检验测试中心（济南）测定：济谷17蛋白质含量11.54%，粗脂肪含量3.2%，淀粉含量65.1%，维生素E含量12.1mg/kg，锌36mg/kg，铁42.92mg/kg，赖氨酸0.31g/100g。

品种特性：幼苗绿色，生育期86d，株高137cm。穗纺锤形，穗子紧；灰谷灰绿米，穗长19.9cm，单穗重14.7g，穗粒重12.5g；千粒重3.0g；出谷率85.6%，出米率82.3%。该品种对谷锈病、谷瘟病、纹枯病抗性较强，白发病、红叶病、线虫病发病轻。

产量表现：2012年区域试验平均亩产333.9kg，较对照冀谷19增产9.25%，居参试品种第3位；2013年区域试验平均亩产319.3kg，较对照增产3.00%，居参试品种第7位；两年21点次区域试验16点次增产，增产幅度为1.07%～28.37%，增产点率为76.19%。

栽培技术要点：麦收后尽量抢时播种，尽量做到足墒下种，以保全苗。留苗密度一般应在4万株/亩，间苗定苗要及时。追肥量每亩不宜超过20kg尿素，如有旱情及时浇水。及时防治病虫害。孕穗期注意防治黏虫。其他栽培措施与常规品种相同。

适宜种植区域：适于山东、河北、河南夏谷区种植。

优质高产新品种济谷20

育成单位：山东省农业科学院作物研究所

济谷20以复1为母本、冀528为父本经系统选育的优质、稳产、抗性好的夏谷新品种，在全国第十一届优质食用粟评选中获评“一级优质米”，2018年2月通过品种登记。

品种特性：幼苗绿色，生育期93d，株高125cm，穗棒形，穗子松紧适中；千粒重2.70g，黄谷黄米，米色鲜亮。

产量表现：该品种2016年联合鉴定试验平均亩产385.7kg，较对照豫谷18增产8.35%，居2016年参试品种第一位。15个试点12点增产，增产幅度在0.6%～32.1%。

栽培技术要点：麦收后尽量抢时播种，尽量做到足墒下种，以保全苗。精播亩播量在0.35～0.5kg，留苗密度一般应在4万株/亩，间苗定苗要及时。拔节期追肥量每亩10kg左右尿素，如有旱情及时浇水。及时防治病虫害。孕穗期注意防治黏虫。其他栽培措施和常规品种相同。

适宜种植区域：适于山东、河北、河南夏谷区种植。

优质高产新品种济谷21

育成单位：山东省农业科学院作物研究所

济谷21以安03-1603为母本、冀528为父本杂交后又与复1杂交经系统选育的优质、稳产、抗性好的夏谷新品种，在全国第十二届优质食用粟评选中获评“一级优质米”，2018年2月通过品种登记。

品种特性：幼苗绿色，生育期95d，株高126cm，穗纺锤形，穗子紧密；穗长21.45cm，穗粗2.15cm，千粒重2.74g，黄谷黄米，米色鲜亮。

产量表现：该品种2016年联合鉴定试验平均亩产362.6kg，较对照豫谷18增产1.87%，居2016年参试品种第6位。15个试点10点增产，增产幅度在1.2%～16.1%。

栽培技术要点：麦收后尽量抢时播种，尽量做到足墒下种，以保全苗。精播亩播量在0.35～0.5kg，留苗密度一般应在4万株/亩，间苗定苗要及时。拔节期追肥量每亩10kg左右尿素，如有旱情及时浇水。及时防治病虫害。孕穗期注意防治黏虫。其他栽培措施和常规品种相同。

适宜种植区域：适于山东、河北、河南夏谷区种植。

优质高产新品种济谷22

育成单位：山东省农业科学院作物研究所

济谷22以冀谷25为母本、豫谷9为父本杂交后经系谱法选育的优质、稳产、抗除草剂的夏谷新品种，在全国第十二届优质食用粟评选中获评“二级优质米”，目前正在进行品种登记。

品种特性：幼苗绿色，生育期91d，株高127cm，穗纺锤形，穗子紧密；穗长19.2cm，穗粗2.44cm，千粒重2.70g，黄谷黄米，熟相较好。

产量表现：该品种在2018—2019两年联合鉴定试验平均亩产369.6kg，较对照豫谷18增产0.35%，居2018—2019年参试品种第4位。28个试点17点增产，增产幅度在0.36%～20.14%。

栽培技术要点：麦收后尽量抢时播种，尽量做到足墒下种，以保全苗。精播亩播量在0.35～0.5kg，留苗密度一般应在4万株/亩，间苗定苗要及时。拔节期追肥量每亩10kg左右尿素，如有旱情及时浇水。及时防治病虫害。孕穗期注意防治黏虫。其他栽培措施和常规品种相同。

适宜种植区域：适于山东、河南、河北春夏播种植，辽西、吉西、晋中南、陕北春播种植。

8.2.2.4 种子处理

种子处理是谷子全苗的重要技术措施。通过处理种子，达到入土种子无草籽，无病原，有利于谷子苗全、苗匀、苗壮。谷子籽粒小，穗上籽粒发育不均，脱粒后仍会有秕谷不能扬净。为提高种子质量，需对种子精选。为了进一步提高种子质量，可进行盐水清选，盐水的浓度为10%左右。可以将种子倒入装有盐水的桶或盆中，加以搅拌，小而轻的种子多漂浮在水面，可以滤去，剩余种子晾干后可以作为种子。精选过的种子用0.1%～0.2%的辛硫磷水溶液浸种24h，或用同浓度药剂（占种子量百分比）兑占种子量5%的水拌种，堆闷4～8h，然后晾干，可防治线虫病、地下害虫。用种子量0.3%～0.5%的拌种霜或多菌灵拌种，可防治白发病、黑穗病和叶斑病。若提高种子的发芽率可进行播前暴晒，增强胚的生活力，从而提高种子的发芽率。通过精选的种子应确保种子纯度≥95%，发芽率≥85%，发芽势强，籽粒饱满均匀。

8.2.3 播种

8.2.3.1 播种期

春谷播种期的确定，除保证完全成熟外，主要是应适应降水的分布，使谷子在各生育时期的需水规律与当地的降水特点相吻合。播种过早病虫害较重，生育期提前，拔节孕穗期在雨季之前进行，常因干旱造成“胎里旱”“卡脖旱”，影响穗粒发育，形成空壳和秕谷，播种过晚，生育后期易受低温危害。我国北方春谷多在4月下旬至5月上旬开始播种。

夏谷播种期受前茬作物的限制和苗期雨水早晚的影响很大。各地的经验证明，夏谷播种越早越好，早种是增产的关键。夏谷力争6月上旬到中旬播种，使幼苗在日照较长的条件下通过光照阶段，延长生长期，为生殖生长创造良好的营养基础；并利用播种后的一段旱天蹲苗，促进扎根，培养壮苗；还能使需肥需水量大的孕穗到开花期处于雨热同期，从而保证水分供应，避免“胎里旱”和“卡脖旱”。如果播种过晚，生长日数不足，前期营养生长不良，中期被迫进入生殖生长，发育差，秆矮穗小，后期温度降低，开花灌浆受抑制，严重影响产量，而且腾茬晚，影响小麦正常播种。大量试验证明，7月20日后播种多数品种不能正常成熟。

国内关于不同谷子播期的研究已有相关报道。刘环等（2013）研究不同播期对夏谷冀谷19和冀谷31生长发育的影响，通过回归分析确定了其最适播期为6月12—24日。袁宏安等（2015）研究播期对春谷子产量及抗病性的影响，确定了适合延安地区谷子品种的最适播期为5月15—5月22日。同时，在辽宁、内蒙古、河北张家口均进行相关播期试验研究，确定了相应地区的最适播期（陈淑艳，2003；李书田，2010；赵海超，2012）。关于滨海盐碱地的适宜播期，山东省农业科学院作物研究所杂粮创新团队已做了相关的研究，根据滨海盐碱地生态特点确定在滨海盐碱地春谷试验播期为4月20至5月10日，夏播适期为6月10—20日。

8.2.3.2 播种方式与播种量

播种方式以能达到苗全、苗匀、丰产、高效为原则。全国各地谷子产区生产了多种多样的谷子播种机械，有谷子人力条播机、穴播机，畜力条播机，机械化精量条（穴）播机等。近年来随着谷子精播机的研发，谷子机械化播种水平有了极大的提高，通过谷子精量播种机播种，可以达到免间苗。机械播种下籽均匀，覆土深浅一致，跑墒少，出苗好，省工方便。在种植方式上有等行距和大小行两种。等行条播，行距30～50cm。山东省农业科学院作物研究所杂粮创新团队研究表明在滨海盐碱地，如地势平坦整地质量较好，可以用谷子精量播种机播种，播量在0.4～0.5kg/亩（图8-2）；如收后耕地播种或免耕贴茬播种的地块，由于麦茬较多，影响谷子播种质量，亩播量应提高到0.6～0.7kg。盐碱地条件下的播种深度不宜过深，不要超过3cm，由于在盐碱地条件下，土壤表面易板结，播种过深容易造成胚顶土能力较差，引起出苗不全。

图8-2 盐碱地条件下谷子精量播种机

8.2.3.3 种肥

滨海盐碱地多数土壤地力较为瘠薄，土壤含盐量较高，土壤理化特性较差。在此条件下基肥的施用以有机肥为主，有机肥养分全面，肥劲稳，持续期长。增施有机肥有助于改善土壤结构，培肥地力。而春谷应结合秋冬整地施入。夏谷因要抢时早播，多数不施有机肥，但要创造条件，尽量增加有机肥的施用。据研究，在氮素和磷素总施用量相等的条件下，施猪圈肥的，改善了土壤腐殖质品质，提高了土壤酶的活性及阳离子代换量，夏谷产量比单施化肥的亩增产5%～10%。夏谷可在播种前沟施或撒施，也可在间苗后结合中耕施入。磷肥和钾肥也都要作种肥或基肥施用。另外选用专用缓控释肥或生物菌肥，作为种肥一次性施入。选用盐碱地专用的控释肥能够避免肥料的淋溶、挥发和地表的径流现象，从而减少肥效降低。

8.2.4 施肥技术

8.2.4.1 施肥原则

在谷子生产中，合理施肥是实现谷子优质高产的关键措施之一。根据“重施基肥、配方施肥”的原则，确定肥料的配方及施用方法。肥料运筹上，要播前重施基肥、拔节期适当追肥、增施花粒肥。同时要根据滨海盐碱地条件下的不同地力水平开展不同的施肥措施。山东省农业科学院作物研究所杂粮创新团队研究表明，在谷子中等地力水平下，氮肥增产效果最好，应提高氮肥的用量和比例；在高地力水平下，磷钾肥增产效果较好，应提高磷钾肥的用量和比例。本研究结果为夏谷不同地力水平下施肥效应提供了理论依据和技术支持。

8.2.4.2 施肥量

20世纪90年代研究表明，夏谷每生产100kg籽粒需消耗纯N 2.7kg，P_2O_5 0.7～0.8kg，K_2O 1.1～1.2kg（李金海，1998）。随着地力水平的变化，新品种需肥特性的改变，谷子生产中施肥量发生了变化。李志军等（2013）研究表明在西北春谷区谷子氮、磷、钾的最佳施肥量为N 5.62kg/亩、P_2O_5 2.77kg/亩、K_2O 2.81kg/亩。针对山东地区，山东省农业科学院作物研究所开展一系列肥料试验研究。陈二影等（2015）研究表明在高肥力水平下，增施氮肥能显著提高8个夏谷新品种的产量，以济谷14、济谷17和济谷18增产效果最为显著，同时还开展了不同氮磷钾肥配比对夏谷济谷16生长发育和产量的影响，通过建立肥料与产量的三元二次施肥模型得出在高地力水平下谷子氮、磷、钾肥最佳施肥量为N 68.53kg/hm^2、P_2O_5 160.62kg/hm^2、K_2O 8.96kg/hm^2，在中等地力水平下谷子氮、磷、钾肥最佳施肥量为N 189.3kg/hm^2、P_2O_5 61.1kg/hm^2、K_2O 45kg/hm^2。每亩底施有机肥1 000kg以上或氮磷钾复合肥20kg。根据盐碱地土壤肥力的不同，可作相应的调整。

谷子生长发育的各个阶段，对营养元素的吸收积累不同。为充分满足生长发育的需要，要根据谷子的需肥特点，区别不同的地力水平，适时、适量的追施化肥。追肥主要是追施速效氮肥，以尿素的效果最好。在施用基肥或种肥的基础上，高产谷子的追肥提倡分期追施。试验证明，同等数量的氮肥，孕穗期追施的比拔节期追施增产8.2%，分期追肥比集中在拔节期增产5.9%～22.6%，比孕穗期增产平均近10%。在地力条件较好的情况下，追肥量的1/3应在拔节期追施，以有利于攻大穗，起到“坐胎肥”的作用；抽穗前10d左右的孕穗期追施2/3，以满足孕穗到开花灌浆对氮肥的大量需求，起到攻粒的目的。但在旱薄地或苗情较差的地块，或早熟品种，则初次要多追，以使幼苗不狂长为度，以促进前期生长，实现穗大、穗齐。追肥分根际追肥和叶面喷施，以根际追肥为主。根际追肥，就是将肥料施入土壤中，以便根系吸收利用，一般结合中耕施入；叶面喷施也叫根外追肥，谷子生育后期，根系吸收能力减弱，叶面施肥可以有效地补充矿质养分，促进开花结实和籽粒灌浆。在滨海盐碱地条件下，追肥时期可以分为基肥、拔节肥和花粒肥3次施用。基肥：播种前结合整地，全部施入有机肥和氮磷钾复合肥；拔节肥：拔节期，结合灌水追施尿素10～15kg；花粒肥：灌浆初期，叶面亩喷施磷酸二氢钾0.5kg，保粒数，增粒重。

8.2.5 水分管理

在山东省滨海盐碱地种植区，全年降雨主要集中在7—8月，3—4月因土壤水分蒸发返盐达到高峰。春、夏谷播种时期在4月下旬至6月中下旬，播种至幼苗生长期间，耕层土壤的盐分含量最高，需要浇水压盐才能进行播种。试验证明，在播种出苗阶段，降水不足10mm的情况下，播前灌水均取得良好的效果。不仅出苗提早3～4d，而且保证苗全、苗齐、苗壮，幼苗多为一类苗，而不灌水的多为三、四类苗。

谷子进入孕穗期以后，茎、叶生长迅速，谷穗也在迅速发育，需水量逐渐加大。尤其是抽穗前后一段时间，对水分需求极为迫切，是需水临界期，如遇干旱，植株生长速度大为减弱，严重干旱则会造成“卡脖旱”，抽不出穗来。这一时期一旦出现旱情，必须及时浇水，否则会造成严重减产。灌浆期营养物质大量向籽粒输送，对水分的需求量仍然很大，供水不足，会造成籽粒灌浆中途停止，产生大量秕谷，严重影响产量。但此期谷子耐涝性也较差，并且遇暴风雨还易引起倒伏。因此浇水要及时，并且一次灌水量不宜过大。

8.2.6　田间管理

8.2.6.1　化学除草

谷子生产中除草是重要的生产技术环节，近年来随着专用谷子除草剂的应用，已经解决了生产中杂草的问题，除草剂使用应符合NY/T 1997除草剂安全使用技术规范通则。谷子苗前的除草剂为“谷友”，一般在播种后出苗前施用，对单、双子叶杂草均有效，最佳剂量是120g/亩，最高150g/亩，每亩兑水50kg，于谷子播后苗前均匀喷施于地表，地面湿润要降低用量；谷子苗后的专用除草剂为“拿捕净”，但只针对抗“拿捕净”的专用品种，如山东省农业科学院作物研究所选用的适合盐碱地种植的抗除草剂品种济谷22。“拿捕净”对单子叶杂草（尖叶杂草）除草效果好，但对双子叶杂草（阔叶杂草）无效，最佳使用时期为谷苗4～5叶期喷施，剂量为80～100mL/亩，兑水30～40kg/亩。

8.2.6.2　保苗技术

黄河三角洲地区夏季作物的生产一般采用播前灌水压盐，从而使作物发芽出苗，但从苗后到雨季来临之前，随着蒸发量的提高出现返盐，抑制了作物苗期的生长和发育，形成死苗、坏苗，从而形成缺苗断垄，最终影响作物的产量（图8-3）。因此，如何在盐碱地上不影响作物苗期生长的情况下提高苗期的覆盖度，降低蒸发量，减少返盐，从而减轻盐害对苗期的危害是盐碱地上需要解决的一个重要问题。为了解决这个重要问题，山东省农业科学院作物研究所杂粮创新团队在滨海盐碱地利用抗除草剂的专用品种和非抗除草剂品种发明了一种快速提高谷子苗期覆盖度的栽培方法。具体操作如图8-4中T2和T4所示，利用抗除草剂品种和非抗除草剂品种间隔交替种植，从而提高苗期的覆盖度，降低土壤蒸发，减少土壤返盐，从而减少对苗期的伤害，在出苗20d左右，进行喷施专用除草剂，从而恢复正常密度，最终达到苗期保苗。

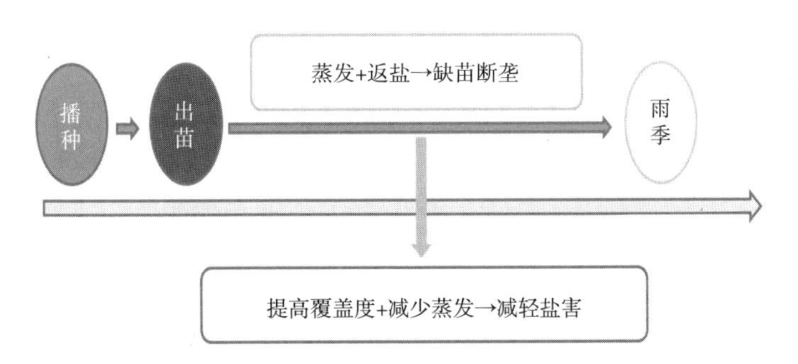

图8-3　盐碱地条件下作物苗期的盐害问题

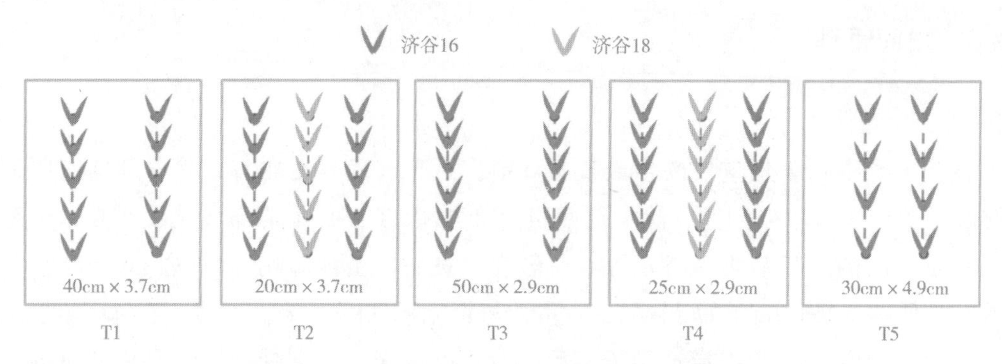

图8-4 盐碱地提高谷子苗期覆盖度的配置模式

8.2.6.3 中耕培土

滨海盐碱地土壤多为黏土，易板结。中耕是谷子生育前中期的重要田间管理措施，对于培育健壮群体，提高产量，作用很大。中耕不仅可以除草，区别不同情况因地制宜地进行中耕，还可以减少水分养分的损耗，改善土壤通透性，调节土壤水、气、热状况，加速营养物质分解，有效地协调地上部和根系的生长，保证谷子健壮的生长发育。第一次中耕一般结合间苗定苗进行，这时幼苗次生根尚未扎出，生长缓慢，易受草害。这次中耕有利于诱发谷子扎新根。据研究，苗期早中耕比不中耕的根系增加9.9%，根重增加6.4%，苗重增加10%，幼苗明显健壮。拔节后的孕穗初始期是粗根系大量生长时期，这部分根系是夏谷生长发育的骨干根群，入土角度大，土壤水分越高，入土越浅。且拔节后谷子生长中心向地上部转移，茎叶生长过旺就要削弱根系的生长。因此水肥地上要深中耕，控上促下，培育壮根。深中耕有以下作用：一是降低根际土壤水分，改善表层及稍深土层的通透性，为根系生长创造良好环境；二是能够“挖瘦根，长肥根”，锄断部分细弱根，促使其多分枝和粗须根的迅速扎出，迫使基部茎节缓慢生长，增粗敦实；三是增加谷田蓄墒能力，为进入需水高峰贮备底墒。深中耕一般在12～14叶进行，深度7～10cm。深中耕促根、壮秆，增产效果明显。山东省农业科学院作物研究所杂粮创新团队研究表明，夏谷中熟品种于13～15叶期深中耕，比浅中耕的平均增产17.3%；深中耕使单株平均多扎次生根0.3～0.4层，根系数量增加3.7%～9.4%；根系活力提高20%～56.3%；茎粗增加0.07～0.12cm，茎中下部节间（地面以上1～7节）各节分别缩短0.16～1.09cm。结果株壮抗倒，穗重粒多，每穗增加粒数668～696粒。但深锄也要看天、看地、看苗等灵活掌握。旱地、旱天、苗弱不可中耕太深而伤根，应浅锄保墒，促根发苗；高温多雨苗旺，要深中耕放墒，促壮防倒。

8.2.6.4 病虫害防治

（1）主要病害。华北夏谷区谷子的病虫害主要有谷瘟病、纹枯病、白发病、线虫病等。现简要介绍如下。

①谷瘟病：谷瘟病属于真菌病害类型，病原菌为灰梨孢菌（*Pyricularia grisea*）。是山东省谷子产区的重要气传流行性病害。谷瘟病在谷子各生育阶段都可发病，在不同的生育阶段分别引起苗瘟、叶瘟、节瘟、穗颈瘟和穗瘟，以叶瘟、穗瘟发生普遍且为害最重（图8-5）。苗期发病在叶片和叶鞘上形成褐色小病斑，严重时叶片枯黄。叶瘟多在7月上旬开始发生，叶片上产生梭形、椭圆形病斑，一般长1～5mm，宽1～3mm，在高感品种上可形成长1cm左右的条斑。感病品种典型病斑中部灰白色，边缘紫褐色，病斑两端伸出紫褐色坏死线。高湿时病斑表面有灰色霉状物。严重发生时，病斑密集，互相汇合，叶片枯死。节瘟多在抽穗后发生，茎秆节部生褐色凹陷病斑，逐渐干缩，穗不抽出，或抽穗后干枯变色，病茎秆易倾斜倒伏。穗颈和小穗梗发病，产生褐色病斑，扩大后可环绕一周，使之枯死，致使小穗枯白，严重时全穗或半穗枯死，病穗灰白色、青灰色，不结实或秄粒干瘪。谷子品种间抗病性有明显差异，抗病品种叶片无病斑或仅生针头大小的褐色斑点。中度抗病品种生椭圆形小病斑，边缘褐色，中间灰白色，病斑宽度不超过两条叶脉。感病品种生梭形大斑，边缘褐色，中间灰白色，宽度超过两条叶脉。谷瘟病的流行程度受气象条件的影响。

图8-5 谷子谷瘟病

②纹枯病：谷子纹枯病属于真菌病害类型，病原菌为立枯丝核菌（*Rhizoctonia solani* Kühn），主要为害谷子叶鞘和茎秆，也侵染叶片（图8-6），在我国谷子产区均

有发生。病株叶鞘上生椭圆形病斑，中部枯死，呈灰白色至黄褐色，边缘较宽，深褐色至紫褐色，病斑汇合成云纹状斑块，淡褐色与深褐色交错相间，整体花秆状。病叶鞘枯死，相连的叶片也变灰绿色或褐色而枯死。茎秆上病斑轮廓与叶鞘相似，浅褐色。高湿时，在病叶鞘内侧和病叶鞘表面形成稀疏的白色菌丝体和褐色的小菌核。病株不能抽穗，或虽能抽穗但穗小，灌浆不饱满。病秆腐烂软弱，易折倒，造成严重减产。

图8-6　谷子纹枯病

③白发病：白发病为真菌性病害，病原菌为禾生指梗霜霉菌。白发病是系统侵染病害，谷子从萌芽到抽穗后，在各生育阶段，陆续表现出多种不同症状：烂芽幼芽出土前被侵染，扭转弯曲，变褐腐烂，不能出土而死亡，造成田间缺苗断垄。烂芽多在菌量大、环境条件特别有利于病菌侵染时发生。灰背从2叶期到抽穗前，病株叶片变黄绿色，略肥厚和卷曲，叶片正面产生与叶脉平行的黄白色条状斑纹，叶背在空气潮湿时密生灰白色霉层，为病原菌的孢囊梗和游动孢子囊，这一症状被称为“灰背”（图8-7a）。苗期白发病的鉴别，以有无“灰背”为主要依据。白尖、枪杆（图8-7b）、白发株高60cm左右时，病株上部2～3片叶片不能展开，卷筒直立向上，叶片前端变为黄白色，称为“白尖”。7～10d后，白尖变褐，枯干，直立于田间，形成“枪杆”。以后心叶薄壁组织解体纵裂，散出大量褐色粉末状物，即病原菌的卵孢子。残留黄白色丝状物，卷曲如头发，称为“白发”，病株不能抽穗。有些病株能够抽穗，但穗子短缩肥肿，全部或局部畸形，颖片伸长变形成小叶状，有的卷曲成角状或尖针状，向外伸张，呈刺猬状，称为“看谷老”，也叫“刺猬头”。病穗变褐干枯，组织破裂，也散出黄褐色粉末状物。

④谷子线虫病：线虫病可侵染谷子的根、茎、叶、叶鞘、花、穗和籽粒，但主要为害花器、子房，只在穗部表现症状。因大量线虫寄生于花部破坏子房，因而不能开花，即使开花也不能结实，颖片多张开，籽粒秕瘦，尖削，表面光滑有光泽，病穗瘦

小，直立不下垂（图8-8）。发病晚或发病轻的植株症状多不明显，能开花结实，但只有靠近穗主轴的小花形成浅褐色的病粒。不同品种症状差异明显。红秆或紫秆品种的病穗向阳面的护颖在灌浆至乳熟期变红色或紫色，以后褪成黄褐色。而青秆品种无此症状，直到成熟时护颖仍为苍绿色。此外，线虫病病株一般较健株稍矮，上部节间和穗颈稍短，叶片苍绿色，较脆。

a

b

图8-7　谷子白发病

谷子线虫病主要随种子传播，带病种子是主要初侵染源，秕谷和落入土壤及混入肥料的线虫也可传播。

（2）病害防治。关于谷子病害的防治主要采用以防为主，主要选用抗病的品种，在滨海盐碱地区应种植适用于山东省具有强抗病性的谷子品种如济谷20、济谷21和济谷22等。关于不同病害的药剂方法如下。

①谷瘟病：发病初期可用三环唑类药物喷施，或敌瘟磷（克瘟散）40%乳油500～800倍液，50%四氯苯酞（稻瘟酞）可湿性粉剂1 000倍液，2%春雷霉素可湿性粉剂500～600倍液等，每亩用药液40kg。

②纹枯病：谷子纹枯病发病初期，可用1%井冈霉素水剂0.5kg兑水40kg喷雾。

③白发病：用25%甲霜灵可湿性粉剂或35%甲霜灵拌种剂，以种子重量0.2%～0.3%的药量拌种。或用甲霜灵与50%克菌丹，按1∶1的配比混用，以种子重量0.5%的药量拌种，可兼治黑穗病。

图8–8　谷子线虫病

④线虫病：播种前可用30%乙酰甲胺磷乳油或50%辛硫磷乳油按种子量的0.3%拌种，避光闷种4h，晾干后播种。

（3）虫害防治。山东省谷子生产中主要的虫害为地下害虫如蝼蛄、金针虫、蛴螬等，地上害虫主要为黏虫。

地下害虫防治：在播前可用50%辛硫磷乳油30mL，加水200mL拌种10kg，可防治蝼蛄、金针虫、蛴螬等地下害虫及谷子线虫病。

黏虫防治：黏虫是暴发性害虫，存在季节性，一般年份为害性较小，但有些年份容易暴发，一旦暴发现要及时防治。可用25%灭幼脲3号悬浮剂或50%辛硫磷乳油1 000～1 500倍液喷雾防治。

8.2.7　收获

谷子收获应适时，过早或过晚都不好。收获过早，籽粒发育不充分，增加秕粒，造成减产；收获过晚，谷穗遇风摇摆，相互摩擦，也会造成落粒影响产量。但实行机械化收获的谷田，在天气晴朗，不影响下茬播种的前提下，可适当推迟收获，以使谷穗充分脱水，降低植株水分含量，有利于减少收获时籽粒损失和便于籽粒晾晒。谷子成熟时可用调整筛网的约翰迪尔W-70（图8-9a）或常发CF-450（图8-9b）小麦联合收割机收获。一次性完成收割、脱粒、灭茬等流程。

a

b

图8-9 谷子机械化收获

8.2.8 东营谷子种植高产案例

地点：山东省东营市利津县

名称：黄渤金滩农业有限公司

土壤条件和地力水平：示范田前茬作物为小麦，试验地块地势平坦，排灌条件良好，示范面积105亩，土质黏土，土壤含盐量0.2%～0.3%。土壤0～20cm耕层含有机质13.6g/kg，速效氮80.4mg/kg，速效磷30.8mg/kg，速效钾190mg/kg。

管理措施：麦收后灭茬，采用机播精量简化栽培，亩播量0.4kg，不间苗，播后立即用每亩100g谷友封地防除杂草。选用的品种为山东省农业科学院作物研究所创新团队选育高产灰色品种济谷17。示范地块因基础地力较高，基施有机肥1 000kg/亩，复合肥20kg N-P-K（15-15-15），于出苗后30d的孕穗中期，结合中耕每亩追施尿素10kg，以促进小花分化，增加穗粒数。9月25适时收获，并组织专家进行测产，随机收获3点，每点1.52m^2。亩穗数6.5万，粒重603kg/亩，籽粒含水量21.5%，按籽粒含水量13.5%，缩值系数按0.85折算，平均亩产462.79kg。谷草重平均亩产1 900kg。

参考文献

陈二影，秦岭，程炳文，等，2015. 夏谷氮磷钾肥的效应研究[J]. 山东农业科学，47（1）：61-65.

陈二影，杨延兵，程炳文，等，2015. 不同夏谷品种的产量与氮肥利用效率[J]. 中国土壤与肥料，256（2）：93-97.

陈淑艳，宿莲芝，2003. 播种期对谷子生长发育及产量结构的影响[J]. 辽宁农业科学（3）：7-8.

关元秀，刘高焕，王劲峰，2001. 基于GIS的黄河三角洲盐碱地改良分区[J]. 地理学报，56（2）：198-205.

呼红梅，王莉，2016. 氮、磷、钾对盐胁迫谷子幼苗形态和生理指标的影响[J]. 江苏农业科学，44（2）：117-121.

李金海，张伟东，吴秀山，等，1998. 旱薄盐碱地夏谷高产栽培技术[J]. 山东农业科学，5（3）：20-22.

李书田，赵敏，刘斌，等，2010. 谷子新品种播期、密度与施肥的复因子试验[J]. 内蒙古农业科技（3）：33-34.

李志军，贺丽瑜，梁鸡保，等，2013. 不同氮磷钾配比对黄土丘陵沟壑区谷子产量及肥料利用率的影响[J]. 陕西农业科学（5）：107-109.

刘环，刘恩魁，周新建，等，2013. 夏谷播期与籽粒产量的回归分析[J]. 作物栽培与设施园艺，19（3）：77-82.

乔玉辉，宇振荣，2003. 灌溉对土壤盐分的影响及微咸水利用的模拟研究[J]. 生态学报，23（10）：2 050-2 056.

田伯红，王素英，李雅静，等，2008. 谷子地方品种发芽期和苗期对NaCl胁迫的反应和耐盐品种筛选[J]. 作物学报，34（12）：2 218-2 222.

田伯红，2009. 谷子萌发及幼苗生长对碱胁迫的反应[J]. 河北农业科学，13（11）：2-3.

徐心志，代小东，杨育峰，等，2016. 盐胁迫对谷子幼苗生长及光合特性的影响[J]. 河南农业科学，45（10）：24-28.

袁宏安，刘佳佳，郭玮，等，2015. 播期对谷子产量及抗病性的影响[J]. 河北农业科学，19（5）：1-3，32.

张凌云，2007. 黄河三角洲地区盐碱地主要改良措施分析[J]. 安徽农业科学，35（17）：5 266-5 309.

张永芳，宋喜娥，王润梅，等，2015. Na_2CO_3胁迫对谷子种子萌发的影响[J]. 种子，34（11）：94-96.

赵海超，曲平化，龚学臣，等，2012. 不同播期对旱作谷子生长及产量的影响[J]. 河北北方学院学报：自然科学版，28（3）：26-30.

智慧，刁现民，李伟，等，2004. 人工盐胁迫法鉴定谷子及狗尾草物种耐盐基因型[J]. 河北农业科学，8（4）：15-18.

9 滨海盐碱地甘薯种植

甘薯是我国一种重要的粮食和经济作物，其面积和产量均居世界首位，随着社会的发展，甘薯已经由粮食作物转化为重要的保健作物、经济作物和能源作物，在种植业结构优化中具有重要的地位。甘薯丰产性好、抗逆性强、适应性广，在生产中“不与粮争地”。但是，生产上广泛栽培的甘薯一般不耐0.2%以上的盐碱，而我国存在着大面积的滨海盐碱和内陆盐碱地需要开发，因此为了充分利用开发黄河三角洲盐碱地，促进甘薯产业的发展，有必要研究盐碱地条件下甘薯的生长发育状况和提高甘薯在盐碱地条件下的种植方法。本章将对盐碱胁迫对甘薯的危害以及甘薯耐盐碱育种和栽培方法进行阐述，以期对耐盐碱甘薯生产提供支撑。

9.1 盐碱地甘薯生长发育

甘薯属于不耐盐碱品种，当甘薯生长环境的盐度超过其耐盐阈值时，就会在功能水平上产生变化和反应，如果盐分浓度不太大或处理时间不长，则产生的变化是可逆的；如果浓度很高，或作用时间较长，则产生的变化变成不可逆胁变，时间长了则会导致植株的死亡。

9.1.1 盐碱胁迫对甘薯农艺性状的影响

盐碱胁迫对甘薯最显著的效应就是抑制生长，表现为生物量和产量降低。甘薯一方面要通过额外吸收一定量的矿物质元素和合成一定量的可溶性有机物质来进行渗透调节，以增加细胞质的浓度，降低水势，使细胞水势低于外界生境的水势，保证植物在盐胁迫下正常吸水；另一方面，要限制吸收某些有害离子，或把已经进入细胞的有害离子区域化到液泡中或排出体外。这些过程都要消耗能量，而能量的消耗必然是以降低植物生长为代价的，这就是通常所说的盐生植物的能耗问题（Yeo，1983；赵可夫，1993）。因此，在盐碱胁迫下，甘薯的生长要比在正常条件下生长缓慢，植株减小，生物量降低。在大田主要表现为缺苗断垄，叶片发黄，生长缓苗（图9-1）。不同品种的耐盐碱能力差别显著，在收获时，受盐碱胁迫危害较重时，薯块主要表现为薯块畸形、减产严重或绝产（图9-2、图9-3），干率降低和口味降低。

图9-1　盐碱地大田下不同耐盐甘薯的生长情况

图9-2　盐碱地（左）和普通地块（右）的济薯23薯块

21世纪初，许多研究者研究了不同盐离子对甘薯萌芽的毒害效应，最早发现氯盐毒性最大、硫酸盐次之、碳酸盐最小，可溶性盐类的相对毒性大小顺序为$NaCl>CaCl_2>KCl$。盐碱胁迫下甘薯幼苗鲜重、干重、株高和叶面积均显著降低，幼苗的生长受到严重影响（图9-4）。在甘薯幼苗期离子的伤害起主要作用，甘薯幼苗各组织中盐碱含量为茎>下位叶>上位叶>根。

刘桂玲等（2011）利用北方薯区的甘薯新品种，在黄河三角洲盐碱地上开展种植试验，结果表明不同甘薯品种的耐盐性存在差异。除叶片数、分枝数、分枝长度无显著性差异外，其他农艺性状如总鲜重、鲜薯产量、薯块干率、薯干产量、薯块数等的差异都在不同品种中达到显著水平（表9-1），不同品种其不同器官中各种盐离子含量差异显著。山东省农业科学院在2015—2017年的盐碱地试验结果也得出了同样的结论。

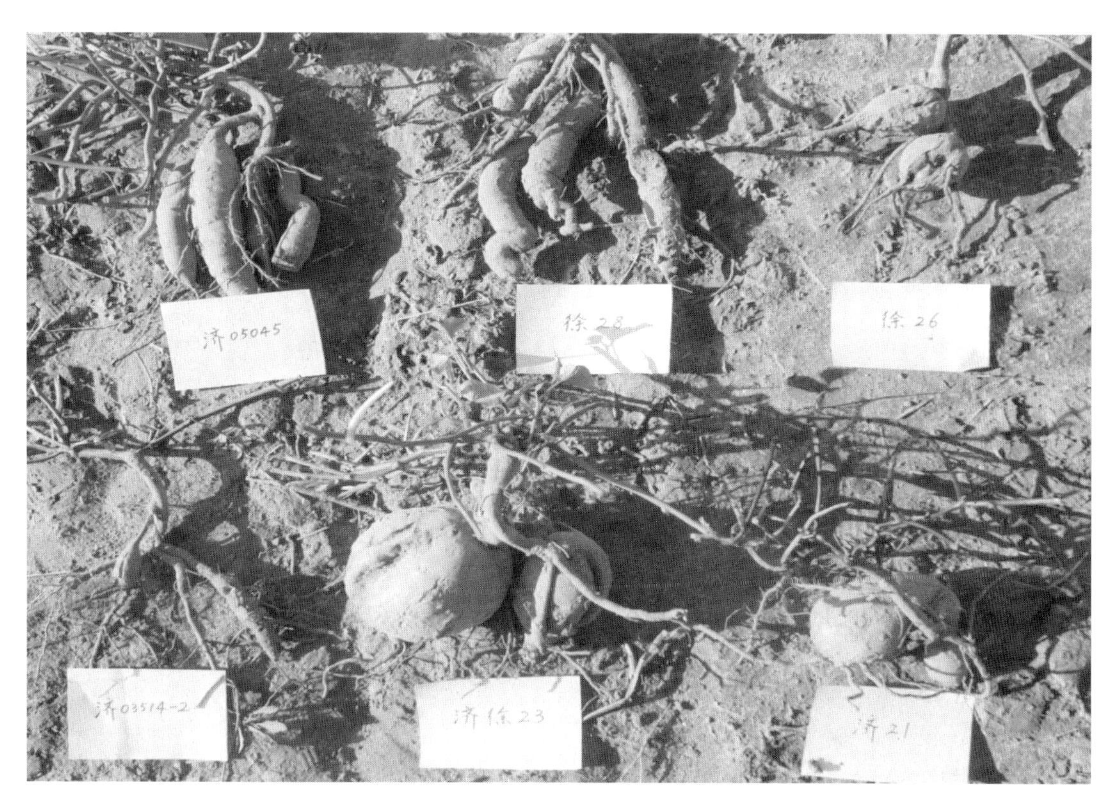

图9-3　盐碱地大田中不同甘薯品种（系）的薯块比较

图9-4　150mmol/L NaCl处理2周对不同品种薯苗生长的影响（王灵燕，2012）

表9-1 不同基因型甘薯品种在盐碱地条件下的农艺性状（刘桂玲，2011）

品种	薯块数（个/株）	叶片数（片/株）	分枝长度（cm）	薯块干率（%）	鲜薯产量（kg/亩）
徐薯22	2.7 ± 1.2ab	94.0 ± 56.3a	65.9 ± 16.9a	23.89 ± 0.91bcd	1 553.3 ± 249.4b
徐25-2	2.5 ± 0.5ab	98.0 ± 2.0a	64.4 ± 3.2a	25.39 ± 2.21abc	2 021.3 ± 262.3ab
苏薯7号	4.3 ± 2.5a	158.7 ± 95.4a	52.5 ± 24.1a	21.89 ± 0.34d	37 23.8 ± 2 134.8a
徐薯25	2.7 ± 0.6ab	81.3 ± 26.7a	55.2 ± 5.2a	28.39 ± 1.58a	1 604.7 ± 588.8b
徐薯18	3.3 ± 2.1ab	160.7 ± 24.0a	69.3 ± 24.8a	26.57 ± 2.07ab	2 489.4 ± 1 347.0ab
泰中9号	4.3 ± 1.2a	156.0 ± 28.1a	66.9 ± 14.1a	27.75 ± 2.36a	3260.9 ± 733.1ab
北京553	1.7 ± 0.6b	190.0 ± 157.1a	52.7 ± 4.5a	23.19 ± 1.79cd	1 995.6 ± 1 488.4ab
龙薯1号	4.0 ± 1.0a	131.0 ± 40.2a	57.8 ± 11.4a	21.80 ± 0.83d	3 404.9 ± 852.1ab
泰中7号	2.3 ± 1.5ab	132.3 ± 56.2a	78.2 ± 12.2a	22.62 ± 0.61cd	1 594.4 ± 258.8b

注：同列不同英文小写字母表示5%差异显著水平，下同。

9.1.2 盐胁迫对甘薯生理代谢的影响

盐碱胁迫对甘薯的伤害主要包括离子胁迫（Ionic stress）和渗透胁迫（Osmotic stress）两个方面。离子胁迫是指盐渍土壤中的Na盐、Mg盐和Ca盐解离后生成的Na^+、Mg^{2+}、Ca^{2+}、Cl^-、SO_4^{2-}、CO_3^{2-}等离子对植物产生的胁迫。通常情况下，盐胁迫中的离子胁迫主要是Na^+和Cl^-胁迫，当浓度超过甘薯所能承受的范围以后，则会引起伤害。它们会破坏膜电势，引起膜结构的破坏，抑制酶的活性，使蛋白质发生沉降，干扰甘薯的正常代谢（过晓明，2010，2011）。渗透胁迫是由于盐渍土壤中盐离子浓度较高，因而造成土壤水势下降，使植物生长在这种环境中难以吸收足够的水分（王宝山，2017）。

9.1.2.1 盐胁迫对甘薯的离子平衡影响

当土壤中某些离子过高时会抑制或促进其他植物必需元素的吸收、运输及转化，导致细胞离子稳态破坏。高叶（2008）用100mmol/L NaCl处理耐盐性不同的甘薯品种，测定苗期（培养20d后）根、茎、叶中的Na^+含量、Na^+/K^+比值和根、茎、叶的干重、鲜重，结果表明，在盐胁迫下，甘薯生长均受抑制，甘薯品种不同器官（根、茎、叶）的Na^+含量及Na^+/K^+比值都增加，耐盐性强的甘薯品种Na^+含量在根、茎和叶片中较低而耐盐性较弱的品种幼苗茎、叶Na^+含量较高。马箐（2012）研究了甘薯中后期（培养100d后）不同甘薯品种根、茎、叶中的Na^+含量和K^+含量，结果表明，随着NaCl浓度升高，不同甘薯品种的生长均受到抑制，其中不耐盐碱的甘薯品种受抑制程度最大，根、茎、叶中的Na^+含量及Na^+/K^+比值都有所增加，根中Na^+含量最高，而叶中Na^+含量最低。盐胁迫条件下甘薯将较多的Na^+储存在根中从而减少对地上部叶片的伤害，研究发现盐胁迫下叶片较低的Na^+含量和Na^+/K^+比值是甘薯品种耐盐性的重要特征。

9.1.2.2 盐胁迫对甘薯氮代谢的影响

盐分通过影响硝态氮的吸收和硝酸还原酶（Nitrate reductase，NR）的活性，进而影响甘薯的氮素代谢。土壤中的Cl^-抑制硝酸根的吸收（Cram，1973），造成甘薯叶片内一系列含氮化合物的代谢发生紊乱，直接导致硝酸还原酶活力下降，影响了氮素在植株体内的转化和利用，进而导致甘薯叶片中总氮含量下降，叶绿素含量，DNA、RNA含量及RNA/DNA值均不同程度下降；盐胁迫不仅加速甘薯叶片蛋白质水解，同时也影响核酸代谢和蛋白质的合成，影响细胞分裂和植株生长。由于NR活性下降，造成游离氨基酸累积，形成氨基酸毒害，造成甘薯植株失绿变黄，并最终导致其减产（刘伟，1998）。

9.1.2.3 盐胁迫对甘薯同化物合成、积累的影响

光合作用是绿色植物利用太阳能把CO_2和H_2O同化成碳水化合物同时释放O_2的过程。盐胁迫影响甘薯叶片的光合作用，主要缘于渗透胁迫与离子胁迫两个方面。

渗透胁迫下植物的气孔关闭加大了气孔限制因素，导致光合速率下降。研究结果表明，随着NaCl胁迫浓度的提高，甘薯叶片水势、相对含水量（RWC）逐渐下降，光合速率（Pn）、蒸腾速率（Tr）、水分利用率（WUE）、气孔导度（Gs）、气孔开度也明显下降；低浓度NaCl胁迫下胞间CO_2浓度（Ci）下降，随着NaCl胁迫浓度的提高，Ci逐渐上升；NaCl胁迫下上述指标在不同耐盐品种间存在明显差异，而且NaCl胁迫浓度与RWC、水势、Pn、Tr、Gs呈极显著的负相关（柯玉琴，2007；王灵燕，2010）。

盐碱渗透胁迫下甘薯叶片的叶绿体超微结构发生变化，类囊体膜片层松散、扭曲、破裂并逐渐解体，随着盐碱胁迫的加剧，类囊体肿胀、空泡化，最终导致片层解体，叶绿素含量下降，叶片黄化并最终脱落（柯玉琴，1999；Mitsuya et al.，2000）。过晓明（2010）以5个甘薯品种胜利100、徐薯25、徐薯26、徐55-2和徐薯18为材料，通过浇灌不同浓度（0、50mmol/L、100mmol/L）NaCl溶液，研究了盐胁迫对甘薯幼苗叶片叶绿素含量和细胞膜透性的影响，试验结果表明，随着盐浓度增大，5种甘薯幼苗的叶绿素总量呈下降趋势，相对电导率随之增大。5种甘薯的耐盐性由小到大依次为：胜利100<徐薯25<徐55-2<徐薯26<徐薯18。因此，叶片中叶绿素含量到底是升高还是下降与甘薯耐盐能力、盐浓度及处理时间有关。

离子胁迫主要是缘于高盐度下细胞内积累的Na^+抑制了光合酶的活性，同时Na^+的增加抑制了K^+的吸收，而K^+是光合作用许多酶的激活剂（王宝山，2010）。

9.1.2.4 盐胁迫对甘薯抗氧化系统的影响

当甘薯遭受到盐胁迫后，体内的氧代谢就失调，活性氧（ROS）产生加快，而清除系统的功能降低，致使活性氧在体内积累。ROS是一类氧化能力异常强的物质，严重伤害植物细胞结构和功能。例如，使叶绿体发生明显的膨胀，使类囊体垛叠损伤导致基粒松散或崩裂，线粒体也会受到ROS伤害。另外氧化磷酸化效率（PO）明显降低，内膜的细胞色素氧化酶活性下降。ROS可以诱发植物细胞膜脂过氧化（Membrane lipid peroxidation），破坏植物体内蛋白质（包括酶）、核酸等生物大分子，引起DNA断裂和蛋白质水解，使细胞的结构与功能受到损伤，甚至导致死亡。这种由ROS积累导致的胁迫称为氧化胁迫（Oxidative stress），而氧化胁迫导致的伤害称为氧化伤害（Oxidative damage）。

在氧化胁迫下，甘薯会激发自身的抗氧化系统。其抗氧化系统由酶促抗氧化系统和非酶促抗氧化系统组成，前者称为抗氧化酶，后者称为抗氧化剂。孙晓波（2008）研究了海水胁迫对甘薯幼苗生长发育、膜透性、保护性酶活性、渗透调节物质含量和离子吸收分布的影响，结果表明甘薯幼苗的脯氨酸、可溶性糖含量随着海水处理浓度的提高而增加，在10%、25%海水胁迫下，SOD、POD和CAT 3种酶活性均随着海水处理浓度的提高和处理时间的延长不断升高；在40%海水处理时，甘薯幼苗叶片的SOD、POD和CAT酶活性均较对照不断升高，而随着处理时间的延长，SOD酶活性骤然降低，POD酶活性略微降低，CAT酶活性则继续升高；随着海水处理浓度的增加和处理时间延长，甘薯幼苗根、茎和叶部的Na^+、Cl^-含量显著增加，且茎部和根部的Na^+、Cl^-含量明显高于叶部，甘薯植株各部分的K^+含量随着海水浓度的增加和处理时间的延长不断降低。

9.1.2.5 盐胁迫对甘薯内源激素的影响

在盐碱胁迫下，植物体内的ABA水平上升，ABA可以促进气孔关闭（Moons et al.，1995），随着NaCl胁迫浓度的提高，ABA含量均有增加，但耐盐品种ABA含量增加幅度较小，而不耐盐品种的增加幅度则较大。乙烯（ETH）升高则引起呼吸强度增加，提高甘薯的耐盐碱能力，这也是应对盐碱胁迫的应急反应。随NaCl胁迫浓度的提高，甘薯叶片的生长素（IAA）、赤霉素（GAs）、细胞分裂素（CTKs）和油菜素内酯（BRs）的含量均下降，而IAA氧化酶和POD活性提高，这说明盐碱胁迫抑制了植物的生长。

9.2 盐碱地甘薯栽培技术

要提高甘薯的耐盐碱能力，必须从甘薯耐盐碱育种和耐盐碱栽培两方面入手。

9.2.1 甘薯耐盐碱品种的选育和筛选

首先要通过资源引进和筛选、杂交育种，还可以通过分子标记辅助选择、基因工程技术应用，创造出具有优异性状的耐盐碱甘薯新种质，培育优质高耐盐碱的甘薯新品种。

9.2.1.1 甘薯耐盐碱品种的常规选育

传统耐盐碱甘薯杂交育种程序是：选择综合性状优良的甘薯作为亲本之一，采用定向杂交或者小集团放任授粉的方式获得F_1代杂交种子，将F_1代杂交实生种子播种，出苗后移栽到干净无病、土壤水肥条件适中、可充分发挥甘薯生长潜力的大田环境中，根据产量水平筛选单株（首轮筛选），然后将上一步骤入选单株进行快速繁育，分别于不同年份、不同地点进行薯块产量、品质、抗病性等性状的田间鉴定，最终筛选获得目标甘薯新品系，入选品系最后再在盐碱地进行耐盐碱性鉴定试验，该杂交育种程序需要3～5年时间完成田间鉴定。该方法不足之处在于：一是搭配杂交组合时关注父、母亲本产量水平、品质性状和抗病性较多，较少关注亲本的耐盐碱性；二是根据产量水平、品质性状筛选出的F_1代杂交单株群体数量较大，在田间鉴定时需要的人力、物力较多，且需要3～5年时间完成后续的产量、品质、抗病性、耐盐碱性等田间和室内分析鉴定，因此，传统育种程序工作量大，育种年限长，成本高，且在育种的早代未进行耐盐碱鉴定，导致大量耐盐碱甘薯单株可能在首轮筛选中已被淘汰（图9-5）。

图9-5 甘薯常规育种制取F_1种子

为了解决现有技术中存在的问题，山东省农业科学院甘薯创新团队探索了一种选育耐盐碱甘薯品种的育种方法。这种方法综合性状好、适应性强，耐0.3%以上盐碱的甘薯品种作为母本材料，在F_1代实生苗时期进行耐盐鉴定（图9-5），缩短了育种年限、降低了育种成本，育成的耐盐碱甘薯品种可实现盐碱地甘薯的高产高效。主要方法步骤为如下。

（1）杂交获得F_1代实生种子。以耐盐碱甘薯品种作为母本，采用定向杂交或集团杂交的方法获得F_1代实生种子；以鲜薯产量高于徐薯18、淀粉含量高于20%的甘薯品种为父本。

（2）耐盐甘薯单株筛选。将F_1代实生种子育苗，出苗后植入含有150mmol/L氯化钠的1/5Hoagland溶液中，于25～27℃、2 000lx光照强度下培养，进行耐盐鉴定，得到耐盐甘薯品系。

（3）育种。将获得的耐盐甘薯品系分别种植于不同地区的氯化钠含量超过0.3%的盐碱地，进行产量、品质比较试验，筛选出产量、质量符合要求的耐盐碱品种。

与传统育种方法相比，经有性杂交获得F_1代实生种子后代产生耐盐碱品种的概率大幅增加；将耐盐甘薯品系筛选鉴定提至首轮，既最大限度保证了杂交后代中耐盐碱单株入选率，又淘汰不耐盐碱的材料，大大减少了入选单株，使田间鉴定的工作量显著减少，能够二次完成异地多点产量比较试验，育种年限缩短至2～3年；具有育种方法简单，育种周期短，准确度高，盲目性小，效率高的特点，培育出耐盐碱、综合性状好的甘薯新品种，可实现盐碱地甘薯的高产、高效育种，该方法已经获得发明专利授权。通过改进传统的耐盐碱甘薯育种技术，山东省农业科学院作物研究所在2010年和2014年分别选育出了高淀粉品种济徐23和济薯26。

济徐23叶、叶脉和茎蔓均为绿色，薯形长纺锤形，红皮白肉，结薯集中薯块整齐，单株结薯3～4个，大中薯率高，薯干较洁白平整，食味较好，突出特点为耐盐、耐涝、抗旱、高产、淀粉含量高。山东省甘薯品种区域试验（春薯）结果：平均鲜薯亩产2 228.8kg，薯块干物率32.34%，折淀粉率21.77%，薯干平整洁白，淀粉白度高，高抗甘薯根腐病，中抗茎线虫病，黑斑病抗性较弱。

2011—2013年连续3年分别在山东东营、滨州，河北黄骅等地进行耐盐鉴定，均表现出较强的耐盐能力。2012年在东营市现代畜牧业示范区青坨农场盐碱地进行种植（图9-6），济徐23总种植面积近20亩，土壤含盐量为0.26%～0.45%，属中度盐碱。2012年11月3日，受山东省科技厅委托，对济徐23进行了现场测产验收，鲜薯平均亩产2 656.56kg，薯块干物率29.25%，折合薯干亩产777.04kg（图9-7）。实现了甘薯盐碱地种植的较大突破，为黄河三角洲大面积盐碱地淀粉型甘薯的规模化种植和加工利用做好了技术贮备。

济薯26是以徐03-31-15为母本放任授粉，杂交选育而成。该品种萌芽性较好，中蔓，分枝数10个左右，茎蔓较细，叶片心形，顶叶黄绿色带紫边，成年叶绿色，叶脉紫色，茎蔓绿色带紫斑；薯块纺锤形，红皮黄肉，结薯集中薯块整齐，单株结薯4个左右，大中薯率较高；薯干较平整，可溶性糖含量高，食味优；较耐贮；抗蔓割病，中抗根腐病和茎线虫病，感黑斑病，综合评价抗病性一般。

图9-6 耐盐甘薯品种济徐23验收现场会

"淀粉型甘薯千亩种植技术试验示范"

测产验收意见

按照国家甘薯产业技术体系"栽培生理与高产栽培"岗位千亩甘薯种植技术试验示范任务合同，山东省农业科学院在山东泗水建立了淀粉型甘薯千亩示范基地，受国家甘薯研发中心委托，2009年10月14日，山东省农业科学院邀请有关专家组成验收委员会，按山东省科技厅农作物测产验收办法，在山东泗水进行了现场测产验收。验收结果如下：

示范田面积为1200亩，主要种植品种为济薯21（1000亩）和济薯23号（200亩），采用了配方施肥、适期早栽、合理密植、全程病虫害防控等措施(技术规程附后)，鲜薯亩产平均达到了2130.48公斤和2501.84公斤，与初测结果（见附表）误差在5%范围内，未达显著水平，且所用品种薯皮光滑，薯形周正，大薯率高，专家组认为项目组提供的初测结果是可靠的，予以承认。

组长：

副组长：

2009年10月14日

图9-7 济徐23验收报告

2012—2013年参加国家北方薯区甘薯品种区域试验，2年平均鲜薯产量2 169.1kg/亩，较对照增产8.77%，居第二位；薯干产量558.7kg/亩，较对照减产4.50%，居第七位；淀粉产量348.1kg/亩，较对照减产8.90%，居第八位；平均烘干率25.76%，比对照低3.57个百分点；平均淀粉率16.05%，比对照低3.11个百分点。抗病鉴定结果，该品种抗蔓割病，中抗根腐病和茎线虫病，感黑斑病，综合评价抗病性一般。

济薯与济徐23相似，也表现出较强的耐盐碱能力，在中度盐碱地条件下表现出高产、优质的特点，在黄河三角洲盐碱地已经得到了广泛的种植。2017年相关专家在东营市利津县盐窝镇50亩地的济薯26进行测产验收（图9-8），鲜薯平均亩产2 879.7kg，创造了盐碱地甘薯产量的纪录。

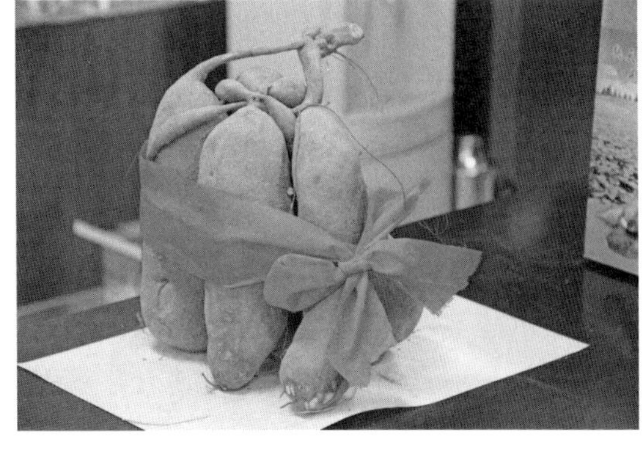

图9-8 耐盐甘薯品种济薯26验收现场会（单株重3.5kg，盐碱度0.2%）

9.2.1.2 甘薯耐盐分子辅助育种研究

为了更高效地选育出耐盐碱甘薯新品种，利用分子辅助方法在基因克隆和转基因方面进行了研究。

（1）甘薯耐盐相关基因的克隆与功能验证利用。山东省农业科学院甘薯课题组对甘薯甜菜碱生物合成途径中两个关键酶基因CMO和BADH进行了克隆并分析了逆境胁迫下的转录表达情况。根据其他物种的液泡膜焦磷酸酶H^+-PPase和甜菜碱醛脱氢酶BADH基因，设计兼并性引物分别从高盐处理的耐逆性甘薯材料中分离基因，基因片段大小为1.2kb和0.9kb。获得了耐盐抗旱相关的全长基因5个（表9-2），相关信息如下。

表9-2 甘薯耐盐碱基因

基因名称	全长（bp）	ORF（bp）	编码氨基酸（aa）
ibHppase	2 324	2 306	702
ibBADH	1 796	1 518	506
IbCPK3-2	1 699	1 548	516
IbCPK3-9	1 699	1 548	516
IbMAPK	1 501	1 065	355
IbLRR-RLK	2 210	1 818	606

并对磷酸焦磷酸化酶基因*ibHppase*在高盐（100mmol/L NaCl）和干旱胁迫下的mRNA表达水平进行定量RT-PCR检测，结果表明，磷酸焦磷酸化酶基因在干旱胁迫12h表达量达到最高，高盐胁迫6h表达量达到最高。利用同源克隆、RACE技术从耐盐型甘薯中分离了甜菜碱合成两个关键酶基因*ibBADH*、*IbCMO*。利用q-RT-PCR检测，耐盐型品种济徐23的*ibBADH*基因在200mM NaCl胁迫后诱导表达、到12h达到最高值，盐敏感型品种徐薯781的*ibBADH*基因在盐胁迫下受到抑制表达；济徐23的*IbCMO*基因在盐胁迫下诱导表达，在胁迫后12h达到最高值。徐薯781的*IbCMO*基因在盐胁迫下诱导表达，在胁迫后24h达到最高值。

（2）转基因甘薯耐盐碱转基因研究。中国农业大学刘庆昌团队利用农杆菌介导法将含有Cu/Zn *SOD-APX*的基因导入甘薯，获得甘薯逆境诱导型启动子SWPA2驱动的转基因植株99株，其中79个徐55-2转基因株系和20个徐薯22转基因株系，0.5%盐胁迫结果表明（图9-9），转基因植株生长状况和生根情况都优于对照，初步说明转基因植株耐盐性增强。经盐胁迫处理的转基因株系叶绿素含量（图9-10）和细胞膜透性（图9-11）测定结果表明，转基因株系耐逆性都增强，尤其株系4与对照相比，叶绿素含量较高，相对电导率较低，说明转基因株系细胞膜在盐胁迫后受损较小，因而对逆境适应性增强（Bing，2015）。初步筛选获得了5个耐盐转基因新材料。

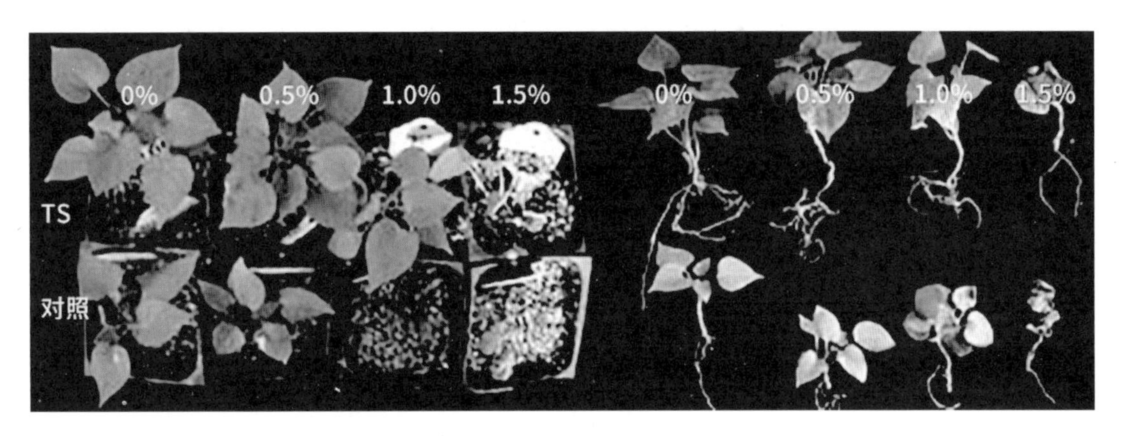

图9-9　不同盐胁迫浓度对徐55-2 Cu/Zn SOD-APX转基因植株的影响

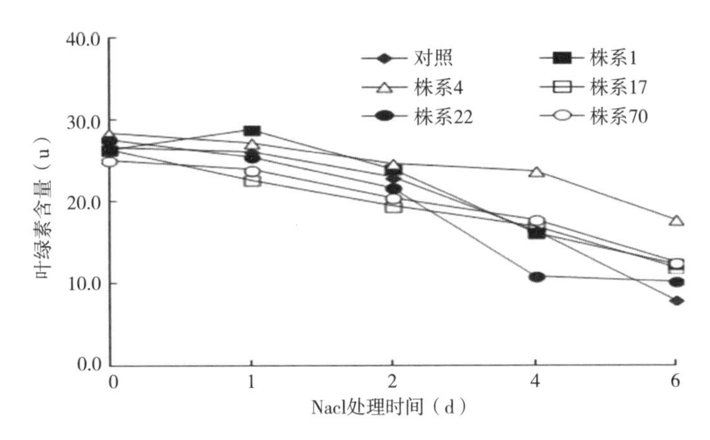

图9-10　徐55-2 Cu/Zn SOD-APX转基因株系在0.5%NaCl胁迫处理下叶绿素含量

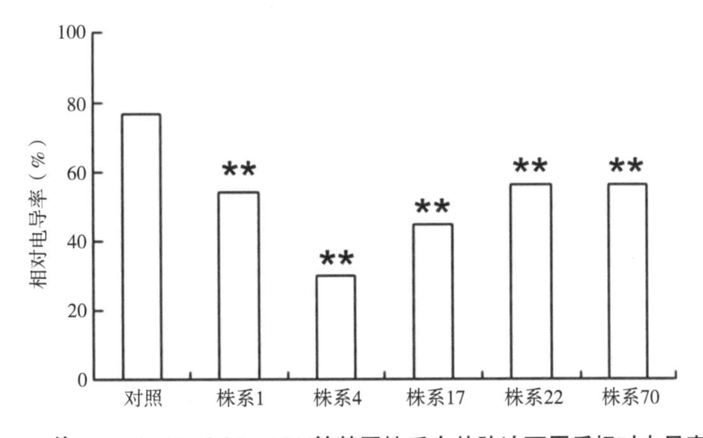

图9-11　徐55-2 Cu/Zn SOD-APX转基因株系在盐胁迫两周后相对电导率降低

利用农杆菌介导法将*atNDPK2*基因转入济08184甘薯胚性悬浮细胞，获得了12个通过分子检测的转基因甘薯植株。以未转基因植株DNA为阴性对照、pCAMB2300-

atNDPK2质粒为阳性对照，对拟转基因植株的基因组DNA进行PCR检测。结果表明有11个拟转基因植株及阳性对照扩增出1 205bp的条带，初步证明这些植株为转基因植株，阳性率达到78.5%。0.5%～0.9%盐胁迫结果表明，转基因株系JN1～JN6的根系发育情况显著优于对照（图9-12）；0.6%盐胁迫下，转基因株系JN1植株生长正常（图9-13），转基因株系JN2～JN6和对照出现黄叶及枯萎，表明转基因株系JN1耐0.6%盐碱。

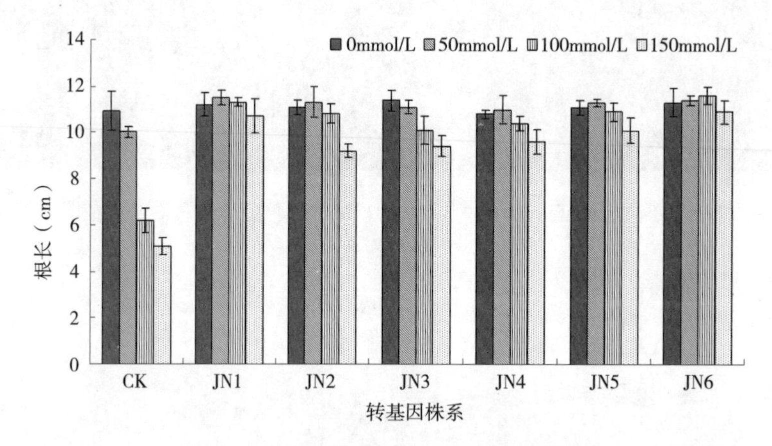

图9-12　盐胁迫对转基因株系根长的影响

图9-13　100mmol/L NaCl处理6d的转基因植株的生长情况

9.2.1.3　甘薯耐盐品种筛选鉴定研究

为从主栽品种中筛选出耐盐碱的甘薯品种，山东省农业科学院甘薯研究团队从2012年开始进行了盆栽试验和大田试验，并在实践中摸索出一套甘薯苗期耐盐鉴定方法。2012年通过室内鉴定和东营利津县0.3%的盐碱地栽植，筛选出耐盐品种济徐23和济05050；中度耐盐品种徐薯18和济04199；不耐盐品种济06210。2017年在东营市河口区汇邦农场进行田间筛选和鉴定，筛选出济薯29、济徐23和济薯26耐盐品种（表9-3），其叶片Na^+含量低于其他品种（系），K^+含量高于其他品种（系）（图9-14），K^+/Na^+含量比值高于其他品种（系），有利于叶片维持正常功能。

表9-3 盐碱地耐盐品种（系）筛选结果（段文学，2018）

品种	地上部鲜重（g/株）	块根鲜重（g/株）	单株薯数（个/株）	块根产量（kg/hm^2）
13047	652.06	324.08	4.29	17 063.58
济薯26	511.21	623.50	4.71	32 738.26
15001	688.81	548.25	3.57	28 690.62
济薯23	961.77	658.16	4.14	34 523.98
10027	662.19	571.08	5.43	30 039.83
紫罗兰	672.20	223.22	2.86	11 627.04
济薯21	878.07	528.39	5.29	27 777.92
15024	962.13	285.47	3.86	15 103.25

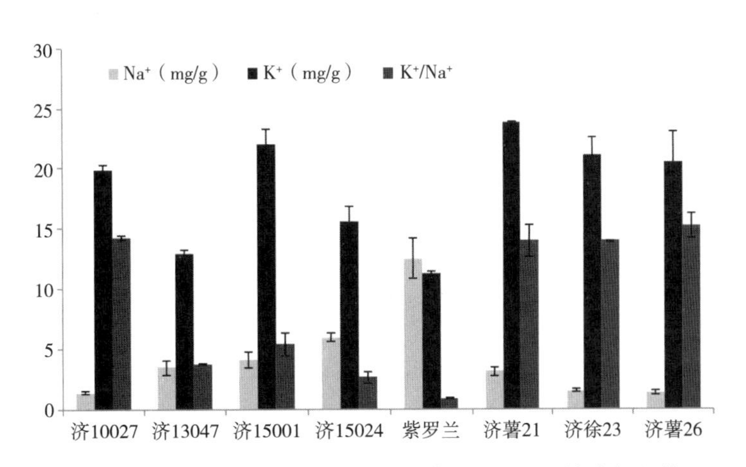

图9-14 盐碱地各品种（系）叶片钠钾离子含量和K^+/Na^+值（段文学，2018）

在山东省农业科学院作物研究所人工气候室进行试验，以18个甘薯品种（系）为试验材料，设置对照和200mmol/L NaCl浓度处理，通过苗期盐土栽培胁迫方式，对各处理下各品种（系）的茎叶鲜重、根系鲜重、茎叶干重、根系干重、叶片相对电导率、Fv/Fm、SPAD值、SOD酶活性、MDA含量、脯氨酸含量、根系活力、根系Na^+和K^+含量及Na^+/K^+比值14个生理指标进行测定，通过对各单项指标的耐盐系数进行相关分析、主成分分析、聚类分析和逐步回归等方法对品种（系）耐盐性进行综合评价

（表9-4）。通过主成分分析，将盐胁迫处理下甘薯苗期的14个单项指标转换成5个彼此独立的综合指标；将18个甘薯品种（系）划分为4种耐盐类型，其中盐敏感型4个、弱耐盐型3个、中度耐盐型7个和高度耐盐型4个（图9-15）。在此基础上，利用逐步回归方法建立了可用于甘薯苗期耐盐性评价的回归方程，同时筛选出茎叶鲜重、根系鲜重、茎叶干重、叶片SPAD值、SOD酶活性、MDA含量、脯氨酸含量和根系Na^+/K^+比值8个可用于甘薯苗期耐盐性评价的生理指标。

表9-4 不同甘薯品种的耐盐性比较（段文学，2017）

品种	CI_1	CI_2	CI_3	CI_4	CI_5	$\mu(X_1)$	$\mu(X_2)$	$\mu(X_3)$	$\mu(X_4)$	$\mu(X_5)$	D值	综合评价
08365	−4.006 0	−0.982 6	−1.559 7	1.199 7	−0.190 2	0.153	0.283	0.000	1.000	0.305	0.229	盐敏感
09049	3.119 2	1.717 1	−0.338 4	−0.340 8	−0.208 8	0.853	0.914	0.273	0.537	0.299	0.758	强耐盐
09110	0.829 9	0.627 8	0.974 7	0.480 9	0.591 4	0.628	0.660	0.567	0.494	0.583	0.613	中度耐盐
11025	−4.473 2	−0.696 6	2.913 3	0.803 0	−0.254 3	0.108	0.350	1.000	0.881	0.282	0.282	盐敏感
12092	−3.854 8	−0.343 4	−0.893 4	−2.124 8	1.334 7	0.168	0.433	0.149	0.000	0.847	0.207	盐敏感
12109	0.382 8	2.083 6	−0.370 3	0.863 9	−0.061 7	0.585	1.000	0.266	0.899	0.351	0.612	中度耐盐
12148	−5.568 1	0.683 2	−0.797 4	0.730 3	−0.675 2	0.000	0.673	0.170	0.859	0.133	0.157	盐敏感
12156	0.521 1	−0.621 5	−0.437 8	−1.925 2	−0.438 7	0.598	0.368	0.251	0.060	0.217	0.484	弱耐盐
12211	−0.669 6	−0.545 1	−1.027 8	−0.042 1	−0.020 9	0.481	0.386	0.119	0.626	0.365	0.447	弱耐盐
12231	−0.506 9	0.814 4	0.495 9	0.969 8	1.765 5	0.497	0.703	0.460	0.931	1.000	0.571	中度耐盐
13055	2.784 5	−2.194 8	−1.144 6	0.963 7	0.042 2	0.820	0.000	0.093	0.929	0.388	0.668	中度耐盐
紫罗兰	−1.869 7	−0.702 8	0.515 2	0.023 5	−1.016 6	0.363	0.349	0.464	0.646	0.012	0.379	弱耐盐
烟薯25	0.757 6	0.336 6	−0.164 6	−1.596 0	−0.534 5	0.621	0.592	0.312	0.159	0.183	0.534	中度耐盐
济薯18	−0.613 6	1.214 3	0.079 9	0.272 3	0.369 0	0.487	0.797	0.367	0.721	0.504	0.526	中度耐盐
济薯21	3.658 4	−1.819 5	1.310 4	−0.048 2	0.712 5	0.906	0.088	0.642	0.625	0.626	0.769	强耐盐
济薯23	3.637 6	−0.287 2	−0.429 8	0.667 2	0.215 4	0.904	0.446	0.253	0.840	0.449	0.778	强耐盐
济薯25	1.258 9	0.354 9	1.151 5	−0.912 7	−1.049 2	0.671	0.596	0.606	0.365	0.000	0.604	中度耐盐

（续表）

品种	CI_1	CI_2	CI_3	CI_4	CI_5	$\mu(X_1)$	$\mu(X_2)$	$\mu(X_3)$	$\mu(X_4)$	$\mu(X_5)$	D值	综合评价
济薯26	4.611 9	0.3616	−0.277 0	0.977 2	−0.580 4	1.000	0.598	0.287	0.933	0.167	0.857	强耐盐
		权重（w_j）				0.689 9	0.096 1	0.088 8	0.083 0	0.042 2		

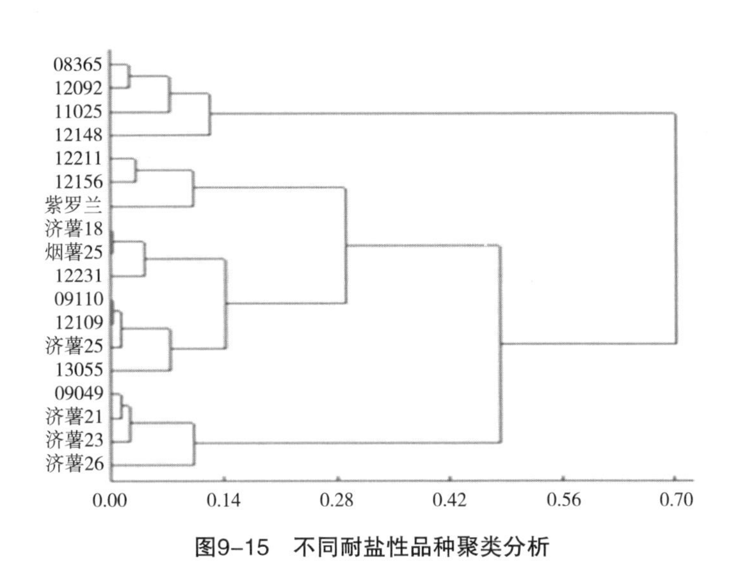

图9-15　不同耐盐性品种聚类分析

9.2.2　提高甘薯耐盐碱能力的农艺措施

在培育出耐盐碱甘薯新品种的前提下，研究在盐碱条件下提高甘薯成活率、提高产量和品质的各项栽培措施。

9.2.2.1　利用化学调控方法提高甘薯苗期耐盐碱能力的措施

山东省农业科学院甘薯创新团队研究发现，ABT生根粉浸根可显著提高甘薯移栽成活率，保水剂浸根处理降低了甘薯移栽成活率，进一步分析得出，保水剂在保水的同时也保盐。山东省农业科学院甘薯创新团队以济徐23为试验材料，研究DA-6对不同盐分条件下甘薯生物量、形态、光合和相关代谢生理的影响。从结果可以看出DA-6能促进甘薯生物量的增加，尤其是40mg/L的处理效果最佳，济徐23在200mg/L和300mg/L的盐胁迫下表现出很好的耐盐特性，生物量没有明显降低。

山东省农业科学院甘薯创新团队于2015年以济薯21和济徐23为试验材料，研究外源DA-6和茉莉酸甲酯对盐碱条件下甘薯苗期生长和抗氧化酶系统的影响，以期为盐碱地甘薯生产提供理论依据。结果表明，在淡水条件下，DA-6和茉莉酸甲酯均提高了济薯21的地上部鲜重和根部重量，对主蔓长度没有显著影响。盐碱胁迫显著抑制了济薯21的生长，随着盐碱胁迫的增加，甘薯的地下部生物量显著下降，DA-6和茉莉酸甲酯均能显著提高济薯21的耐盐碱能力（表9-5）。

表9-5　DA-6对甘薯耐盐性的影响

品种	DA-6剂量（mg/L）	盐浓度（mg/L）	地上部鲜重（g）	蔓长（cm）	分枝数	叶片数	地上部单株干重（g）
济薯21	CK	CK	54.5	49.6	3.5	34.3	14.0
		200	16.5	36.6	3.0	15.8	5.6
		300	33.6	44.3	2.0	14.5	4.8
		400	23.9	43.5	2.0	14.3	3.6
	20	CK	56.9	59.2	2.7	22.3	8.0
		200	27.1	60.0	1.0	12.8	3.5
		300	20.9	47.8	2.7	20.3	3.8
		400	34.2	44.4	2.0	16.6	5.3
	40	CK	164.7	84.0	2.8	32.8	20.0
		200	52.6	66.6	2.0	21.0	6.8
		300	46.9	79.3	3.0	22.3	6.3
		400	55.0	58.6	1.5	21.5	7.4
济徐23	CK	CK	34.0	38.2	1.0	9.3	2.6
		200	40.6	45.8	1.0	10.3	3.1
		300	42.6	65.8	1.3	15.7	5.8
		400	27.9	61.8	1.0	14.5	6.2
	20	CK	49.3	81.8	1.7	21.3	8.2
		200	46.4	78.6	1.2	21.3	8.5
		300	54.8	82.3	1.5	20.8	7.7
		400	48.4	108.0	1.5	25.0	11.4
	40	CK	102.6	87.0	1.7	27.6	10.1
		200	39.1	58.3	1.0	12.0	4.4
		300	49.2	64.3	1.5	17.4	5.7
		400	32.5	48.5	1.0	16.0	5.3

（续表）

品种	DA-6剂量（mg/L）	盐浓度（mg/L）	地上部鲜重（g）	蔓长（cm）	分枝数	叶片数	地上部单株干重（g）
济徐23	60	CK	37.6	54.5	2.0	13.0	5.1
		200	51.4	54.5	1.5	23.0	10.3
		300	39.5	39.5	1.5	16.8	3.3
		400	22.8	47.8	1.3	15.8	5.3

9.2.2.2 利用腐植酸钾肥提高甘薯的耐盐性

山东省农业科学院甘薯创新团队为了探索提高甘薯田间耐盐碱的能力，于2015年以耐盐碱甘薯品种济徐23和不耐盐碱甘薯品种济薯25为试验材料，进行了穴施腐植酸钾肥料（腐植酸含量为55%）对盐碱地甘薯影响的试验，试验结果表明，腐植酸钾可显著提高甘薯的耐盐性，提高盐碱地甘薯的移栽成活率，提高生育进程，延长叶片功能期，进而提高甘薯产量。

盐胁迫条件下，植物内源激素的含量会发生变化，从而调控植物的一系列生理和生化反应。而一些植物激素（如赤霉素GA和生长素IAA）可提高植物抗盐性，抵消盐分胁迫，促进植物生长，ABA被认为是植物感知逆境的信息物质，在盐胁迫条件下，抗盐性强的品种ABA含量较稳定；从本试验结果可以看出，施用腐植酸钾提高甘薯生长前期叶片中的生长素（IAA）含量（图9-16）和赤霉素（GA）（图9-17），降低了叶片中的脱落酸（ABA）含量（图9-18），赤霉素（GA）和生长素（IAA）含量的提高促进了叶片生长，提高光合效率，促进生育进程，供试的两个品种变化趋势基本相似，说明腐植酸钾可提高甘薯的耐盐性，提高盐碱地甘薯的移栽成活率，提高生育进程，延长叶片功能期，进而提高甘薯产量。

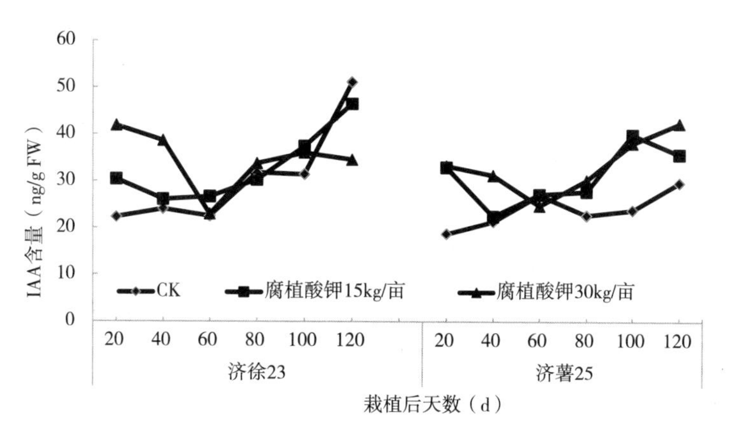

图9-16 腐植酸钾对甘薯叶片IAA含量的影响

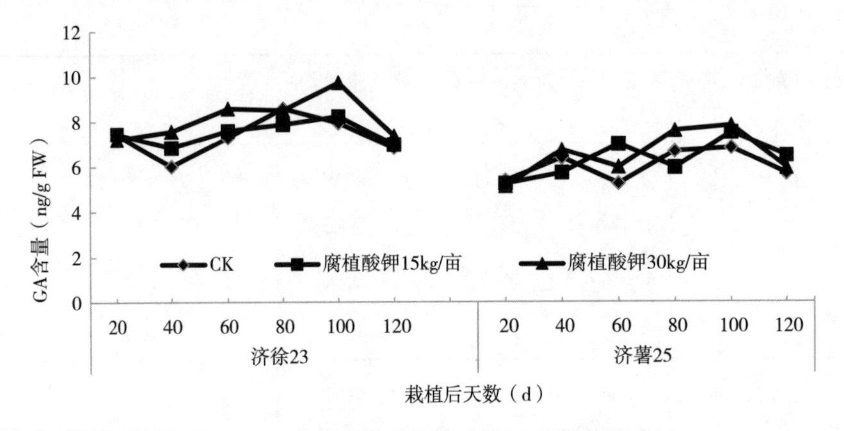

图9-17　腐植酸钾对甘薯叶片GA含量的影响

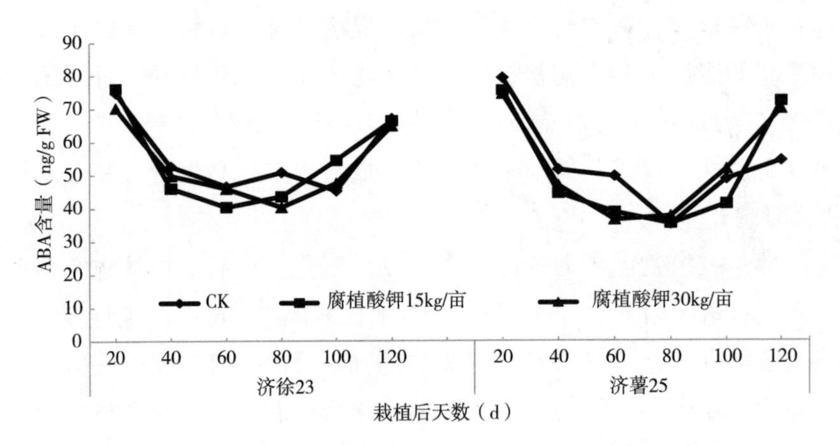

图9-18　腐植酸钾对甘薯叶片ABA含量的影响

9.2.2.3　农业措施对盐碱地鲜食型甘薯产量和品质的影响研究

（1）盐碱地地膜和肥料协同试验。山东省农业科学院甘薯创新团队于2014年在山东省德州市采用济薯25种植于盐渍化潮土上开展了盐碱地覆膜肥料协同效应研究，土壤pH值8.05，盐分含量0.28%，土壤有机质16.3g/kg，碱解氮55.7mg/kg，速效磷18.42mg/kg，速效钾174mg/kg。前茬作物为玉米。试验设计如下，肥料因素共设T1：CK（不施肥）、T2：P7K9（每亩施P_2O_5 7kg、K_2O 9kg）、T3：N6P7（每亩施纯N 6kg、P_2O_5 7kg）、T4：N6K9（每亩施纯N 6kg、K_2O 9kg）、T5：N6P7K9（每亩施纯N 6kg、P_2O_5 7kg、K_2O 9kg）共5个处理，覆膜因素设覆膜和不覆膜2个处理，肥料一次性基施。

结果表明，在不覆膜的情况下，地上部秧重和甘薯产量基本成反比关系，N6K9处理时亩产最高（图9-19）达2 241.4kg/亩，在此盐分和养分含量下，氮和钾是甘薯施肥的关键因素。在覆膜情况下，地上部秧重和甘薯块根产量成反比关系，不施肥时产量最高达3 457.7kg/亩，氮肥施用只增加地上部秧重，磷、钾肥施用提高了土壤盐离子含量，甘薯反而减产（图9-20）。

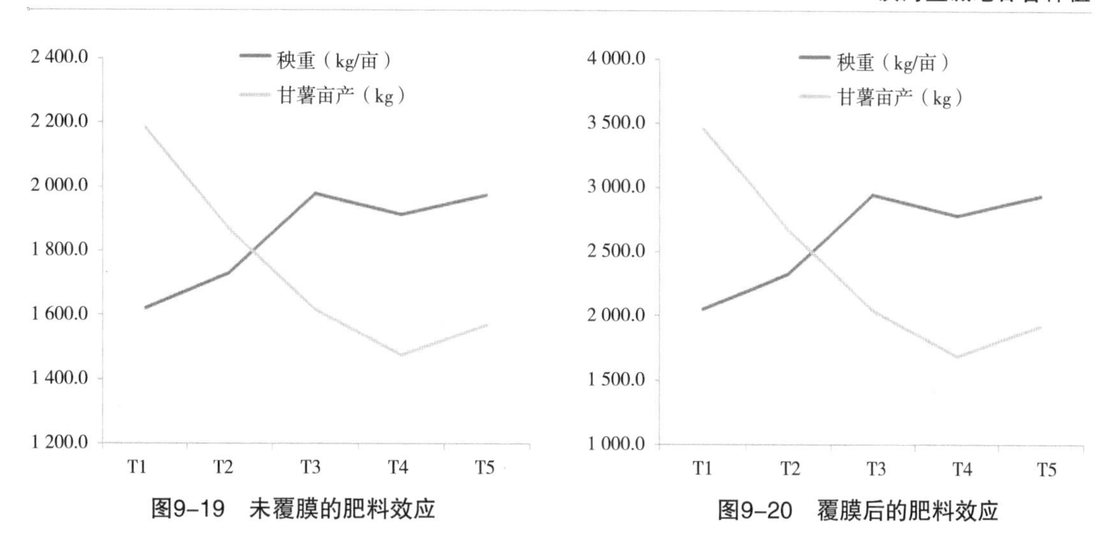

图9-19 未覆膜的肥料效应

图9-20 覆膜后的肥料效应

（2）氮磷钾不同配比对盐碱地鲜食型甘薯产量和品质的影响研究。山东省农业科学院甘薯研究团队于2016年和2017年在东营市河口区汇邦农场进行了肥料运筹对盐碱地甘薯产量和品质影响的试验，品种为济薯26，试验地为轻壤土，地力中等，土壤盐碱含量为0.20%～0.30%，栽插前黑地膜覆盖，肥料试验处理设置3因素、3水平试验（表9-6）。试验结果表明，每亩施5kg P_2O_5配10kg K_2O和10kg P_2O_5配20kg K_2O均显著提高盐碱地甘薯的产量。从品质评比结果可以看出，在盐碱地条件下适当的钾肥和氮肥处理对甘薯的产量具有重要的增产效果，其中以10kg/亩K_2O和10kg/亩纯氮处理产量最高，比对照高24.8%，随着钾肥施用量的增加，产量下降；在10kg/亩K_2O的前提下，纯氮的增加，产量增加；P_2O_5在盐碱地对甘薯的产量影响不明显。钾肥对甘薯品质具有提升作用，随着钾肥施用量的增加，甘薯的食用品质有增加的趋势，而氮肥和磷肥一定程度上降低了甘薯的品质（表9-7）。

表9-6 盐碱地肥料处理方案

处理编号	K_2O（kg/亩）	纯N（kg/亩）	P_2O_5（kg/亩）	产量（kg/亩）	品质得分
$N_0P_0K_0$	0	0	0	2 414.1b	61.9
$N_1P_1K_0$	0	5	5	2 500.4ab	47.0
$N_2P_2K_0$	0	10	10	2 804.6ab	49.0
$N_0P_1K_1$	10	0	5	2 537.0b	56.9
$N_1P_2K_1$	10	5	10	2 816.5ab	56.6
$N_2P_0K_1$	10	10	0	3 260.9a	58.4
$N_0P_2K_2$	20	0	10	2 594.2b	75.8

（续表）

处理编号	K_2O（kg/亩）	纯N（kg/亩）	P_2O_5（kg/亩）	产量（kg/亩）	品质得分
$N_1P_0K_2$	20	5	0	2 656.5ab	67.5
$N_2P_1K_2$	20	10	5	2 523.1b	50.3

（3）不同肥料类型和调节剂对盐碱地鲜食型甘薯产量和品质的影响研究。山东省农业科学院甘薯创新团队于2016年在东营市河口区汇邦农场进行了不同肥料类型和调节剂对盐碱地鲜食型甘薯产量和品质的影响研究，试验品种为济薯26，土壤肥力适中，盐碱度0.3%，亩施有机肥5m³/亩、15-15-15复合肥40kg/亩、腐植酸钾肥20kg/亩、土壤修复剂20kg/亩、大豆10kg/亩、根施宝10kg/亩、周天专用复合肥40kg/亩和200mL/亩多肽酶浇根以及在栽后亩施硼酸钠肥50g/亩、烯效唑10g/亩喷施。试验结果表明根施宝、多肽酶喷施、硼酸钠喷施均显著提高了甘薯盐碱地产量；根施宝、腐植酸、多肽酶浇根、喜多合剂和复合肥处理均改善了甘薯盐碱地的品质，而薯宝、烯效唑降低了甘薯的口味品质（表9-7）。根施宝对甘薯盐碱地产量和品质均有显著提高。

表9-7　不同调节剂处理对济薯26产量和品质的影响（2016）

处理	产量（kg/亩）	食味评分
腐植酸	2 193.9	73
施耐德	2 658.2	70
大豆	2 014.9	75
多肽酶浇根	2 089.0	70
多肽酶喷施	2 570.5	62.5
硼酸钠	2 533.5	60
烯效唑	2 319.9	55
喜多合剂	2 245.8	70
复合肥	1 829.7	70
修复剂	2 177.9	65
薯宝	2 407.5	55
周天	2 191.5	65
CK	2 329.7	60

9.2.3 盐碱地甘薯高产栽培技术

山东省农业科学院作物研究所甘薯研究中心根据多年在山东东营、滨州等盐碱地进行耐盐甘薯栽培和育种工作，研究出一种在盐碱地甘薯轻简化高产栽培技术，解决在0.3%～0.5%的盐碱地甘薯栽培保苗难、发育迟缓、产品质量差、产量低的问题，实现中度盐碱地甘薯的高产、优质、高效的统一。该技术的核心就是在盐碱地采用耐盐碱甘薯新品种济徐23，灌水压碱、深耕断碱、增施有机肥和氮肥、地膜覆盖、适时晚栽、施用腐植酸钾肥料、生根粉浸苗、前期化学调控促秧等一系列技术手段，具体来说包括以下几个步骤。

9.2.3.1 选用耐盐甘薯品种

在盐碱地种植甘薯必须有耐盐碱的品种，选用淀粉型甘薯新品种济徐23和鲜食型新品种济薯26，济徐23由山东省农业科学院作物研究所和徐州甘薯研究中心合作育成，2010年通过山东省品种审定委员会审定通过。该品种茎蔓生长势中等，分枝数中等。皮色紫红，肉色洁白。突出特点：耐盐、耐涝、抗旱、高产、淀粉含量高，丘陵旱薄地春薯淀粉率一般在23%～25%，烘干率和淀粉率比徐薯18高2个百分点左右，薯干平整洁白，淀粉白度高，高抗甘薯根腐病，中抗茎线虫病，黑斑病抗性较弱。平原肥地种植鲜薯产量仍可达2 500～3 000kg。黄河三角洲盐碱地种植，鲜薯亩产2 656.6kg，薯干亩产777.04kg。

济薯26为山东省农业科学院甘薯创新团队育成的鲜食型新品种，该品种萌芽性较好，中蔓，分枝数10个左右，茎蔓较细，叶片心形，顶叶黄绿色带紫边，成年叶绿色，叶脉紫色，茎蔓绿色带紫斑；薯块纺锤形，红皮黄肉，结薯集中薯块整齐，单株结薯4个左右，大中薯率较高；薯干较平整，可溶性糖含量高，食味优；较耐贮；抗蔓割病，中抗根腐病和茎线虫病，感黑斑病，综合评价抗病性一般。2012—2013年参加国家甘薯北方薯区区域试验，在2013年生产鉴定试验中，济薯26鲜薯平均亩产2 317.4kg，比对照徐薯22增产14.34%；薯干亩产595.5kg，比对照增产4.92%，2014年通过国家鉴定。济薯26在东营中度盐碱地表现为优异的耐盐碱性，2017年在利津县盐窝镇大后赵村示范田的亩产量达到2 879.7kg。

9.2.3.2 壮苗培育

（1）种薯选择和消毒。选取具有原品种特征，薯形端正，无冷、冻、涝、伤和病害的薯块，单块大小为150～250g；用50%的多菌灵可湿性粉剂500～600倍药液浸种3～5min或用50%甲基硫菌灵可湿性粉剂200～300倍药液浸种10min，浸种后立即排种。种薯的质量应符合GB 4406的规定。农药的使用应符合GB/T 8321的规定。从异地调种时应经过当地病虫害检疫部门检查，防止外地病虫害的入侵。

（2）育苗时间。根据甘薯品种类型，结合栽插时期确定育苗时间。淀粉型品种宜早栽，排种时间在3月15—20日；鲜食型和高花青素型品种宜晚栽，排种时间在3月20—25日。育苗的操作应符合DB 37/T 2527的规定。

（3）壮苗标准。壮苗应具有本品种特征，苗龄30～35d，苗长20～25cm，顶部三叶齐平，叶片肥厚，大小适中，茎粗壮（直径0.5～0.6cm），节间短（3～4cm），茎韧而不易折断，折断时白浆多而浓，全株无病斑，春薯苗百株鲜重0.5kg以上，夏薯苗百株鲜重1.0kg以上。壮苗标准应符合DB 37/T 2157的规定。

9.2.3.3 整地施肥

（1）整地保墒，灌水压碱。没有水浇条件的地块，要秋深耕、春耙耱保墒、减少明暗坷垃，等雨栽插，趁墒抢栽，力争全苗。有水浇条件的地块，栽前7～10d，用淡水对盐碱地进行浇灌，使耕层土壤在浸泡条件下保持24h，将盐碱压到耕层以下。

（2）增施有机肥和氮肥。当土壤表面淹灌水分自然下渗后，地面能进行田间操作条件下，每亩撒施腐熟的农家肥6～8m^3、尿素15～20kg。肥料的使用应符合NY/T 496的规定。

（3）起垄、覆膜。施肥后对田地进行深翻，深度30～35cm，平整后起垄，垄距85～95cm，垄高25～30cm，垄面宽20～30cm；破垄施入腐植酸钾（$N+P_2O_5+K_2O=8+8+20$，腐植酸含量5%）40～50kg/亩；施肥后立即封垄，并用塑料薄膜覆盖垄表面，并在膜下铺设滴灌带。肥料的使用应符合NY/T 496的规定。地膜的使用应符合GB/T 25413的规定。

9.2.3.4 田间栽插

（1）适时晚栽，合理密植。

①栽插时间：盐碱地春薯应适当晚栽，淀粉型品种栽插时间宜在5月5—10日，鲜食型和高花青素型品种宜在5月10—15日；夏薯宜抢时早栽，淀粉型品种栽插时间宜在6月5—10日，鲜食型和高花青素型品种宜在6月10—15日。

②栽插密度：春薯栽插密度淀粉型品种为3 000～3 300株/亩，鲜食型品种为3 300～3 500株/亩，高花青素型品种为2 800～3 000株/亩；夏薯栽插密度淀粉型品种为3 300～3 500株/亩，鲜食型品种为3 800～4 000株/亩，高花青素型品种为3 300～3 500株/亩。

（2）栽插方法。选用壮苗，采用斜插露三叶的方式进行栽插，栽插前用多菌灵500倍液浸泡种苗基部10～15min，再用ABT生根粉600倍液浸泡种苗基部1min，然后进行栽插，每垄栽插1行，株距为25～28cm，栽插时应尽量减少对地膜的破坏，扦插后及时覆土封住扦插口。农药的使用应符合GB/T 8321的规定。

9.2.3.5 田间管理

（1）肥水管理。

一是栽插时浇足窝水，保证秧苗成活，缓苗后遇旱及时浇水。

二是栽后30～40d追施纯氮7.5～9.5kg/亩，甘薯进入块根膨大期后，用0.5%尿素和0.2%磷酸二氢钾溶液30kg/亩进行叶面喷肥，每隔7d喷1次，喷施3～4次。肥料的使用应符合NY/T 496的规定。

（2）前期促秧、中后期控旺。

一是栽后20～30d，用浓度为30～50mg/L己酸二乙氨基乙醇酯（DA-6）兑水30kg/亩进行叶面喷施。农药的使用应符合GB 4285和GB/T 8321的规定。

二是肥水条件好的地块，生长中期如果出现旺长现象，用5%的烯效唑可湿性粉剂进行叶面喷施，每次用量为30～50g/亩兑水30kg，每隔7～10d喷洒1次，连续喷3～4次。农药的使用应符合GB 4285和GB/T 8321的规定。

（3）病虫害防治。按照“预防为主，综合防治”的植保方针，坚持以“农业防治、生物防治为主，化学防治为辅”的原则，防治盐碱地甘薯病虫害。病虫害的防治应符合DB37/T 2542（所有部分）和DB37/T 2157的规定。农药的使用应符合GB 4285和GB/T 8321的规定。

9.2.3.6 适时收获

淀粉型甘薯在10月下旬至11月初完成收获；鲜食型甘薯和高花青素型甘薯在10月中上旬开始收获，霜降前收完，晴天上午收获，同时把薯块分成3级（200g以下、200～500g和500g以上），经过田间晾晒，当天下午入窖，应轻刨、轻装、轻运、轻卸，防止破伤。

9.2.3.7 品质要求

甘薯产品质量应符合LS/T 3104的规定。

9.2.3.8 贮藏

选择合适的贮藏窖，建在背风处。

9.2.3.9 实例

2012年在黄河三角洲东营青坨农场利用本发明和传统栽培技术栽培耐盐碱品种济徐23和不耐盐碱的品种济薯22做甘薯耐盐碱试验，结果见表9-8，试验结果表明利用本发明栽培的济徐23亩产量达到2 650.5kg，取得了甘薯耐盐碱种植的新突破。而用传统地膜覆盖和传统露地栽培技术种植的济徐23产量分别是1 872.5kg和1 429.6kg，本技术分别比这两种方法增产28.82%和45.65%；利用本技术种植的不耐盐碱品种济薯22的产量严重降低，但是利用传统方法栽插的济薯22产量更低，分别比本技术处理的产量降低44.14%和74.36%。试验结果证明，与传统方法相比，在中度盐碱地条件下，利用本技术都能明显增加甘薯的产量。

表9-8　不同品种不同处理在盐碱地条件下的成活率和产量（2012年）

品种	栽培方法	薯苗成活率（%）	产量（kg/亩）
济徐23	本栽培技术	92	2 650.5
	传统地膜覆盖	78	1 872.5
	传统露地栽培	64	1 429.6
济薯22	本栽培技术	48	853.8
	传统地膜覆盖	33	476.9
	传统露地栽培	14	218.9

盐碱地是我国未来耕地面积增加的重要来源，甘薯是我国重要的粮食作物之一，因此盐碱地甘薯栽培具有广阔的发展前景。笔者在多年实践与理论研究相结合的基础上，培育出耐盐碱甘薯新品种，提出了盐碱地甘薯轻简化栽培技术规程，为我国盐碱地甘薯高产、优质和高效生产实现了新的突破，对促进我国甘薯产业稳定健康发展，提供粮食和能源安全保障具有重要的作用。

参考文献

陈京，吴应言，1996. 钙对甘薯种苗盐胁迫的缓解效应[J]. 西南师范大学学报（自然科学版），21（2）：78-85.

代红军，柯玉琴，潘廷国，2001. NaCl 胁迫下甘薯苗期叶片活性氧代谢与甘薯耐盐性的关系[J]. 宁夏农学院学报，22（1）：15-18.

段文学，张海燕，解备涛，等，2018. 不同甘薯品种（系）田间耐盐性比较研究[J]. 山东农业科学，50（8）：42-46.

段文学，张海燕，解备涛，等，2018. 甘薯苗期耐盐性鉴定及其指标筛选[J]. 作物学报，44（8）：137-147.

高叶，赵术珍，陈敏，等，2008. NaCl胁迫对甘薯试管苗生长及离子含量影响[J]. 安徽农业科学（35）：15 333-15 335.

郭小丁，邬景禹，钮福祥，等，1993. 在滨海盐渍地鉴定甘薯品种耐盐性[J]. 江苏农业科学（6）：17-18.

过晓明，李强，王欣，等，2011. 盐胁迫对甘薯幼苗生理特性的影响[J]. 江苏农业科学，39（3）：107-109.

过晓明，张楠，马代夫，等，2010. 盐胁迫对5种甘薯幼苗叶片叶绿素含量和细胞膜透性的影响[J]. 江苏农业科学（3）：103-104.

解备涛，王庆美，张海燕，等，2013. 甘薯耐盐碱研究进展[J]. 华北农学报，28（S1）：219-226.

柯玉琴， 潘廷国，2002. NaCl 胁迫对甘薯苗期生长、IAA 代谢的影响及其与耐盐性的关系[J]. 应用生态学报，13（10）：1 303-1 306.

柯玉琴， 潘廷国，2001. NaCl 胁迫对甘薯叶片水分代谢、光合速率、ABA 含量的影响[J]. 植物营养与肥料学报，7（3）：337-343.

柯玉琴，潘廷国，1999. NaCl胁迫对甘薯叶片叶绿体超微结构及一些酶活性的影响[J]. 植物生理学报，25（3）：229-233.

孔令安，郭洪海，董晓霞，2000. 盐胁迫下杂交酸模超微结构的研究[J]. 草业学报，9（2）：53-57.

李燕，张欢，张铅，等，2017. 甘薯抗病基因*IbSWEET10*的克隆与功能分析[C]//2017年中国作物学会学术年会摘要集.

刘桂玲，郑建利，范维娟，等，2011. 黄河三角洲盐碱地条件下不同甘薯品种耐盐性[J]. 植物生理学报，47（8）：777-784

刘伟，潘廷国，柯玉琴，1998. 盐胁迫对甘薯叶片氮代谢的影响[J]. 福建农业大学学报（4）：107-111.

刘伟，魏日凤，潘廷国，2005. NaCl胁迫及外源Ca^{2+}处理下甘薯幼苗叶片多胺水平的变化[J]. 福建农业大学学报（2）：109-112.

马箐，于立峰，孙宏丽，等，2012. NaCl胁迫对不同甘薯品种体内离子分配的影响[J]. 山东农业科学，44（1）：43-46.

钮福祥，邬景禹，郭小丁，等，1992. NaCl胁迫对甘薯某些生理性状的影响[J]. 江苏农业学，8（3）：14-19.

孙晓波，谢一芝，马鸿翔，2008. 甘薯幼苗对海水胁迫的生理生化响应[J]. 江苏农业学报，24（5）：600-606.

王宝山，范海，徐华凌，等，2017. 盐碱地植物栽培技术[M]. 北京：科学出版社.

王灵燕，贾文娟，鲍敬，等，2012. 不同甘薯品种苗期耐盐性比较[J]. 山东农业科学（1）：60-63.

王欣，过晓明，李强，等，2011. 转逆境诱导型启动子SWPA2驱动Cu/Zn SOD和APX基因甘薯［*Ipomoea batatas*（L.）Lam.］耐盐性[J]. 分子植物育种，9（6）：754-759.

赵可夫，1993. 植物抗盐生理[M]. 北京：科学出版社.

CRAM W J，1973. Chloride Fluxes in Cells of the Isolated Root Cortex of Zea Mays[J]. Australian Journal of Biological ences，26（4）：757–780.

FAN W，DENG G，WANG H，et al.，2014. Elevated compartmentalization of Na^+ into vacuoles improves salt and cold stress tolerance in sweetpotato（Ipomoea batatas）[J]. Physiologia Plantarum，154（4）：560–571.

GRATTAN S R，GRIEVE C M，1992. Mineral element acquisition and growth response of plants grown in saline environments[J]. Agriculture Ecosystems & Environment，38（4）：275–300.

LI Y，ZHANG H，ZHANG Q，et al.，2019. An AP2/ERF gene，IbRAP2-12，from sweetpotato is involved in salt and drought tolerance in transgenic Arabidopsis. [J]. Plant Science An International Journal of Experimental Plant Biology，281：19–30.

MOONS A，BAUW G，PRINSEN E，et al.，1995. Molecular and physiological responses to abscisic acid and salts in roots of salt-sensitive and salt-tolerant Indica rice varieties[J]. Plant Physiol，107：177–186

WANG B，ZHAI H，HE S Z，et al.，2016. A vacuolar Na^+/H^+ antiporter gene，IbNHX2，enhances salt and drought tolerance in transgenic sweetpotato[J]. Scientia Horticulturae，201：153–166.

YEO A R，FLOWERS T J，2010. Varietal differences in the toxicity of sodium ions in rice leaves[J]. Physiologia Plantarum，59（2）：189–195.

ZHAI H，WANG F B，SI Z H，et al.，2016. A myo-inositol-1-phosphate synthase gene，IbMIPS1，enhances salt and drought tolerance and stem nematode resistance in transgenic sweet potato[J]. Plant Biotechnology Journal，14（2）：592–602.

10 滨海盐碱地复合型种植模式

10.1 传统复合种植模式

10.1.1 农作物间套作技术

农作物间套作指的是两种或两种以上作物复合种植在耕地上的方式，与这种种植方式有关的种植方式还有单作、立体种植和立体种养等。我国间混套作的发展历史悠久，分布广泛，且类型方式多样，逐步向规范化发展，目前集约种植水平不断提高，向高效益化发展。包括不同农作物间的间作（粮粮、粮经、粮菜、粮牧等）和农林间作、农（林）菌间作。

10.1.1.1 间套作的概念

（1）单作。在同一田块一季种植一种作物的种植方式，也叫清种、纯种、平作、净种。特点是作物单一、管理方便、便于机械化、劳动生产率高。如小麦、水稻、大豆、玉米等成方连片种植。

（2）间作。在同一田地上于同一生长期内，分行或分带相间种植两种或两种以上作物的种植方式。所谓分带是指间作作物成多行或占一定幅度的相间种植，形成带状，构成带状间作，如4行棉花间作4行甘薯，2行玉米间作3行大豆等。间作因为成行或成带种植，可以实行分别管理。特别是带状间作，较便于机械化或半机械化作业，与分行间作相比能够提高劳动生产率。

（3）套作。也称套种、串种，是在前季作物生长后期在其行间播种或移栽后季作物的种植方式。套作与间作都有两种作物的共生期，前者的共生期只占全生育期的小部分，后者的共生期占全生育期的大部分或几乎全部。套作先用生长季节不同的两种作物，一前一后结合在一起，两者互补，使田间始终保持一定的叶面积指数，充分利用光能、空间和时间，提高全年总产量。

（4）混作。同一田块同期混合种植两种或两种以上作物的种植方式也称混种。特点是分布不规则、行内或隔行种植、撒播、不便分别管理、作物间比较接近。

不同种植方式有不同标识形式（图10-1）。复种用“—”表示，如肥—稻—稻；套作用“/”表示，如小麦/玉米；间作用“‖”表示，如玉米‖大豆；混作用“×”表示，如小麦×豌豆。

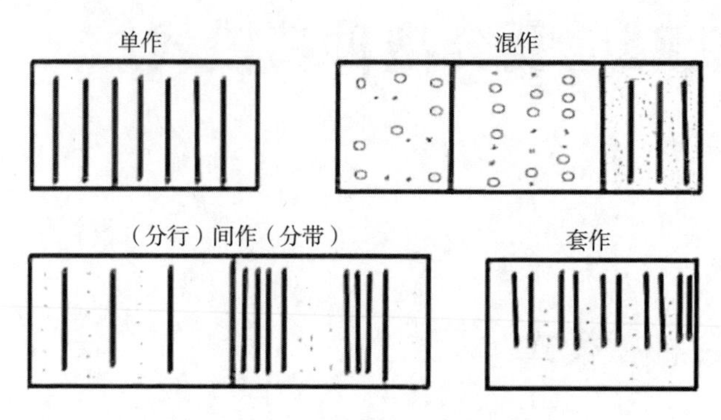

图10-1　不同种植方式示意图

10.1.1.2　间套作在农业生产中的意义

间套作人工复合群体具有明显的增产增效的作用，其原理在于种间互补和竞争，主要表现为空间互补、时间互补、养分互补、水分互补和生物间互补等。大大提高土地利用率，可以多收获一季作物。我国一亩耕地相当于1.6亩用，以占世界7%的耕地养活了占世界22%的人口。半个世纪内种植指数提高了30个百分点，约增加了4亿亩播种面积，每亩增产以250kg计，年增产1亿t上下的粮食，约等于同期增加粮食总产量的1/3，对中国农业生产起着决定性作用。

（1）增产。试验研究和生产实践证明，合理的间、套作比单作具有促进增产高产的优越性。从自然资源来说，在单作的情况下，时间和土地都没有充分利用，太阳能、土壤中的水分和养分有一定的浪费，而间、套作构成的复合群体在一定程度上弥补了单作的不足，能较充分地利用这些资源，把它们转变为更多的作物产品。

（2）增效。在农业现代化进程中，如何解决农业效益低、农民收入少的问题，在高产的基础上，进一步实现高效益很有必要。合理的间、套作能够利用和发挥作物之间的有利关系，可以较少的经济投入换取较多的产品输出。因此，我国南方、北方都有大量生产实例证明其经济效益高于单作。黄淮海大面积的麦棉两熟，一般每亩纯收益比单作棉田提高15%左右，如棉花与瓜、菜、油间套作，有的比单作棉田收入高达2～3倍；山东省在小麦—玉米、小麦—花生、小麦—黄烟一年两熟的基础上，纳入瓜、果、菜，一年三作或四作，在保证粮食及油、烟等主体作物增产的前提下，一般可亩增纯收入200～300元。

（3）稳产保收。合理的间、套作能够利用复合群体内作物的不同特性，增强对灾害天气的抗逆能力，如黄淮海一带采用的高产玉米与抗旱的谷子间作，利用复合群体内形成的特有的小气候，抑制一些病虫害的发生蔓延；华北的玉米与大白菜套作能减轻大白菜的病虫害，从而有着稳产保收的可能性。为了保证间、套作高产出的生产力，需广泛利用生物作用与现代农业科学技术，进行保护与培养地力，提高土地用养结合水平，维持农田的生态平衡。

（4）协调作物争地的矛盾。间、套作运用得当，安排得好，在一定程度上可以调节粮食作物与棉、油、烟、菜、药、绿肥、饲料等作物以及果林之间的矛盾，甚至陆地作物与水生农用动植物争夺空间的矛盾，从而起到促进多种作物全面发展，推动农业生产向更深层次发展的作用。

10.1.1.3 间套作的效益原理

利用作物组合技术，构建高功能的人工复合群体，人工复合群体是模拟自然群落空间成层性、时间演替性的群落；间、混、套作在作物种类选配时，选择不同生态位的作物种类，有利于减弱竞争，加强互补，提高群体产量。间、混、套作选择空间、营养与时间生态位不同的作物搭配，特别是利用空间生态位差异组配的复合群体，增产效果显著。

（1）异质效应。空间竞争表现在间套作中的高位对矮位作物的遮阴，矮作受光叶面积减少、受光时间缩短，光合效率降低，生长发育不良，遮阴的程度决定于高度差、株型、矮作的幅宽等，作物类型。

利用作物生物学特性的差异，将生态位不同的作物进行组合，使其在形态上“一高一矮”、叶型上“一圆一尖”、生理上“一阴一阳”、最大叶面积出现时间“一早一晚”、养分吸收上的喜磷喜氮结合等，组成一个互补的复合群体结构。如喜光作物水稻、小麦、油菜、玉米、棉花、谷子，搭配耐阴作物大豆、黑麦、马铃薯、豌豆、生姜、荞麦。

（2）密植效应。利用作物形态学的不同，建立透光、通风的共生复合群体，提高种植密度。间套作植物实现分层用光，能充分经济地利用光能；高、矮相间，形成“走廊”，利于空气流通和CO_2供应；苗期扩大全田光合面积，减少漏光损失；在生长盛期增加叶片层次，增强群体内部透光，减少光饱和浪费；在生长后期，提高叶面积系数，在整个生育期内提高了对光能与CO_2的利用率。

另外，高位作物与矮位作物间（混）、套作，高位作物除了能截获从上面射来的光线外，还增加了侧面受光（图10-2）。

（3）边际效应。作物边行的条件不同于内行，由此而表现出来的特有产量效益称为边际效应。共生的高位作物边行由于所处高位的优势，通风条件好，根系竞争能力强，吸收范围大，生育状况和产量优于内行，表现为边行优势或正边际效应。同时，矮位作物边行由于受到高位作物的不利影响，则表现为边行劣势或负边际效应

（表10-1）。边行优势在低肥稀植条件下，水肥条件改善是其增产的主要原因；而在高肥密植条件下，改善光及CO_2供应条件则成为主要原因。

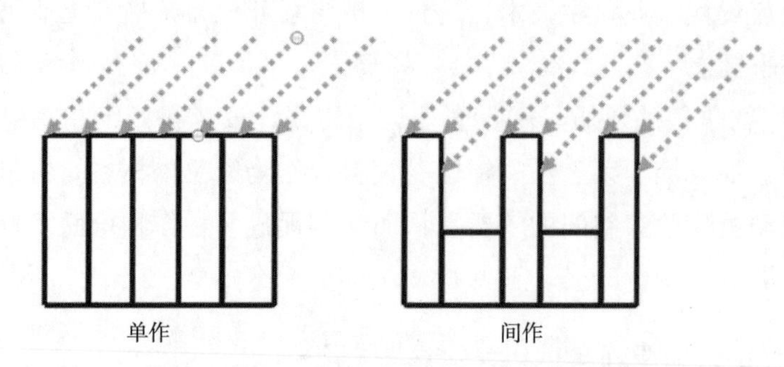

图10-2 单作与间作采光面积示意图

表10-1 不同作物与玉米间作的边行效应

作物种类	边1行（1，6行）	边2行（2，5行）	边3行（3，4行）	6行平均
大豆	93.4	96.8	103.0	97.7
谷子	49.7	80.1	91.0	73.6
花生	67.6	83.0	85.0	78.5
甘薯	61.2	73.9	81.0	72.1
棉花	36.8	55.7	71.0	54.5
马铃薯	86.3	100.2	99.7	95.4

（4）补偿效应。间混套作复合群体中，由于多种作物共处，能减轻病虫、草害和旱涝风害，且当一种作物受害时，其他作物能充分利用未被受害作物利用的环境因素，以弥补受害作物的产量损失。这种效应就称为补偿效应。

国外试验玉米菜豆实行间作，由于天敌增多，叶蝉、黄瓜条叶甲等害虫相比单作菜豆减少。在间混套作田里，因有其他作物隔离，减少接触传染，有些病虫害也能受到抑制。如烟草花叶病是由病毒所引起的病害，严重影响烟草产量和品质，间套作烟田，则往往发病较轻。

此外，间套作能够利用各种作物在时间生态位上的差异，发挥因延长光合时间所起的增产增值效应；利用不同作物间冠、根在空间分布上的层状结构，充分利用空间生态小生境所起到的增产效应。

（5）化感效应。化感效应（化感作用）指植物（包括微生物）之间的生物化学关系，包括有害和有益两个方面。植物在其生育期间地上地下部分经常不断地向周围环境中分泌气态或液态的代谢产物，如碳水化合物，醇类、酚类、醛类、酮类、酯类、有机酸、氨基或亚氨基化合物，对周围的生物产生有利或不利的影响或互不影响。作物之间通过生物化学物质，直接或间接地产生有利的相互影响，称为正对等效应，产生不利的相互影响，称为负对等效应。

如洋葱和棉花间作、套种，洋葱的分泌物挥发气体能抑制棉蚜活动；大蒜和油菜间作，大蒜素可使油菜菌核病发病率大幅度下降；还有一些作物的根系分泌物可作为另一种作物的养分，如豆类根系分泌物中含有较多的有机氮化合物，其中包括多种氨基酸和酰胺多种氨基酸类，可被各类作物吸收利用，禾本科作物的根分泌物有较多的含碳有机化合物，如糖类和有机酸等各类作物根系分泌的无氮酸类，同样能被豆类作物根系吸收利用，以平衡体内碳氮比。鹰嘴豆根、茎、叶分泌的草酸对蓖麻起抑制作用。

10.1.1.4 间套作技术要点

间、套作的增产效果已为科学试验和生产实践所验证。但是，如果复合群体中的种间和种内关系处理不当，竞争激化，结果会适得其反。如何选择好作物组合，配置好田间结构，协调好群体矛盾，成为间、套作技术特点的主要内容。

（1）选择适宜的作物和品种。选择间套作的作物及其品种，首先，要求它们对大范围的环境条件的适应性在共处期间要大体相同。如水稻、花生、甘薯等对水分条件的要求不同，它们之间就不能实行间套作。其次，要求作物形态特征和生育特征要相互适应，以利于互补地利用环境。例如，植株高度要高低搭配，株型要紧凑与松散对应，叶子要大小尖圆互补，根系要深浅疏密结合，生育期要长短前后交错，喜光与耐阴结合。最后，要求作物搭配形成的组合具有高于单作的经济效益。

（2）建立合理的田间配置。合理的田间配置有利于解决作物之间及种内的各种矛盾。在作物种类、品种确定后，合理的田间结构，是能否发挥复合群体充分利用自然资源的优势，解决作物之间一系列矛盾的关键。只有田间结构恰当，才能增加群体密度，又有较好的通风透光条件，发挥其他技术措施的作用。如果田间结构不合理，即使其他技术措施配合得再好，也往往不能解决作物之间争水、争肥，特别是争光的矛盾。

（3）作物生长发育调控技术。在间套作情况下，虽然合理安排了田间结构，但它们之间仍然有争光、争肥、争水的矛盾。为了使间套作达到高产高效，在栽培技术上应做到以下几点。

一是适时播种，保证全苗，促苗早发。

二是适当增施肥料，合理施肥，在共生期间要早间苗，早补苗，早追肥，早除草，早治虫。

三是施用生长调节剂，控制高层作物生长，促进低层作物生长，协调各作物正常生长发育。

四是及时综合防治病虫。

五是早熟早收。

前述间、套作各项技术特点是实现间、套作增产增收效益必须要掌握的内容。其中，作物及品种的选配是调整复合群体中作物之间相互关系，实现增产增收的基础；田间结构的配置是关键；生长发育的调控技术是协调种间关系，发挥间、套、混作技术优势的保证。

10.1.2 冬小麦与夏玉米轮作模式

怎样才能高产增收，是农民朋友最关心的问题。为此，笔者在总结多年科研成果和生产经验的基础上，简要介绍一下滨海盐碱地的冬小麦—夏玉米生产管理的基本程序，这项技术已形成了一套较完整的种植程序，既可确保小麦、玉米当季高产，又可保证全年周期连续高产。在轻度盐碱地上进行科学的辅助栽培措施，对作物生产进行综合管理，可以达到增产增收的效果。

10.1.2.1 冬小麦与夏玉米轮作的生产特点

冬小麦与夏玉米轮作是华北地区的主要种植制度，因两年三熟，农时相当紧张，在生产管理上具有两大特点。

（1）作物构成一个生产系统，农作管理要统筹兼顾。小麦播种前有较充足的时间进行整地、施肥和灌水，而夏玉米则主要利用雨水和小麦磷肥后效。因此两茬作物的施氮量大致相当，而磷肥主要施给冬小麦，钾肥主要施给夏玉米。

（2）两茬综合高产，冬小麦可适当晚播，通过增加播种量来挽回迟播减产。小麦迟播可将冬小麦节余的农时留给夏玉米，使夏玉米品种由早熟改为中熟，夏玉米一天一个产量，通过抢时早播和适当迟收，充分发挥玉米的增产潜力。

10.1.2.2 冬小麦与夏玉米轮作高产栽培技术

（1）冬小麦栽培技术。

①施足基肥：结合深耕深松（25cm左右合适），施有机肥和化肥；精选种子，进行种衣剂包衣或药剂拌种，防治病虫害；灌足底墒水，足墒适期适量播种。一是春季小麦返青阶段，用犁顺垄顶深开沟施基肥，一般亩施优质有机肥2 000kg以上，磷肥50kg，钾肥10kg。二是播种玉米时结合浅刨垄顶开沟施碳酸氢铵约30kg作基氮肥，以满足玉米前期生长发育的需要。

②选择良种：小麦、玉米轮作必须处理好小麦、玉米的良种配套，小麦品种应选择矮秆、抗倒、大穗大粒型品种，可提高小麦当季产量。玉米品种应选择紧凑型中早熟杂交种，叶片上冲，适于密植，既可保证玉米高产稳产，又可早成熟、早倒茬、早种小麦，利于下茬小麦高产。宜选高产、抗倒、抗逆、成穗率高的品种，如强筋小麦高优

503、济麦20号、淄麦12号等；中筋小麦矮抗58、济南19号、山农664等。

③足墒适期套种：苗全、苗齐、苗匀、苗壮是夏玉米高产的基础。足墒播种是确保“四苗”的关键，保证一播全苗。保全苗，雨后锄地，11月下旬平均气温3～4℃时及时灌冬水。春季田间管理以争取壮苗为目标，根据苗情（旺苗、壮苗、弱苗）、地力、墒情等特点，水肥结合，灌水和中耕结合，酌情适量适时施肥、灌水、中耕和化学除草。

④后期管理：扬花灌浆期趁无风天灌水，结合灌水适量施肥或喷施叶面肥，增加粒重，防治干热风；抽穗期喷药防治病虫害。6月中旬适时收获，为夏玉米播种做准备。

（2）夏玉米栽培技术。夏玉米生育期短，必须以促为上，加强科学管理，主要抓好五项措施，麦收后及时中耕灭茬，松土促根培壮苗；拔节期看苗偏追氮肥促平衡；大喇叭口期重追攻穗肥促穗大；做好人工辅助授粉促粒多；及时防治病虫保高产。

①抢时播种：宜选高产、耐密、抗逆的早熟或中熟品种，例如农大108、郑单958、鲁单50、登海9号等。6月下旬通过晒种、包衣、拌种等对种子进行处理，播前施基肥或播时施种肥，足墒播种，化学除草等。如用秸秆还田要格外加施适量氮肥。

②肥水管理：出苗后间苗定苗（直播未施肥的要在4叶期补施氮磷钾肥，套种的要施定苗肥），防治病虫害。7月中旬至8月中旬，中耕1～2次；大喇叭口期重点追施氮肥；大喇叭口至抽雄后20d旱时要浇水；防治病虫害。

③后期管理：高产或脱肥田抽雄后适量施肥、旱时浇水、虫害防治、适时迟收。每晚收一天玉米亩增产5～7kg。

紧凑型玉米杂交种适于高度密植，在一定亩株数的范围之内，单稳产量变化不大，依靠较大的群体夺取高产。上述对作物生产进行综合管理的论述，对整个华北的冬小麦—夏玉米轮作乃至其他作物的轮作、间套作都有普遍指导意义，其配套技术也有一定的参考价值。

10.1.3 小麦与春棉套作模式

小麦套作春棉的种植方式，在我国早有种植。20世纪50年代初期华北和长江流域棉区，就大面积种植过麦棉间、混、套作，终因品种不配套、技术不过关、经济效益不高而种植面积逐年下降。近几年来，在总结实践经验的基础上，经过不断改进提高，使麦棉套作技术得到发展提高，已成为棉区改一熟为麦棉套作两熟或麦、棉和经济作物多熟，实现棉麦双丰收的重要途径，经检验普遍适用于山东滨海盐碱地棉花种植及麦套春棉类型。

10.1.3.1　小麦春棉套作种植方式

（1）以2～2.1m为一带种植。麦行占地宽1m，种6行小麦，小麦行距20cm，空档1～1.1m，翌春在空档中间套种两行春棉，棉花行距46cm，棉行与麦行相距30cm左右。这种种植方式适于土质肥沃、水肥条件较好的地块种植。套作的小麦一般亩产250～350kg，皮棉100～150kg。

（2）以1.67m为一带种植。每带内种4行小麦，2行棉花。小麦行距20cm，棉花小行距46cm，大行距1.2m。小麦也可实行宽窄行种植，每带内4行小麦占地宽46cm，小麦宽行20cm，窄行13.2cm，棉花行距40cm，棉花与小麦行距40cm。这种种植方式适于土质较好、中等以下肥力的地块种植。

（3）以1.5m为一带种植。每带内种3行小麦，2行棉花。小麦行距20cm，棉花行距50cm，麦收后棉花宽行距1m。这种种植方式适于地力中等的地块种植，也适合于轻度盐碱地（图10-3）。

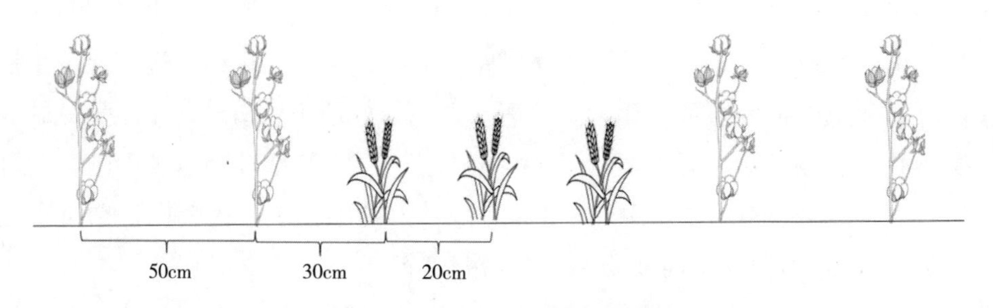

图10-3　小麦与春棉套作模式

10.1.3.2　小麦春棉套作高产栽培技术

套作的春棉花，从播种出苗到前期生长阶段，都是与小麦共生的，由于套作小麦的影响，往往不易全苗，造成缺苗断垄。为了实现一播全苗和壮苗早发，棉花种植采用“两膜”栽培技术，即棉花地膜覆盖和育苗移栽；为获得棉花早熟、高产，减轻套作带来的不利影响，棉花最好育苗移栽大田后再实行地膜覆盖栽培。在具体操作和管理上主要抓好以下几点。

（1）播前准备。

①整地施肥：套作的棉花在播种或移栽前要把棉花行整成高10cm左右的小高垄。小麦种在垄底，棉花种在垄背，这样既有利于小麦浇水，也有利于棉花苗期早发或方便覆盖地膜，缓和套作期间的矛盾。结合整地亩施农家肥不少于5 000～8 000kg，过磷酸钙30～50kg，有条件的还可增施一些饼肥等。

②品种选用：选用抗枯黄萎病的中早熟或中熟棉花品种，种子要经过脱绒、包衣技术处理。常规棉品种选用原种或原种一二代；杂交棉品种选用一代杂交种。

③浇足底墒水：播种前10d左右，3月底4月初，结合浇小麦孕穗水，浇足棉花的底墒水，亩浇水量35～40m^3。

④确定播种期：地膜直播棉，为防止出苗时高温烧苗或是出苗后遇低温冻害，一般4月10日前后选晴天播种；营养钵（块）育苗移栽，在3月底4月初，最迟不晚于4月15日，选晴天下种育苗。

（2）全苗早发技术措施。

①播种方法：地膜直播棉一般采取先播种后覆膜的方法。“4-2”式和“3-2”式麦棉配置，选用幅宽90～100cm的地膜，一膜盖双行；“3-1”式或“4-1”式麦棉配套，选用幅宽60～70cm的地膜，一膜盖一行，覆盖度40%～50%。

营养钵（块）育苗肥料以有机肥为主，有机肥与床土的比例为2：8，有机肥一定要充分腐熟并过筛；选用钵体直径6～7cm，高10cm的大钵制钵器，而后用细水慢流洇钵，等水下渗后，每钵下2～3粒干籽，再覆盖约2.5cm厚的湿润细土，接着喷芽前除草剂，最后按标准搭起弓棚架，覆盖塑料薄膜，把膜边四周用土压严。

②及时打孔放苗和做好苗床管理：地膜直播棉苗出土后，当子叶由黄变绿，抓住晴天及时开孔放苗，特别是遇到晴天高温时，更要注意及早放苗，防止高温膜下烧苗，放苗后等子叶上水分干后，及时用细土封严膜口，以提高地膜的增温保墒效果。

营养钵（块）育苗，当苗齐后及时开口通风调温。棉苗出齐后，选晴天进行间苗，一片真叶进行定苗，做到一钵（块）留一壮苗。苗床浇水，一般出苗前不浇水，不旱不浇水，只有当苗床缺墒、苗茎明显变红时，才需浇水；浇水时要选晴天，采取小水细流1次浇透，切勿大水漫灌和经常浇水，防止形成高脚苗。

③地膜直播棉及时间苗：去弱留强，每穴留2棵苗，长出第2片真叶时定苗，每穴留1棵壮苗。在定苗时凡遇到只缺一苗的，相邻穴可留双苗代替缺苗，如果缺苗2棵及以上的，一定要用营养钵（块）育苗移栽补缺，保证留足所要求的密度。

营养钵（块）育苗，长到3～4片真叶，4月底5月初，即可移栽，按行距要求开沟，带尺按株距要求移栽棉苗，先覆土2/3，接着浇水，等水下渗后，再覆土1/3，然后整平。

④防治病虫害：棉花苗期根病以立枯病和炭疽病为主，多雨年份，猝倒病也比较重；叶病主要是轮纹斑病。按棉苗生长期，以出第一片真叶时最易得病，而发病的环境条件，是低温高湿。所以首先要通过及时中耕、间苗、定苗等管理，改善棉苗生长条件，使棉苗生长健壮，增强棉苗的抗、耐病能力；其次，选用经过脱绒包衣的种子，防治苗病；第三，在低温寒流来临之前喷雾杀菌剂（如多菌灵、杀菌王等）进行防治。

棉花苗期害虫，主要有红蜘蛛、棉蚜、地老虎等，一些年份盲蝽象、棉蓟马、玉米螟也有发生。一般可采用久效磷、甲胺磷等对口农药予以防治；如有地老虎，可配制毒饵防治。如用敌百虫拌棉仁饼或麦麸等。

棉花蕾期、花铃期、吐絮期的田间管理同一般大田。

（3）套作小麦的主要栽培措施。适期播种，施足底肥，努力提高整地、播种质量。如因前茬作物收获晚不能正常播种的，要选用适宜晚播的品种。在不得已的情况下，播种春麦时，播前要施足底肥，并适当浅播。收割小麦时最好是随收随捆，这样既能防止麦秆压毁棉苗，又便于运输。在收割和运输小麦时，注意不伤或少伤棉苗。套作小麦和其他管理同一般大田。

10.1.4 小麦与花生套作模式

麦套花生一般指畦麦套种，小麦按常规种植，不留套种行。在小麦灌浆期套种，亦称夏套花生或麦套夏花生。麦套花生是黄淮海地区主要种植方式，山东省约40万hm^2。麦套花生有较大的高产潜力，已出现大面积7 500kg/hm^{2}以上的高产地块，并形成了一套较完善的栽培技术体系。

10.1.4.1 小麦与花生套作生产特点

麦套花生生育期介于春花生和夏直播花生之间，约130d。麦套花生播种后与小麦有一段共生期，使花生有较长的生长期，有效花期、产量形成期和饱果期均长于夏直播花生。

麦套花生与小麦共生期间不能施基肥，苗期生长受影响，存在争水、争肥、争光情况，花生生育条件差。不利因素主要是遮光，近地层气温比露地低2～5℃，出苗慢始花晚，主茎基部节间细长，侧枝不发达，根系弱，基部花芽分化少，干物质积累少。遮阴下生长的花生在麦收后去除遮阴，还需一段适应缓苗过程，生长极慢。小麦灌浆期耗水很多，干旱时花生常出现“落干”“回苗”现象，不易全苗齐苗。

因此，要夺取麦套花生高产，就必须把好麦后管理关。针对麦套花生的生育特点和近几年的经验，麦套花生麦收后的田间管理上要突出一个“早”字，通过及早中耕锄草、灭茬、施肥、浇水、防治病虫害，为花生健壮生长发育创造良好条件，促进苗全苗齐苗壮，有足够密度，搭好丰产架子。

10.1.4.2 小麦与花生套作栽培技术

（1）套种模式。

①大沟麦套种：小麦播种前起垄，垄底宽70～80cm，垄高10～12cm，垄面宽50～60cm，种2行花生，垄上小行距30～40cm，垄间大行距60cm；沟底宽20cm，播种2行小麦，沟内小麦小行距20cm，大行距70～80cm。花生播种期可与春播相同或稍晚，畦面中间可开沟施肥，亦可覆盖地膜，或结合带壳早播。这种方式适用于中上等肥

力，以花生为主或晚茬麦等条件。一般小麦产量为平种小麦的60%~70%，花生产量接近春花生。

②小沟麦套种：小麦秋播前起高7~10cm的小垄，垄底宽30~40cm，垄面种一行花生；沟底宽5~10cm，用宽幅耧播种一行小麦，小麦幅宽5~10cm。麦收前20~25d垄顶播种花生（图10-4）。

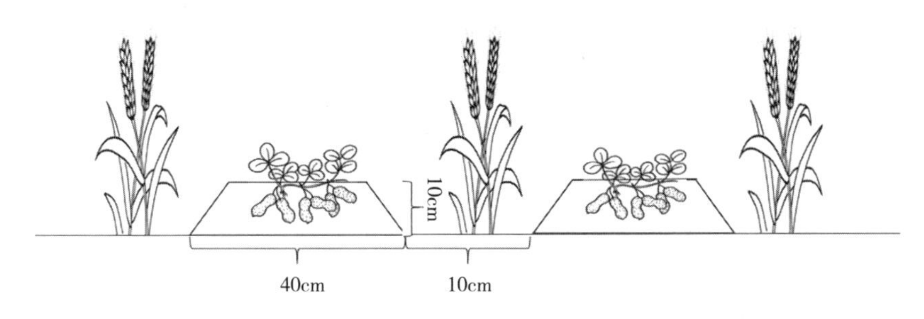

图10-4 小麦与花生套作模式

（2）田间管理措施。

①早中耕锄草灭茬：中耕疏松表土，保墒散墒。调节土壤中水、气、热状况，促进根系发育、根瘤形成及幼苗健壮生长，有利于开花下针。灭茬锄草减少土壤中水分、养分的消耗，减轻病虫为害。中耕要保证质量。农谚说“一遍刮（浅锄灭草），二遍挖（深锄松土），三遍四遍如绣花（细心轻锄）”。每次中耕土面要松细均匀，在花生棵周围松土并把杂草锄净。在中耕后如遇雨，应待天气转晴后再中耕1次。

②早施提苗肥：小麦收获后，要结合中耕灭茬、浇水，及早追施提苗肥，起到苗肥花用的作用，为花生中后期生长发育奠定良好基础。追肥量以亩施筛细的有机肥1 000~1 500kg，尿素5~7.5kg，过磷酸钙15~20kg为宜。若基础肥力不足，应在始花前结合浇水，每公顷追施优质有机肥1.5万~3万kg、尿素300kg、过磷酸钙450~750kg。追肥过晚，将起不到提苗的作用，且易引起花生徒长。

③早浇壮苗水：麦套花生根系发育比春花生弱，不耐旱。小麦收获后，天气干旱，又具备灌溉条件的，可结合中耕施肥，及时浇水防旱，促进幼苗健壮生长。浇水方式以小水润浇，或沟浇为宜。浇水时间以初花期前为宜。

④早防病虫害：麦套花生病虫害主要是蚜虫、红蜘蛛、蓟马、蛴螬、棉铃虫和叶斑病等。干旱时有利于蚜虫、红蜘蛛及蓟马发生，因此要深入田间调查，准确掌握虫情。当虫株率达到20%~30%，百穴虫量达1 000头时，是防治有利时机，可用40%氧乐果乳油1 000倍液喷雾，每亩用药液20~25kg。蛴螬为害严重的地块，在7月中下旬至8月上旬用40%辛硫磷500g兑水750~1 000kg灌墩。高温阴雨有利于棉铃虫和叶斑病发生，棉铃虫可用40%辛硫磷1 000倍液茎叶喷雾。叶斑病可用50%多菌灵可湿性粉剂1 000倍液，从8月上旬起每两周1次，连喷2~3次。

10.1.5　花生与玉米间作模式

花生间作玉米是充分利用边际效应和光照获得高产的一项技术措施，是一种较好的粮油间种方式，一般以花生为主作物。玉米与花生合理间套，由于通风透光好，能够充分利用光能和CO_2，在土质疏松、肥力中等的土壤，花生间作玉米有明显的增产效果。《2018年全省花生播种技术意见》中指出，大力发展花生、玉米宽幅间作，促进粮油均衡增产。花生、玉米宽幅间作具有高产高效、共生固氮、资源利用率高、改良土壤环境、增强群体抗逆性、便于机械化生产等优点，能够充分利用空间和不同层次的光能，大幅提高土地、肥料等资源利用率，氮肥利用率可提高10%以上。

10.1.5.1　花生与玉米间作种植方式

（1）品种选择。花生选用生育期中晚熟、株型紧凑、结荚集中、抗旱性较强、较抗叶斑病的优良品种。

（2）定植密度。传统的间种方式以花生为主，多采用2行玉米间10行花生，即2：10的栽种规格，花生亩播量15～20kg，玉米选用优良杂交种，亩播种量1kg。花生每亩点播6 500～10 000穴，每穴放种1～2粒。玉米按隔400cm套种2行玉米的模式种植。株距20～30cm，行距30cm。每亩种植1 000～1 500株。土地较贫瘠则减少玉米的行比，每亩花生基本苗数不减少，玉米每亩种植800～1 000株。在不影响花生产量的同时，每亩能增收100kg以上的玉米。

近些年全省试验示范花生、玉米宽幅间作表明，该项技术在粮食产区具有独特的技术优势，能够大幅度增加单位面积作物产量，显著增加粮油综合种植效益。因此，在全省粮食产区要大力发展花生玉米宽幅间作，促进粮油均衡增产，农民增收。高产田可选择幅宽2.45m的玉米//花生2：4模式（图10-5），中产田宜选择幅宽3.15m的玉米//花生3：4模式。

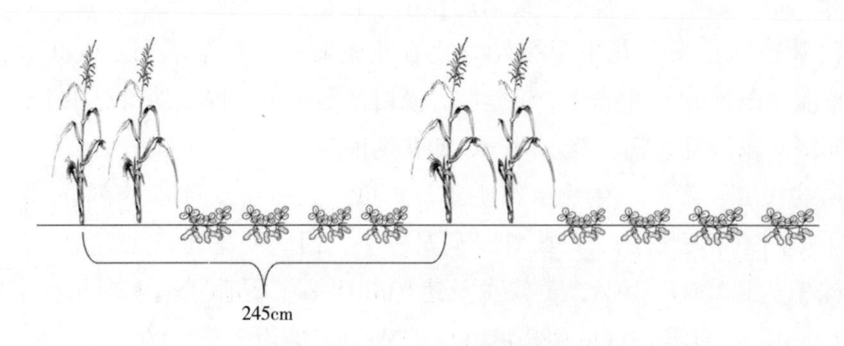

图10-5　花生与玉米间作模式

（3）平衡施肥。根据花生生产水平、土壤主要养分的丰缺等因素确定施肥量，按每生产50kg荚果需要吸收氮3kg、磷0.5kg、钾1.5kg，其中一部分氮素来自根瘤菌，进行追施。底肥应以有机肥为主，化肥为辅，氮磷钾配合施用。

10.1.5.2 花生与玉米间作栽培技术

（1）足墒播种，确保正常出苗对水分的需求。适墒土壤水分为最大持水量的70%左右。适期内，要抢墒播种。如果墒情不足，播后要及时滴水造墒，确保适宜的土壤墒情。

（2）适期播种，确保生长发育和季节进程同步。春花生在墒情有保障的地方要适期晚播，避免倒春寒影响花生出苗和饱果期遇雨季而导致烂果。鲁中、鲁西为4月25日至5月15日。夏直播花生在前茬作物收获后，要抢时早播，越早越好，力争6月15日前播完，最迟不能晚于6月20日。

（3）合理密植，打好高（丰）产群体基础。在一定区域内，提倡标准化作业，耕作模式、种植规格、机具作业幅宽、作业机具的配置等应尽量规范一致。在高产地块，要采用单粒精播方式，适当降低密度。在中低产地块，要采用双粒精播方式，适当增加密度。

（4）浅播覆土，培育壮苗。浅播覆土，引升子叶节出膜，促进侧枝早发健壮生长，是培育壮苗的关键环节，也是减少基本苗的基础。播种深度要控制在2～3cm，播后覆膜镇压，播种行上方膜上覆土4～5cm，确保下胚轴长度适宜，子叶节出土（膜）。

（5）适时收获。从多年实践经验来看，鲜销收获一般在约六成熟时（7月上中旬），就可及时采挖上市。这样才能获得最大经济效益。干花生应在九成熟时收获。

10.2 新型复合高效种植模式

10.2.1 玉米与西瓜间作模式

玉米与西瓜间作模式是解决粮食作物与经济作物之间矛盾的有效措施。这种种植方式作物群体的光照、通风等生态因子，作物的光合、蒸腾等生理特性都好于常规种植。从作物株高、叶片数、叶面积、群体的光合、蒸腾以及产量效益来看都能达到最佳效果。2015年试验示范推广面积1 100亩，平均亩纯收入3 000元以上，实现了农业增效、农民增收，增加了土地可利用率。现将西瓜套种玉米栽培技术介绍如下。

10.2.1.1 玉米栽培技术

（1）播栽期。玉米在6月上旬直播。

（2）播栽规格。厢宽1.6m，厢两边各0.5m，播4行，株距0.33m，中间0.6m预留瓜行。直播每穴播2粒籽。播种深度2～2.5cm。每亩播3 000穴（图10-6）。

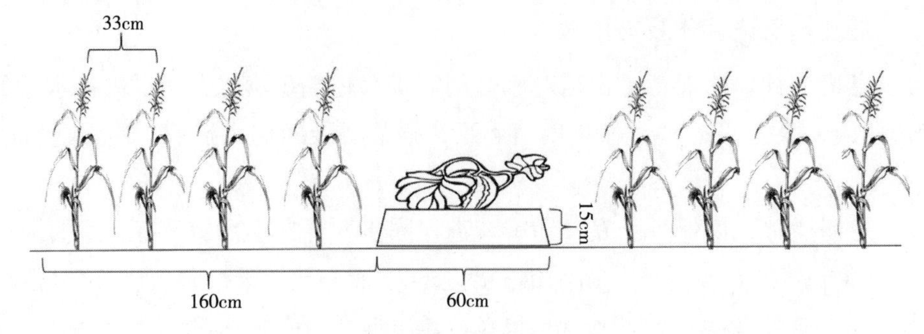

图10-6　西瓜与玉米间作模式

（3）田间管理。

①施肥：每亩施棉饼50kg或土杂肥1 000kg，磷肥35kg，钾肥15kg或含硫三元复合肥50kg作底肥。幼苗期结合浇水亩追施尿素7.5kg。苗期结合抗旱施尿素10kg。大喇叭口期亩深施尿素15kg，施后不下雨要及时浇水。

②抗旱排渍：玉米生长处于雨水较多时期，要清好“三沟”，做到明水能排，暗水能滤。干旱要及时浇水抗旱。

③病虫害防治：主要防治玉米螟虫，在大喇叭口期（抽雄前1星期）采用毒土的办法，每亩用含毒死蜱杀虫剂150g兑细沙土30kg拌匀，在玉米开喇叭口处放入。

10.2.1.2　西瓜栽培技术

（1）套播时间。在玉米开喇叭口期（采收前一个多月）播种。

（2）播种规格。垄高15cm，株距33.3cm；每穴播2粒籽，亩穴播500株。用地膜覆盖。

（3）田间管理。

①施肥：每亩施棉饼肥50kg或土杂肥1 000kg，磷肥35kg，硫酸钾肥12.5kg或含硫酸钾三元复合肥50kg作底肥。幼苗期亩追尿素7.5kg；伸蔓期亩追尿素7.5～10kg；膨瓜期亩深施含硫酸钾三元复合肥20～25kg。

②抗旱排渍：西瓜需要充足的水分，干旱期间要及时浇水，雨水多时，要及时清沟排渍，降低田间湿度，减轻病害的发生。

③整蔓：整蔓一般分为3个类型，单蔓整枝：主蔓长至30～40cm时，把主蔓顶尖剪掉，在主蔓上留一根健壮子蔓，其他子蔓剪掉，适合于肥力充足，生育期较长的品种。双蔓整枝：在主蔓上留2根健壮的子蔓，其他子蔓剪掉，适合于肥力一般的中熟品种。三蔓整枝：在主蔓上留3根健壮的子蔓，其他子蔓剪掉，适合肥力较差的早熟品种。

④压蔓：压蔓的原则是“前轻后重”，在坐瓜前要轻压，坐瓜后要重压，调整营养物质输送方向。

⑤拧蔓压尖：这种方法主要是防止西瓜陡长，在坐瓜后4～5叶用手拧蔓，然后压蔓尖。

⑥坐瓜：第一朵雌花一般不留坐果，坐果选在第二雌花或第三雌花为好。

⑦病虫害防治：虫害主要有蚜虫、小地老虎、黄守瓜等。蚜虫和小地老虎主要在苗期为害，黄守瓜主要在中、后期为害。防治方法：亩用含毒死蜱类杀虫剂100g兑水50kg喷雾。病害主要有白粉病、枯萎病、蔓枯病、炭疽病、疫病等，西瓜病害主要以预防为主。出苗后，亩用百菌清或甲基硫菌灵或代森锰锌等杀菌剂150g兑水50kg喷雾，间隔7d喷1次。

10.2.2 玉米与其他农作物的间套作

10.2.2.1 玉米与大豆的间作

玉米与大豆间种分布较广，多在春季进行，大豆、玉米的种植比例以2行大豆间种2行玉米最为适宜（图10-7），瘦地则可采用6行大豆间种1行玉米。

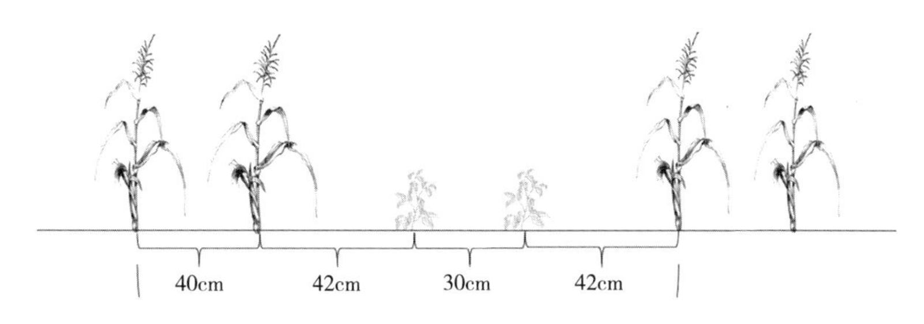

图10-7 大豆与玉米间作模式

10.2.2.2 玉米与甘薯、马铃薯的间作

玉米间作甘薯，春、秋、冬季都可进行，一般以甘薯为主作物。甘薯亩植株数基本保持单作水平，玉米每亩种植不超过1 000株，玉米对甘薯的产量影响不大，冬种时还具有防寒保温的作用。间作的具体方式为：3～4畦甘薯间种1～2行玉米，玉米在畦底或畦腰1/3处种植（图10-8）。

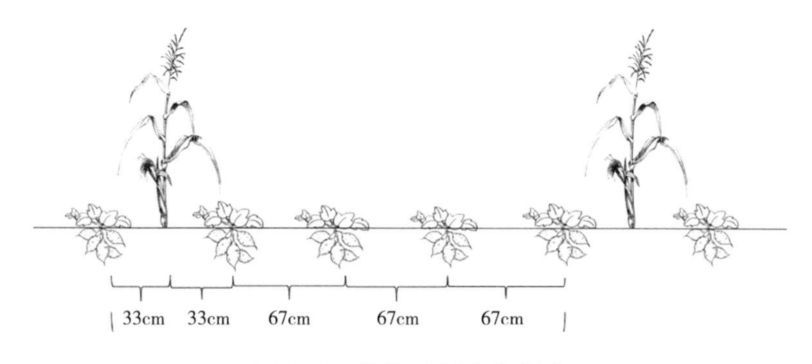

图10-8 薯类与玉米间作模式

10.2.3　绿肥的间套作模式

滨海盐碱地主要绿肥品种是苜蓿。苜蓿可在春、夏、秋3季播种，一般播种量为15～22.5kg/hm^2。以盐碱地试验为例，连年利用苜蓿作绿肥，耕地脱盐作用效果明显，表现在加强了土壤的生物及生物化学脱盐过程。经过3年种植利用后，土壤含盐量由0.4%～0.6%下降到0.1%～0.2%，下降了60%～80%。土壤有机质增加了15%左右，全氮增加了14%左右，并且大大抑制了土壤返盐，土壤保水能力提高，土体变轻，防止土壤板结。

发展绿肥种植与利用，不仅可以持续改善土壤质量、培肥地力，而且可以提高作物产量和品质，减少化肥和农药投入，节能减排效果十分显著，可以实现农业增效和农民增收。各地应根据当地的自然、社会经济和生产条件，选择区域适宜的绿肥种植利用方式，推动现代农业发展。

10.2.3.1　绿肥简介

绿肥是用作肥料的绿色植物体，是一种养分完全的生物肥料。中国利用绿肥历史悠久，早在公元前200年就有除草肥田的记载。按植物学科可将绿肥分为豆科绿肥和非豆科绿肥，经研究，豆科绿肥的肥料价值和饲料价值均高于非豆科绿肥。绿肥来源广，数量大，质量高，肥力好，可改良土壤，防止水土冲刷，投资少，成本低，综合利用效益大。

常见绿肥品种具有产量高、易于腐烂、培肥力强等优点，深受广大农户的青睐。有些绿肥如苜蓿、光叶紫花苕等可通过发达的根系吸收深层土壤中的养分，使土壤耕层的养分丰富。绿肥的根瘤菌可以固氮，培肥土壤，在可持续农业发展中起着重要作用。

10.2.3.2　主要绿肥种植模式

（1）肥饲兼用改良土壤模式。该模式以豆科绿肥为主，地上部刈割作为家畜饲草，并通过绿肥作物固氮、腐烂根系与枝叶还田、畜禽粪便还田等途径，实现耕地有机质含量增加和质量持续提升。该模式主要在中低产田实施，绿肥品种以紫花苜蓿为主，试验示范0～30cm土层有机质含量提高6.1%～9.3%，全氮含量增加了10%左右。同时土壤的有效团粒显著增加，土质明显改善，土壤肥力显著提高。另外种植苜蓿不仅可以肥田，而且其茎叶又是营养价值很高的饲料。因此，在农作物种植制度中插种绿肥饲草可以提高饲草的产量和品质，有利于促进畜牧业的发展。奶牛饲喂紫花苜蓿可以显著提高产奶量，延长产奶期，显著提高鲜奶品质。配合饲料中加入紫花苜蓿，可以提高蛋鸡的产蛋率和单蛋重量。合理种植利用绿肥饲草，实行根茬和畜粪还田这种新的物质循环体系，是今后许多地区实行农牧结合的主要模式。

（2）作物—绿肥间套作模式。目前主要作物—绿肥间套作模式有玉米—苜蓿、豆类作物间套作模式；棉花—苜蓿、豆类作物间套作模式；小麦—花生套作模式。间套作形式有原垄间套作绿肥、宽垄间套作绿肥、大小行大行间套作绿肥、带状间套作绿肥。在缺肥地薄的条件下，实行粮肥间套作，当季既能收到一定产量的粮食，又生产了大量含氮丰富的绿肥青体，培养了地力，给下茬增产创造了条件。根据试验，粮肥间套作茬的小麦较平作玉米茬小麦增产33%～55%。

实行粮肥间套作，豆科绿肥参与了土壤中氮素的生物积累，改善了单作条件下土壤中的氮素平衡，统一了用地与养地的矛盾，在施肥不足的情况下单作粮食，土壤中的氮素吸收多、补充少，向消耗的方向发展，导致地力逐年下降；实行粮肥间套作，豆科绿肥的氮素累积量接近于作物吸收消耗量，加上施肥补充，土壤中的氮素向积累的方向发展，地力能够均衡，从而增产。试验表明，玉米间套种苜蓿，土地总干物质产出量为11 319kg/hm^2，比单种玉米增加4 855.5kg/hm^2，粗蛋白产量增加1.8倍，总热能提高49.5%。

（3）作物—绿肥轮作模式。绿肥纳入农作物种植制度，不仅可以提高土地的生产力，改良土壤，而且由于翻压绿肥并利用其根茬，改善了土壤养分供应状况，使下茬作物产量明显增加。利用紫花苜蓿和玉米实行轮作，翻压绿肥，玉米产量比连作的增加了2 520kg/hm^2；如刈割作饲料喂养家畜，粪便还田，平均每年单位面积玉米追施粪6 750kg/hm^2，玉米产量比对照区增加2 880kg/hm^2。改良了土壤的物理性状，降低了容重，增加了<1.0mm的水稳性团粒。

翻压绿肥或利用根茬，可以增加土壤有机质和有效氮素含量，对于改善土壤腐殖质的品质及酶活性也有良好的作用。土壤有机质一般可提高0.1%～0.2%，速效氮平均提高10mg/kg，腐殖质中胡敏酸和富里酸的比例由1∶1提高到1∶3。由于土壤结构改善及有机质提高等，使土壤的保肥和供肥能力明显提高。

（4）果园绿肥模式。滨海盐碱地果园绿肥模式主要有全园绿肥和果树行间绿肥，绿肥品种主要为白三叶、红三叶和苜蓿等。果园种植绿肥，无论是直接压青还是利用根茬，不仅促进树体的生长发育，而且提高果品的产量和品质。

与清耕区相比，绿肥覆盖区苹果和桃的产量分别提高5 475kg/hm^{2}和3 285kg/hm^2。果实中可溶性糖增加0.52%，维生素含量增加0.155mg/kg。同时利用绿肥，果品的风味明显改善。果园种植绿肥后压青区和覆盖区0～20cm土层土壤容重比清耕区分别下降0.08～0.12g/cm^{3}和0.05～0.15g/cm^3，土壤孔隙度分别增加3.52%和4.33%，有机质含量分别增加0.272%和0.136%。

果园种植绿肥，能够调节温度和土壤水分。由于绿肥的覆盖作用，高温季节，绿肥可减少强烈阳光的直接照射，使果品免遭灼伤；冬季严寒，绿肥覆盖又降低了土壤表面热能的丧失，从而提高了地温。由于绿肥覆盖，雨季果园地表径流减少32.5%，雨水渗透深度增加3～15cm，土壤可接纳、蓄含更多的水分，使绿肥区土壤含水量较清耕区有所增加。果园中种植绿肥能有效地抑制杂草的生长，抑制率达57%～91%。

10.2.4 作物与中药材间套作模式

黄河三角洲地区有多年的中药材种植历史，目前种植的中药材品种主要有丹参、板蓝根、薄荷、金银花、黄芪、桔梗等，上述药材具有一定的耐盐能力（耐盐能力在0.3%左右）。但是该地区中药材的种植上多年来一直存在着产量低、质量次、成本高和效益差等问题，导致中药材生产企业生存艰难，甚至被迫转行。笔者经过实地调查发现该地区中药材种植发展困难的原因，主要是春旱夏涝、土壤瘠薄、盐碱横行和杂草丛生；春旱造成盐碱土壤板结药材出苗慢、齐苗难，雨季内涝杂草丛生与药材争夺肥料、阳光，造成丰产难，盐碱化和土壤瘠薄也进一步造成药材产量低。

农作物和中药材的间作套种，是新时期科学种田的一种体现，能有效地解决粮、药间的争地矛盾，充分利用土地、光能、空气、水肥和热量等自然资源，发挥边际效应和植物间的互利作用，以达到粮、药双丰收的目的。目前黄河三角洲耐盐能力强的中药材品种有菊花、益母草、板蓝根、黄芪、红花、决明子、薏苡仁、天南星、枸杞子、皂角、沙枣、木香、黄芩等。

10.2.4.1 高秆与矮秆间套模式

高秆的农作物与矮生的药材合理搭配，利用立体复合群体，发挥垂直分布空间，增加复种指数，遵循前熟为后熟，后熟为全年的原则，提高了光能与土地的利用率，从而大幅度增加了经济效益。在滨海盐碱地采用高台低畦栽培模式、生态作物群落搭建方式、黑色地膜（地布）覆盖播种和施用专用有机肥的方法，可以显著提高农作物和中药材的产量，降低土壤盐碱含量并提高土壤有机质含量。

（1）高台低畦制作。首先在黄河三角洲盐碱地上制作如图10-9所示的梯形台，其中梯形台顶部的平面（梯形上底）简称高台，高台宽度为1.2～1.5m；相邻梯形台之间的底部畦面简称为低畦，低畦宽度为2.0～2.3m；高台与低畦的高度差为25～40cm。

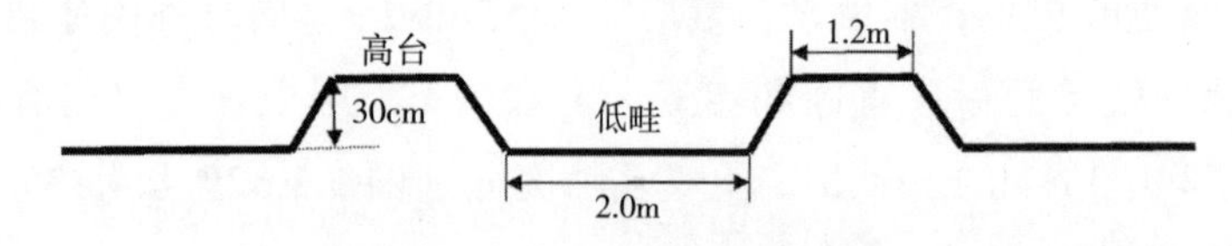

图10-9 高台低畦复合种植模式

（2）生态作物群落搭建。农作物和中药材搭配种植，高台上种植中药材，药物部位为根部、植株矮、耐盐性耐阴性好的中药材，种类为木香、射干、板蓝根、桔梗、白术、丹参、柴胡、半夏等；低畦上种植株高大、耐涝性好、能提供荫蔽环境的农作物种类，适合此模式套种的农作物品种有玉米、高粱、棉花和薏米等。

（3）播种前覆盖黑地膜。首先，高台上覆盖可降解的不透水黑地膜，然后进行中药材播种（移栽），通过黑地膜下避光、保墒、保水，起到抑制杂草生长、抗盐碱的目的；待夏季雨季时，黑地膜开始降解腐烂，透气透水可逐步被雨水冲刷掉，此时中药材植株已经长大封垄，可以抑制杂草生长，黑地膜在第2年重新覆膜，持续抑制杂草生长。

（4）田间管理。整个种植过程中一般不需要打农药、不需追肥、不需灌溉、不需除草即可实现丰产；待中药材符合采收标准时即可采收。生产方法采用全程机械化作业技术，如采用深松施肥筑台/平畦一体机进行一体化整地施肥；采用播种（移栽）覆膜一体机进行一体化播种（移栽）覆膜，保墒保苗，防盐防草；采用净制包装一体机进行药材的收获。

如板蓝根—玉米，一年两收种植模式，早春在耕细耙匀的土地上做成1.2～1.5m宽的高台；4月在高台上播种板蓝根；5—6月于低畦内按株距60cm，点播玉米，每株留苗2棵，常规管理；9—10月，玉米收获后板蓝根可茁壮生长。

10.2.4.2　深根系与浅根系间套模式

根据植物品种的特性和营养，合理地组合成具有多层次地利用土地、光能、空气和热量等资源的群体，使之加大垂直利用层的厚度，使投入尽可能多的转化为经济产品，达到增产增效的目的（图10-10）。如在西瓜地里套种决明子、白术等。由于西瓜根系浅，不能吸收利用土层较深的营养而生长，但需水、肥量又大，必须人为地增施水肥等营养物质，但其吸收率低。而套种在内的中药材决明子、白术等，因其吸收利用了表层多余的营养而减少了养分流失，而且能吸收土层较深的养分来满足自己生长的需要。适合此模式的农作物品种有冬瓜、南瓜、红薯、马铃薯、大豆等，搭配种植的中药材品种有甘草、金银花、黄芪、桔梗、白术、红花、山药、薏苡仁、生姜。

中药材与农作物的间套方法还有隔畦间套、隔行间套、畦中间套、埂畦间套和混作等，无论采用任何间套方式，都应注意株型庞大与瘦小、宽叶与窄叶、平行与直立叶、生长期长或短等的合理搭配，注意各种植物与光、温度、水分和其他营养条件的关系，注意中药材品种的道地性。

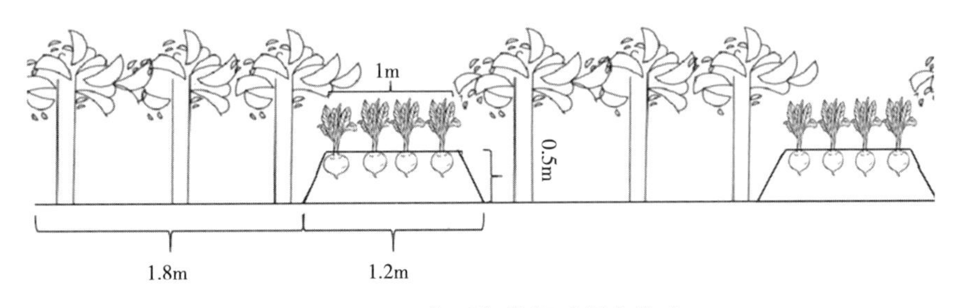

图10-10　深根系与浅根系间套模式

10.2.4.3 农作物余零地边间套模式

一块田地间，可耕面积约为70%，而田间地头、沟渠路坝约占30%，山区、丘陵所占比例更大。利用这些闲置余地种植一些适应性强、对土壤要求不严的中药材品种，既有效地利用了土地，增加了相当可观的效益，同时，减少了水分和养分的蒸发，控制了因杂草生长而给农作物带来的病虫为害。如耐涝、耐旱，对气候、土壤要求不严的中药材金银花，在地边、路沿、渠旁，按株距80cm挖穴，每穴内沿四周栽花苗6棵，每亩地的余零地边约可栽60穴，每穴年单产商品花0.5kg。市场价格30元/kg，每穴年效益15元。适宜余零地边种植的药材品种还有甘草、决明子、急性子、黄芪、红花等。

10.2.5 林下种植模式

林地内单一的种植和培育林木并不能满足人们对林地资源的最大化利用。而林下种植则是充分利用林下土地资源和林荫优势发展种植业，是实现资源共享、优势互补、循环相生、协调发展的生态农业，也是国家大力推广的生态种植模式。林下生态种植模式生产的产品绿色、无公害，符合现代人的消费要求，保证了“舌尖上的安全”，市场前景广阔。近年来，各地林业的快速发展带来了丰富的林地资源。为了让广阔的林地产生经济效益，弥补林地前期见效慢、效益低的问题，应该大力发展林下经济模式。

10.2.5.1 林下经济

林下经济是指以林地资源和森林生态环境为依托，发展起来的林下种植业、养殖业、采集业和森林旅游业。它是充分利用林下土地资源和林荫优势从事林下种植、养殖等立体复合生产经营，从而使农林牧畜业实现资源共享、优势互补、循环相生、协调发展的生态农业模式。因此林下种植的模式异常丰富，包括林粮、林菜、林药、林草、林菌等，并且随着市民生活水平逐步提高，市场对绿色、无公害的土特产品需求量也会越来越大。林下种植可通过对农作物的管理，如松土、除草、施肥等措施，起到抚育幼林、促进林木生长的作用。而疏密有间的树林也为林下提供了贴近自然的生活空间，夏能遮阳，冬能保暖，适合多种作物生长。

10.2.5.2 林下种植的常见模式

（1）林粮间作模式。林粮模式是在经济林造林初期，以密度为3m × 4m的行间进行林粮间作。因为棉花、甘薯、花生、大豆等作物属浅根作物，既不与林木争肥、争水，又能覆盖地表，防止水土流失，提高土壤肥力。林粮间作期于植树的前1～3年进行，第4年后树木郁闭就不能进行间作了。也可在林间进行甘薯、大豆的倒茬种植，第1年和第3年种大豆，隔年种一茬甘薯倒茬。在新造的林地里间种黄豆等矮秆经济作物，既充分利用了林间空地，又增加了经济收入。每亩可收黄豆150kg，增加经济收入500

多元。该种植模式可以为林地增绿肥，同时提高土地利用率，还有助于达到以耕代抚的目的。林粮间作模式技术简单，当年就有效益，容易被种植户接受。但林粮间作严禁种植玉米等高秆作物。

（2）林菜间作模式。在林木生长初期人们可发展林菜模式，即利用林间光照强弱及各种蔬菜的不同需光特性科学地选择种植种类、品种，或根据林间光照和蔬菜需光的生长季节差异选择种类。利用林间的光照在林下种植甘蓝、葱、蒜、芹菜、油菜、冬瓜、甜瓜等蔬菜。第2和第3年也可在行间种植一些常规露地上可以生长的蔬菜，但不要种植萝卜、白菜生长期较长且后期需水量大的品种。

（3）林药间作模式。树木定植后3年间，在行距2m以上的林间套种板蓝根、平贝、串地龙等中药材。树木长到3～5年后，树体比较高大，可在林间空地上间种较为耐阴的白术、薄荷、金银花等。

（4）林草间作复合模式。树木定植后1～3年间，可种植一些紫花苜蓿、黑麦草、野谷草等高秆牧草。树木行间郁闭后，还可以利用野草养鸡、养鹅，既减少人工割草，又养肥了鸡、鹅。同时，养殖可以与种草相结合，在林地周边区域围栏，养殖鸡、鸭等家禽，树木为家禽遮阴，家禽吃草、吃虫，粪便肥地，与林木形成良性生物循环链。

（5）林菌间作模式。速生林长到4～5年的时候，随着林子生长，树木郁闭度增加，林木下光线减少，不利于植物生长，这时就可以利用林荫下空气相对湿度大、光照强度低的环境种植食用菌。在人工林下进行反季节（夏季）栽培食用菌，经济效益显著。选择交通便利、水源充足、种植3年以上、行距3m以上的速生林地，树木行间搭建规格为宽1～1.5m、高0.8～1m的小拱棚。在小拱棚内依次排入菌棒，每亩速生林地每年1季投入菌棒1万只，可栽植香菇、木耳等品种，每亩产值2.4万元，经济效益显著。

10.2.5.3　林下种植注意事项

（1）选择适应性强的品种。由于林地大都土层薄、肥力差、易干旱、易滋生荒草，因此在林下种植种类选择上，总体应选择耐瘠薄、耐干旱、耐荒草的粗生易长品种，如林药模式中的柴胡、金银花等。此外还必须因地制宜考虑海拔、向阳、土壤、湿度、树龄大小、树木种类等因素。树龄小的，可种植对光照条件要求较高的丹参等阳生植物；树龄较大的，则必须种植对光照条件要求不高的阴生植物。此外间作作物要与林木保持一定距离，一般50cm以上，以免过多地损伤幼树根系和竞争土壤水分，这样树木的生长发育不受影响。

（2）符合国家林业政策。林下种植在考虑品种时，首先，应选择以收获茎、叶、花、果等地上部分为主，一年种植可多年受益的作物；其次，可选择种植需多年后才能收获或种后不必连年翻耕，地面绿色植被保持时间长的作物，如芍药、薄荷等中药材。总之，在林地，特别是在退耕还林地，不能套种与林业政策有冲突的当年生地下根茎类作物。

（3）注重市场变化。林下套种作物时，在种类选择、种植布局、栽培技术、收获加工、包装储运等方面，要按市场要求运作，既要发挥地方优势，又要注重市场变化；既要防止不问市场的盲目发展，又要防止脱离实际“跟风撵价”。

10.2.6 大青叶高粱间作高效生态栽培技术

大青叶又叫菘蓝、大蓝根、大青根等，是十字花科大青属植物，2年生草本，株高40～90cm。用根入药称之为板蓝根，用叶入药称之为大青叶。具有清热解毒、消肿利咽、凉血等多种作用，主要用于预防和治疗流行性腮腺炎、流行性感冒、咽喉肿痛等病症。板蓝根抗旱耐寒，适应性广，主产于河北、江苏、安徽、陕西、河南等地，现全国各地都可以栽培，尤以河北安国所产者质量最佳。高粱是最佳的酿酒原料，在种植业中占有重要地位，尤其是杂交高粱，在酒厂附近地区被当作经济作物种植。

10.2.6.1 生长习性

板蓝根对气候和土壤条件适应性很强，耐严寒，喜温暖，但怕水渍，我国长江流域和广大北方地区均能正常生长。种子容易萌发，15～30℃范围内均发芽良好，发芽率一般在80%以上，种子寿命为1～2年。板蓝根正常生长发育过程必须经过冬季低温阶段，方能开花结籽，故生产上就利用这一特性，采取春播或夏播，当年收割叶子和挖取其根，种植时间为5～7个月。如按正常生育期栽培，仅作留种用。板蓝根适应性很强，对自然环境和土壤要求不严，耐寒、喜温暖，是深根植物，宜种植在土壤深厚疏松肥沃的沙质壤土，忌低洼地，易烂根，故雨季注意排水。

10.2.6.2 栽培技术

（1）整地施肥。种植板蓝根和高粱的地块应在春季4月初整地施肥。选地势平坦、排水良好、疏松肥沃的沙质壤土与秋季深翻土壤40cm以上，结合深翻整地合理施肥，每亩可以施菌渣4～6t，翻入土中做基肥，然后整平耙细。

（2）板蓝根—高粱播种。板蓝根在北方适宜春播，并且应适时迟播，最适宜的时间是4月20—30日。亦可夏播，在5月下旬至6月上旬。多以条播为好，在高台上开行距20～25cm、深2cm左右的浅沟，将种子均匀地撒在沟中，覆土1cm左右，略微镇压。适当浇水保湿，温度适宜，5～6d即可出苗。一般每亩用种量为2～2.5kg。

杂交高粱播种过早易烂种，因此提倡5月初播种即可。播种过深易缺苗断条，因此浅种是高粱能否保全苗的关键。播种深度以5cm为宜，一般采取条播方式，在低畦进行播种，行距50cm，株距30cm。

（3）间作方式。高粱与板蓝根间作，可以做成高台低畦模式。高台宽度为1.2m，相邻的底部畦面即为低畦，低畦宽度为1.8m，整个重复的幅宽共3m；高台与低畦的高度差为25～40cm。也可根据田间的实际情况确定间作方式。

（4）田间管理。板蓝根出苗后，当苗高7～10cm时，进行间苗，去弱留强，缺苗补齐。苗高12cm时，按照株距5～7cm定苗，留壮苗1株。齐苗后进行第1次中耕除草，以后每隔半个月除草1次，保持田间无杂草。封行后停止中耕除草。夏季播种后遇干旱天气，应及时浇水。雨水过多时，应及时清沟排水，防止田间积水。

高粱多在5月底至6月中旬定苗，高肥力地块，所种植的品种增产潜力大，公顷保苗以8万～9万株为宜；低肥力地块，所种植的品种增产潜力小，公顷保苗以10万～12万株为宜。

（5）病虫害防治。

①霜霉病：发病叶片在叶面出现边缘不甚明显的黄白色病斑，逐渐扩大，并受叶脉所限，变成多角形或不规则形。在相应的背面长有一层灰白色的霜霉状物，湿度大时，病情发展迅速，霜霉集中在叶背，有时叶面也有。后期病斑扩大变成褐色，叶色变黄，导致叶片干枯死亡。注意排水和通风透光，避免与十字花科等易感染霜霉病的作物连作或轮作，病害流行期用1：1：100的波尔多液或用65%代森锌600倍液喷雾。

②根腐病：被害植株地下部侧根或细根首先发病，再蔓延主根，有时主根根尖感病再延至主根受害。被害根部呈黑褐色，随后根系维管束自下而上呈褐色病变。以后根的髓部发生湿腐，根部发病后，地上部分枝叶发生萎蔫，逐渐由外向内枯死。合理施肥，适施氮肥，增施磷、钾肥，提高植株抗病力。发病期喷洒50%甲基硫菌灵800～1 000倍液或用50%多菌灵1 000倍液淋穴。

③菜青虫：成虫为白色粉蝶，常产卵于叶片上，因幼虫全身青绿色故名菜青虫，以幼虫取食，2龄以前的幼虫啃食叶肉，留下一层薄而透明的表皮；3龄以后将叶片咬穿，吃成缺刻孔洞，严重时将全叶吃光仅留叶柄使光合作用受阻，产量降低。清洁田园，处理田间残枝落叶及杂草，集中沤肥或烧毁，以杀死幼虫和蛹。冬季清除越冬蛹，用90%晶体敌百虫1 000～1 500倍液喷雾，或用50%敌敌畏乳剂1 000～1 500倍液喷雾。

10.2.6.3 采收与加工

板蓝根在11月间地上部枯萎后刨根。去净泥土，晒至7～8成干，扎成小捆，再晒干透。以根长直、粗壮、坚实、粉性足者为佳。每亩产干货300～400kg。

高粱10月中旬即可收获。在籽粒变红、籽粒含水量14%～15%时收获，产量高品质好。

10.2.7 丹皮（白芍）间作玉米高效生产技术要点

丹皮/白芍间作玉米种植模式研究与示范为大垄宽畦栽培法，在2016年种植的普通玉米（品种郑单958）试验示范中亩产达669.4kg；2017年种植的青贮玉米（品种为青贮玉米金岭17）示范试验经专家组实打验收亩产鲜重达到3 619.2kg；2018年玉米（鲁宁184）在自然灾害较重情况下又取得了较高单产。可见，药粮高效生态生产技术，可实现稳粮增药、提质增效的目标，具有良好的推广应用前景。

10.2.7.1 种植模式

起垄种植。垄宽90cm，垄高30cm，垄间距160cm。垄上种植3行牡丹（白芍），牡丹株行距（20～25）cm×30cm［白芍株行距（15～17）cm×30cm］，垄间种植3行玉米，株行距（20～25）cm×60cm。

10.2.7.2 牡丹（白芍）种植技术

（1）选地整地。选择地块高燥向阳，土层深厚、排水良好，土壤及地下水pH值6.5～8.5，含盐量在0.2%以下，忌黏重、涝洼地。

前茬作物收获后，土壤深翻30cm以上，打破犁底层，耙平搂细，同时每亩施入10～15kg辛硫磷颗粒剂和4～5kg土菌灵等土壤杀虫杀菌剂。

起垄。耙细整平后起垄，垄宽90cm，垄高30cm，垄间距160cm。

（2）移栽定植。牡丹用2年生种苗栽植，选择生长健壮，长势强，无病虫侵染疤痕、无机械损伤的植株，剔除病苗、弱苗、老少苗。白芍用1～2年生种苗栽植，也可用芽头繁殖。用芽头繁殖，在收获时，选茎秆少而茁壮，叶肥大，根粗长且均匀，芽头肥而少的植株。刨出后，将根切下加工入药，再将根茎（俗称疙瘩头）下部切去，芽头下边带根茎2～3cm（不可留老根）分株，每株2～3个芽头，切好后即可栽培。

栽植时间为9月下旬至10月中旬为佳；因特殊原因不能适期种植，可延迟到封冻前，但必须加强后期管理。随栽植、随调运，确保准株龄、新鲜种苗进入基地，来不及栽植的要进行短期假植，严禁脱水苗、冷库贮藏苗种植。栽植前用50%福美双800倍液或50%多菌灵800～1 000倍液加5 000倍阿维菌素浸泡15～20min，晾干后分别栽植。栽前要将过细过长的尾根剪去2～3cm。

牡丹按株行距（20～25）cm×30cm，用间距与株距等同的带柄2～3股专用叉插入地面，别开宽度为8～15cm、深度为25～35cm的缝隙，在缝隙处放入一株牡丹苗，使根茎部低于地平面下2cm左右，并使根系舒展，然后踩实，使根、土紧密结合。栽后从地平面处将牡丹平茬。

白芍按株行距（15～17）cm×30cm，挖6～9cm深的穴，每穴放1株，芽头向上，覆土盖平，稍加镇压。

（3）覆膜。种植后根据土壤墒情，若土壤过干，需灌水，待土壤墒情合适时覆膜。若土壤墒情湿润，可直接覆膜。选择宽120cm的黑色地膜，封严压实。

（4）田间管理。

①破膜：2月下旬开始，牡丹（白芍）陆续萌芽出土，此时应及时进行田间观察，发现出土的芽苗及时破膜放苗。

②浇水：若冬前种植后没浇水，遇春季干旱应及时浇灌，使牡丹（白芍）根系与土壤密实。

③中耕：中耕锄草，特别是夏秋季防止草荒。

④灌溉排水：生长期遇天旱适当浇水，雨后及时排水，忌水涝。

10.2.7.3 玉米种植

（1）种植时间。4月中下旬，不宜延迟。种植过晚，一是对牡丹起不到应有的遮阴效果，二是玉米易感粗缩病，影响玉米产量。

（2）种植品种。一是商品粮玉米，如郑单958；二是青贮玉米，如金岭青贮17。

（3）种植密度。株行距25cm × 60cm。

（4）田间管理。同大田。

参考文献

慈敦伟，杨吉顺，丁红，等，2017. 盐碱地花生‖棉花间作系统群体配置对产量和效益的影响[J]. 花生学报，46（4）：22-25.

崔立华，牛娜，纪莲莲，等，2020. 黄河三角洲地区短季棉无膜栽培的种植表现和效益分析[J]. 棉花科学，42（2）：38-41.

董红云，朱振林，李新华，等， 2017. 山东省盐碱地分布、改良利用现状与治理成效潜力分析[J]. 山东农业科学，49（5）：134-139.

高砚亮，孙占祥，白伟，等， 2016. 玉米花生间作效应研究进展[J]. 辽宁农业科学（1）：41-46.

焦念元，赵春，宁堂原，等， 2015. 玉米—花生间作对作物产量和光合作用光响应的影响[J]. 应用生态学报，19（5）：981-985.

李凤瑞，史加亮，张东楼，等，2019. 山东省不同茬后直播短季棉效果与轻简化栽培技术[J]. 棉花科学，41（5）：25-27.

李志杰，2004. 黄淮海平原中低产区优化种植与高效治理技术研究[C]//中国农学会耕作制度分会2004年学术年会：494-496.

毛树春，董金和，2003. 优质棉花新品种及其栽培技术[M]. 北京：中国农业出版社.

苗兴武，2018. 山东东营棉花机械化采收的制约因素及其对策[J]. 中国棉花，45（5）：41-42.

南镇武，孟维伟，徐杰，等，2018. 盐碱地玉米‖花生间作对群体覆盖和产量的影响[J]. 山东农业科学，50（12）：26-29.

汪波，宋丽君，王宗凯，等，2018. 我国饲料油菜种植及应用技术研究进展[J]. 中国油料作物学报，40（5）：695-701.

王国平，毛树春，韩迎春，等，2012. 中国麦棉两熟种植制度的研究[J]. 中国农学通报，28（6）：14-18.

王海洋，黄涛，宋莎莎，等，2007. 黄河三角洲滨海盐碱地绿化植物资源普查及选择研究[J]. 山东林业科技（1）：12-15.

王守龙，2006. 李园套种白三叶草试验初报[J]. 河北果树（2）：10-13.

王秀萍，张国新，鲁雪林，等，2007. 冀东滨海盐碱地区水改旱棉花栽培技术[J]. 安徽农业科学，35（19）：5 726-5 727，5 730.

谢小丁，2006. 盐生植物在黄河三角洲滨海盐碱地绿化中的应用模式研究[D]. 泰安：山东农业大学.

杨劲松，2008. 中国盐渍土研究的发展历程与展望[J]. 土壤学报，45（5）：837-845.

原小燕，李根泽，林安松，等，2015. 间作模式及氮、磷肥对玉米—花生间作体系产量和经济效益的影响[J]. 花生学报，44（4）：13-20.

张雪悦，左师宇，田礼欣，等，2019. 不同密度下越冬型黑麦产量形成的光合特性差异[J]. 草业学报，28（3）：131-141.

赵秉强，2004. 间套带状小麦高产原理与技术[M]. 北京：中国农业科技出版社：2-125.

赵大匡，2003. 东营市林业志[M]. 北京：中华书局.

附录1 盐碱地小麦生产技术规程

盐碱地具有“碱、寒、湿、板、薄”五大特征，对小麦的生长发育有一定的影响，小麦表现为难全苗，易死苗，生长弱，产量低特点。要提高盐碱地小麦产量，必须根据其土壤特点和小麦的耐盐碱能力，一是抓住小麦耐盐碱力弱的幼苗阶段，播前灌大水压盐，降低表层土壤的含盐碱量，保证一播全苗，防死苗；二是通过耕作与调控措施培育壮苗抗盐；三是采用秸秆覆盖等措施强化田间管理抑盐，并通过选用耐盐品种等综合配套技术集成盐碱地冬小麦耐盐抗逆栽培技术。

1 产地环境

选择地势平坦、无涝洼的地块。播种时土壤含盐量应不超过0.3%。

2 播前准备

2.1 压盐排碱

播前可大水漫灌，降低耕层土壤盐分含量并灌足底墒，可采用深沟淋碱，降低地下水位，降低土壤盐分含量。一般毛沟深度在1.2m以下，主排水沟深度在1.5m以下为宜。

2.2 整地

漫灌后随时关注土壤墒情，待地面发白时，用手抓起土壤容易散碎时，进行30cm左右深耕，打破犁底层，切断土壤毛细管，减弱土壤水分蒸发，阻止地下水中盐分上升，控制土壤返盐。然后旋耕2遍，用机械平整土地，消灭盐碱斑。

2.3 施肥

以高效生物有机复合肥为主，结合小麦需肥特点确定施肥量，每亩基施氮（N）6～9kg，磷（P_2O_5）6～9kg，钾（K_2O）6～9kg。折合1亩地施高效生物有机复合肥40～50kg。盐碱地适量多施钙质化肥（过磷酸钙、硝酸钙等）和酸性化肥（硝酸铵等），可增加土壤中钙的含量和活化土壤中钙素。

重视有机肥的施用，有机肥施用量允许变化幅度较大：土杂肥每亩施用3 000kg左右，优质商品有机肥每亩施用100～200kg，施肥配合加入盐碱地土壤改良剂（如ETS、青农土壤改良剂1号、2号等），盐碱改良效果更佳。

全部有机肥、改良剂于播种前均匀撒施地面，然后进行耕作施入土中，氮肥基施60%，追施40%。

2.4 品种选择

我国黄淮海滨海盐碱地可选择已经审定的耐盐碱、高产、抗逆性强的小麦品种，如济麦262、烟农1212、鲁原502、山农25、青麦6号、德抗961和良星77等，或者选择高产优质小麦品种，如济麦229、济麦44和藁优5766等。

2.5 种子处理

选择包衣小麦种子，未包衣的种子播前选用小麦专用的种衣剂新烟碱类杀虫剂和三唑类杀菌剂进行种子包衣。杀虫剂可选用600g/L吡虫啉悬浮种衣剂，每100kg种子用药量300～350g；或30%噻虫胺悬浮种衣剂，每100kg种子用药量470～700g。杀菌剂每100kg种子采用1.1%戊唑醇300～500mL或2.2%咯菌腈+2.2%苯醚甲环唑混剂各400mL包衣处理。

3 播种

3.1 播期

玉米收获后适时早播是盐碱地小麦形成冬前壮苗的主要措施，黄河三角洲滨海盐碱地地区最佳播期为10月上旬，最迟不晚于10月下旬。

3.2 播种规格

盐碱地小麦行距由20～25cm缩小至15～18cm，10月上旬播种一般每亩用种10～15kg，随播种期推迟，晚播1d应相应增加0.5kg播种量，10月下旬最高不超过25kg播种量。机械播种，播深3～5cm，深浅要一致。如需种肥同播，要注意分层施入。小麦种子和肥料一次性施入，小麦种子位于土壤下2～4cm，肥料位于行间土壤下5～10cm。

有机械条件的地区，可改进播种方式，避盐保苗。可改平作为垄作沟播。并结合地膜覆盖技术，充分降低土壤耕层盐分浓度，提高保苗率。

4　田间管理

4.1　肥水管理

滨海盐碱地小麦，在冬前和返青两次返盐高峰前，采取“大水压碱保全苗”，并掌握“冬水易早灌、返青水适时灌，小雨勾碱必灌，地下水含盐量大于2g/L不灌”的原则。返青期大水灌溉一般在5cm地温稳定在5℃时进行为宜。

盐碱地小麦早施肥、早浇水能促蘖增根，提高成穗率。追肥可在冬前或早春一次施入，且冬前追肥比早春追肥的效果要好，缺磷地块应提早追施磷肥。在中后期早浇拔节水，适时灌好灌浆水，以促粒增穗重，提高产量。

4.2　中耕防碱

中耕对盐碱地保苗有十分重要的作用，农谚有“种盐无别巧，勤锄是一宝”之说。早春划锄，在地表融化3～5cm，一般在初春麦田返浆时进行镇压划锄。

4.3　施用抑盐剂

该剂用水稀释后，喷在地面能形成一层连续性的薄膜。这种薄膜能阻止水分子通过，抑制水分蒸发和提高地温，减少盐分在地表积累，对农作物保苗增产有良好作用。

4.4　防治病虫草害

结合一喷三防做好防治病虫草害。白粉病用20%粉锈宁750mL/hm^2，兑水450kg/hm^{2}进行防治。当百株麦蚜量达500头时，用40%乐果乳油750mL/hm^{2}加水800～1 000倍液喷雾防治。

4.5　适时调控

加强中后期水肥管理，适时水肥管理，5月上旬浇抽穗、扬花水，满足小麦生长需要。同时结合灌水追施10～15kg尿素。施肥最好结合中耕，以破除土壤板结，改良土壤通气性，改善耕层水、肥、气、热状况。灌浆期小麦需肥量比较大，为防止小麦早衰，可在小麦拔节期、扬花期喷施含芸薹素内酯的调控剂，如碧护、芸乐收等，配合磷酸二氢钾、尿素、海藻肥等叶面肥一起喷施，不仅能及时补充营养，弥补根系对养分吸收的不足，增强其生理机能，满足小麦生长发育需要，增加小麦抗盐性，还能减缓叶片衰老，提高灌浆速率，促进籽粒饱满，增加粒重，是确保小麦高产优质的重要措施。也可结合病虫害防治一起进行。

5　适时收获

在小麦蜡熟后期收获，及时晾晒入仓。小麦收割时，留茬10cm左右，秸秆全部还田，秸秆粉碎长度在5～12cm，不宜超过15cm。

附录2　盐碱地玉米生产技术规程

1　产地环境

选择地势平坦、无涝洼的地块。播种时土壤含盐量应不超过0.4%。

2　品种选择

选择耐瘠薄、稳产、中早熟、抗倒、适宜机收的粒用玉米品种或选择抗倒、抗病、生物产量高的青贮玉米品种。粒用玉米品种可选用登海605、郑单958、浚单20、鲁单9066、青农8号、农大108、天泰33、中科11、宇玉30、登海618、鲁单818、天泰33号、济玉1号、鲁单850、山大耐盐1号等；青贮玉米品种可选用鲁单9088、青农8号、金海604、诺达1号、东单60、青农105。

3　种子处理

选用经过包衣处理的商品种子。如针对当地特殊病虫害进行二次包衣（拌种），种衣剂及拌种剂的使用应按照产品说明书进行。

4　麦茬处理

灭茬作业。当地表紧实或明草较旺时，利用圆盘耙、旋耕机等机具实施耙地或旋耕，平整土地，表土处理不低于8cm，将小麦残茬和杂草切碎，并与土壤混合均匀。同时，可结合整地把底肥和磷石膏等土壤改良剂合理施入，有条件的宜增施3～4m^3/亩有机肥。

5　施肥量与肥料选择

施肥总量按每生产100kg籽粒需施纯氮（N）2.4～3.0kg、磷肥（P_2O_5）1.5～2.0kg、钾肥（K_2O）2.0～2.5kg计算，一般每公顷施纯氮（N）240～300kg、磷肥

（P_2O_5）150～180kg、钾肥（K_2O）200～250kg、硫酸锌15～30kg。推荐选用玉米专用缓控释肥料或生物菌肥，作为种肥一次性施入。宜选用中性或偏酸性化肥，如三元素复合肥、硫酸钾型复合肥、过磷酸钙等；避免施用碱性肥料，比如碳酸氢铵、钙镁磷肥等。

6　播种

及时抢茬播种，6月10—15日为最佳播种时间。合理密植，紧凑型品种种植密度为4 500～5 000株/亩，平展大穗型品种种植密度为3 500～4 000株/亩，播种量较非盐碱地块增加5%～10%，保证以群体优势获高产，同时减少地面裸露时间。采用精量单粒机械化播种，等行距，行距（60±5）cm。播深3～5cm，深浅保持一致。种肥分离，防止烧苗。免耕播种可选择玉米免耕播种施肥联合作业机具，实现开沟、播种、施肥、覆土和镇压等联合作业。

7　施肥

宜选用玉米专用缓控释肥料，配合生物菌肥作为种肥一次性施入。也可选用中性或偏酸性普通化肥，如尿素、硫酸钾、硫酸铵、过磷酸钙、多元素复合肥等；避免施用碱性肥料，比如碳酸氢铵、钙镁磷肥、硝酸钠、草木灰等。每亩地施用纯氮（N）16～20kg、磷肥（P_2O_5）12～15kg、钾肥（K_2O）13～16kg、硫酸锌1～2kg、微生物菌肥2～3kg、有机肥3～4m^3。选用普通化肥，将氮肥总量的40%与全部磷、钾、硫、锌肥作为种肥施入。在拔节期（第6～8叶展开）或小喇叭口期（第9～10叶展开），追施氮肥的60%。

8　灌溉与排涝

播种或施肥后及时灌溉。苗期不灌溉，之后各生育时期，田间持水量降到60%以下时及时灌溉。灌溉方式采用微灌、喷灌或沟灌。遇涝及时酌情排涝、洗盐。由于盐碱地排水能力较差，容易受到涝渍危害，应预先在玉米田中挖好排水沟，沟深100cm，宽200cm，并在玉米田边预留排水渠与排水沟连通。遇到强降雨时及时排涝。

9　病虫草害防治

坚持“农业防治、生物防治为主，化学防治为辅”的原则，合理化学防治。

9.1　杂草防治

出苗前防治，可在播种时同步均匀喷施40%乙阿合剂3.00～3.75L/hm^2，或33%二甲戊乐灵乳油1.50L/hm^{2}或72%异丙甲草胺乳油1.20L/hm^{2}兑水750L，在地表形成一层药膜。出苗后防治，可在玉米幼苗3～5叶、杂草2～5叶期喷施4%烟嘧磺隆悬浮剂1.50L/hm^{2}兑水750L，也可在玉米7～8叶期使用灭生性除草剂20%百草枯2.25～3.00L/hm^{2}兑水750L定向喷雾处理。

9.2 病虫害防治

苗期可用5%吡虫啉乳油2 000～3 000倍液或40%乐果乳油1 000～1 500倍液喷雾防治灰飞虱和蓟马，同步防治粗缩病毒病；用20%速灭杀丁乳油或50%辛硫磷1 500～2 000倍液防治黏虫；利用灯光或糖醋酒液诱杀地老虎、蝼蛄等害虫，也可用40%乐果乳油，加适量水拌炒香的麦麸、米糠、豆饼、谷子等50～70kg，制成毒饵诱杀。穗期在小喇叭口期（第9～10叶展开），用2.5%的辛硫磷颗粒剂撒于心叶丛中防治玉米螟，每株用量1～2g；用10%双效灵200倍液，在抽雄期前后各喷1次，防治玉米茎腐病。花粒期用25%灭幼脲3号悬浮剂或50%辛硫磷乳油1 000～1 500倍液喷雾防治黏虫、棉铃虫，用40%乐果乳剂1 000～1 500倍液防治蚜虫；用25%粉锈宁可湿性粉剂1 000～1 500倍液，或者用50%多菌灵可湿性粉剂500～1 000倍液喷雾防治锈病、小斑病、大斑病等。

10 适期收获

根据玉米成熟度适时进行机械收获作业，提倡适当晚收，并根据地块大小和种植行距及作业要求选择合适的联合收获机。

附录3　盐碱地水稻生产技术规程

1　产地环境

水稻是盐碱地先锋作物，在水资源较充足的地块种植耐盐水稻品种，可以实现水稻高产、稳产。土壤含盐量不超过0.3%地块，可采用旱直播方式种植水稻；含盐量超过0.3%的地块需进行洗盐，可采用水直播或机插秧方式种植水稻。以目前本地区主要采用的水直播种植方式为例。

2　播前准备

2.1　整地

利用激光平地机平整土地，使地面高度差在3～5cm。建设灌排设施，保证田间进排水通畅。

2.2　泡田、洗盐

4月中下旬引黄河水泡田，水层深5～10cm，保持5～7d，旋耕2遍后将水排出，重新灌新水后播种；新开荒盐碱地或重度盐碱地需洗盐2遍，再灌水5～10cm，旋耕2遍后将水排出。播种前土壤中盐分降到0.3%以下。

2.3　种子准备

选择适宜当地条件，耐盐碱能力强、高产、优质品种。目前东营地区种植的品种主要有圣稻22、圣稻19、津原U99、津稻919、盐丰系列等品种。播前用浸种剂（25%咪鲜胺乳油或17%杀螟·乙蒜素等）浸种2～3d，防治恶苗病和干尖线虫病。稻种晾干后播种。

3　播种

一般在5月中下旬播种，亩播种量为9～12kg（干种）；6月10日后播种需适当增加播种量，播种日期一般不晚于6月20日。

4 田间管理

4.1 灌水

播种后在3叶期前保持水层，3叶期至孕穗期间歇灌水，前水不见后水，促进分蘖，抽穗期至扬花期保持浅水层，灌浆期采用间歇灌水法，干湿交替。

4.2 施肥

洗盐后施入底肥，一般亩施磷酸二铵15～20kg或复合肥30kg。3叶期亩施尿素8kg、磷酸二铵5kg，10d后亩施尿素7.5kg、磷酸二铵4.5kg，拔节期亩施尿素10kg，根据田间长势，亩施穗肥5kg左右。也可使用水稻专用控释肥，视产量水平亩施含腐植酸控释肥50～70kg作基肥（硫酸钾型，N-P_2O_5-K_2O：25-15-6，控释氮含量>12%，控释期3个月，腐植酸含量≥3%），整地时一次性施入，保证肥料埋入土壤。

4.3 除草

以化学除草为主。水直播化学除草在稻苗1叶1心至4叶期，每亩可施用35%丁·苄可湿性粉剂140～160g或30%丙·苄可湿性粉剂80～100g等，兑水喷雾，药后1～2d复水。此后根据田间草情，杂草较多时可再进行1次茎叶处理，每亩施用10%氰氟草酯乳油100～167mL或25g/L五氟磺草胺可分散油悬浮剂40～80mL或36%苄·二氯可湿性粉剂40～60g等。

4.4 病虫害防治

4.4.1 虫害防治

红线虫：主要在苗期发生，亩施48%高氯毒死蜱500mL，根据灌水情况需防治2～3次。

二化螟：一年发生2代，6月中旬为一代幼虫盛发期，8月上中旬为二代幼虫盛发期。分蘖期于枯鞘丛率达到8%～10%或枯鞘株率3%时施药，穗期于卵孵化高峰期进行重点防治。

稻纵卷叶螟：一年发生2～3代，重点防治二、三代幼虫，生物农药防治适期为卵孵化始盛期至低龄幼虫高峰期。防治药剂同二化螟，兼治大螟、黏虫等害虫。

稻飞虱：8月中旬至10月上旬易发生稻飞虱为害，根据田间发生情况及时防治。

虫害防控可采用生物防治，在二化螟、稻纵卷叶螟蛾始盛期释放稻螟赤眼蜂，每代放蜂2～3次，间隔3～5d，每亩均匀放置点位5～8个，每次放蜂10 000头。放蜂高度以分蘖期蜂卡高于植株顶端5～20cm、穗期低于植株顶端5～10cm为宜。

也可采用物理防治，如利用粘虫板、糖饵诱杀剂、性诱剂等诱杀螟虫等害虫。

4.4.2　病害防治

水稻主要病害包括稻瘟病、纹枯病、稻曲病等。

稻瘟病：田间初见病斑时施药控制叶瘟，破口前3～5d施药预防穗颈瘟，气候适宜病害流行时7d后第2次施药。

纹枯病：分蘖末期封行后和穗期病丛率达到20%时及时防治。

稻曲病：在水稻破口前7～10d（水稻叶枕平时）施药预防，如遇多雨天气，7d后第2次施药。可与纹枯病兼防，防治药剂同纹枯病。

病虫害药剂防治可相互结合，降低用工成本。

5　收获

水稻完全成熟后及时采用机械收获，保证稻米品质。

附录4　盐碱地高粱生产技术规程

1　产地环境

选择地势平坦、无涝洼的地块。播种时土壤含盐量应不超过0.6%。

2　播前准备

2.1　灌水压盐

含盐量0.3%以上需在播种前15～20d灌水压盐，灌溉量80～100m^3/亩。

2.2　整地、施肥

施农家肥1 000～1 500kg/亩，或复合肥35～40kg/亩。含盐量0.3%～0.6%地块可结合秋耕施以腐植酸、含硫化合物和微量元素为主的土壤改良剂100～150kg/亩。播前旋耕达到无大土块和残茬，表土疏松，地面平整。

2.3　种子准备

选择适宜当地条件，耐盐碱能力强、高产、优质品种。

3　播种

3.1　播期

盐碱地春播高粱应适当推迟播种，适宜播期5月上中旬，夏播高粱在麦收后抢茬早播。

3.2　精量播种

播量0.3～0.5kg/亩，行距50～60cm，播深3～5cm。含盐量≤0.3%地块宜采用露地栽培。含盐量>0.3%地块宜采用覆膜栽培。

4 田间管理

4.1 杂草防治

播后苗前，宜采用96%（精）异丙甲草胺乳油45mL/亩加38%莠去津100mL/亩，兑水45～50kg封地。

4.2 苗期管理

幼苗生长到5～6片可见叶时进行定苗。中高秆品种留苗密度6 000～7 000株/亩，矮秆品种留苗密度8 000～10 000株/亩。地膜覆盖田出苗后适时放苗，放苗后及时在幼苗周围覆土。

4.3 中耕培土

植株封垄前结合中耕除草中耕1次。拔节期至小喇叭口期，结合灌水追施尿素10～16kg/亩，施肥深度6～8cm。

4.4 灌溉排水

生育期间特别在孕穗期和灌浆期遇旱及时灌溉，遇涝及时排水。

5 病虫害防治

5.1 虫害防治

5.1.1 穗螟

10%吡虫啉可湿性粉剂1 500倍液或50%杀螟松乳油1 000倍液在开花至乳熟期喷施。

5.1.2 蚜虫

点片发生时及时防治，用10%吡虫啉乳油1 000倍液，或2.5%溴氰菊酯乳油3 000～5 000倍液，或20%氰戊菊酯5 000～8 000倍液，或40%乐果乳油1 500倍液喷雾防治；或用3%甲拌磷颗粒剂10～20g撒施。

5.1.3 地下害虫

用3%辛硫磷颗粒剂3～4kg/亩加少量沙土撒施后进行翻耕，或用5%毒死蜱颗粒剂2kg/亩加少量沙土撒施后进行翻耕。

5.2 病害防治

5.2.1 抗病品种

针对当地主要病害，选用适应性和抗病性较强的品种，实行合理轮作倒茬，及时拔除田间病株。

5.2.2 叶斑病

用75%百菌清可湿性粉剂600倍液，或50%扑海因可湿性粉剂1 000倍液，或50%速克灵可湿性粉剂1 500倍液喷施，防治2 ~ 3次，7 ~ 10d 1次。

5.2.3 纹枯病

用50%甲基硫菌灵可湿性粉剂500倍液、50%多菌灵可湿性粉剂600倍液、50%苯菌灵可湿性粉剂1 500倍液喷施。

6 收获

完熟期采用人工或机械收获。

附录5　盐碱地谷子生产技术规程

1　产地环境

选择地势较高、方便、不积水、无涝洼、无农药残留的地块。播种时土壤含盐量应不超过3‰。

2　播前准备

2.1　整地

2.1.1　春谷

秋耕后冬灌或春天大水漫灌1次，灌溉60～80m^3/亩压盐。播前施用氮磷钾肥和有机肥作底肥，然后机耕或旋耕整地，达到无大土块和残茬、表土疏松、地面平整。

2.1.2　夏谷

用秸秆还田机切碎前茬秸秆，再用圆盘耙、旋耕机等机具耙地或旋耕，表土处理不浅于8cm，将残茬与土壤混合均匀，做到地面平坦，上虚下实，无坷垃，无根茬。

2.2　品种选择

选择经国家鉴定、省审（认）定，适应当地条件，高产、优质、耐盐碱能力强的品种。

2.3　种子处理

播前精选种子，确保种子纯度≥99%，发芽率≥85%，发芽势强，籽粒饱满均匀。播前参照无公害谷子（粟）主要病虫害防治技术规程（DB13/T 840—2007）进行晒种、药剂拌种。

3 播种

3.1 播种期

春播谷子应在4月25日以后播种；夏播在麦收后抢时早播，最迟不晚于6月30日。

3.2 播种方式与播种量

采用谷子精量播种机精量播种，适宜行距50cm。墒情适宜、土壤平整的春白地，精量播种0.3～0.4kg/亩；麦茬夏播0.5～0.6kg/亩。

3.3 种肥

选用专用缓控释肥或生物菌肥，作为种肥一次性施入。如采用免耕，可将氮肥总量的40%与全部磷、钾肥分层施入。

4 施肥

4.1 施肥原则

采取“重施底肥、配方施肥”的原则，确定肥料的配方及施用方法。肥料运筹上，要播前重施基肥、拔节期适当追肥、增施花粒肥。

4.2 施肥量

中等地力条件下，底施有机肥1 000kg/亩以上或氮磷钾复合肥30kg/亩。根据土壤肥力的不同，可作相应的调整。

4.3 施肥时期

分基肥、拔节肥和花粒肥3次施用。基肥：播种前结合整地，全部施入有机肥和氮磷钾复合肥；拔节肥：拔节期，结合灌水追施尿素10～15kg/亩；花粒肥：灌浆初期，叶面喷施磷酸二氢钾0.5kg/亩，保粒数，增粒重。

5 田间管理

5.1 杂草防治

播种后出苗前喷施44%“谷友”100～120g/亩进行封地处理，兑水50kg；抗拿捕净品种可在出苗后杂草3叶期前增施12.5%日本进口拿捕净80～100mL/亩，兑水30～40kg/亩。

5.2 苗期管理

幼苗生长至5片叶时及时定苗，适宜留苗密度4万～5万株/亩。

5.3　中耕追肥

谷苗封垄前结合浅中耕除草1～2次。孕穗期结合深中耕追施氮（N）5～7.5kg/亩，追施深度6～8cm。

5.4　灌溉排水

生育期间特别在孕穗期和灌浆期遇干旱时及时灌溉。多雨季节应及时排水。

6　病虫害防治

6.1　病害防治

播前用种子量0.1%的40%拌种双可湿性粉剂拌种，或种子量0.5%的50%多菌灵粉剂拌种，防治白发病。

6.2　虫害防治

6.2.1　地下害虫

用50%辛硫磷乳油30mL，加水200mL拌种10kg，防治蝼蛄、金针虫、蛴螬等地下害虫及谷子线虫病。

6.2.2　黏虫

晴天傍晚用25%灭幼脲3号悬浮剂或50%辛硫磷乳油1 000～1 500倍液喷雾防治。

7　收获

谷子成熟期及时收获。可用适宜机型的联合收割机收获，一次性完成收割、脱粒、灭茬等流程。

附录6　盐碱地甘薯生产技术规程

1　产地环境

在盐碱地选择土层较厚、排灌良好的沙壤土种植甘薯。

2　品种选择

选用耐盐、高产、抗病、耐贮藏的甘薯品种。淀粉型品种宜选择济徐23、徐薯18和济薯25等；鲜食型品种宜选择济薯26、烟薯25等；高花青素型品种宜选择济紫薯1号等。

3　壮苗培育

3.1　种薯选择和消毒

选取具有原品种特征，薯型端正，无冷、冻、涝、伤和病害的薯块，单块大小为150～250g；用50%的多菌灵可湿性粉剂500～600倍药液浸种3～5min或用50%甲基硫菌灵可湿性粉剂200～300倍药液浸种10min，浸种后立即排种。从异地调种时应经过当地病虫害检疫部门检查，防止外地病虫害的入侵。

3.2　育苗时间

根据甘薯品种类型，结合栽插时期确定育苗时间。淀粉型品种宜早栽，排种时间在3月15—20日；鲜食型和高花青素型品种宜晚栽，排种时间在3月20—25日。

3.3　壮苗标准

壮苗应具有本品种特征，苗龄30～35d，苗长20～25cm，顶部三叶齐平，叶片肥厚，大小适中，茎粗壮（直径0.5～0.6cm），节间短（3～4cm），茎韧而不易折断，折断时白浆多而浓，全株无病斑，春薯苗百株鲜重0.5kg以上，夏薯苗百株鲜重1.0kg以上。

4　整地施肥

4.1　整地保墒，灌水压碱

没有水浇条件的地块，要秋深耕、春耙耱保墒、减少明暗坷垃，等雨栽插，趁墒抢栽，力争全苗。有水浇条件的地块，栽前7～10d，用淡水对盐碱地进行浇灌，使耕层土壤在浸泡条件下保持24h，将盐碱压到耕层以下。

4.2　增施有机肥和氮肥

当土壤表面淹灌水分自然下渗后，地面能进行田间操作条件下，撒施腐熟的农家肥6～8m^3/亩、尿素15～20kg/亩。

4.3　起垄、覆膜

施肥后对田地进行深翻，深度30～35cm，平整后起垄，垄距85～95cm，垄高25～30cm，垄面宽20～30cm；破垄施入腐植酸钾（$N+P_2O_5+K_2O=8+8+20$，腐植酸含量5%）40～50kg/亩；施肥后立即封垄，并用塑料薄膜覆盖垄表面，并在膜下铺设滴灌带。

5　适时晚栽，合理密植

5.1　栽插时间

盐碱地春薯应适当晚栽，淀粉型品种栽插时间宜在5月5—10日，鲜食型和高花青素型品种宜在5月10—15日；夏薯宜抢时早栽，淀粉型品种栽插时间宜在6月5—10日，鲜食型和高花青素型品种宜在6月10—15日。

5.2　栽插密度

春薯栽插密度淀粉型品种为3 000～3 300株/亩，鲜食型品种为3 300～3 500株/亩，高花青素型品种为2 800～3 000株/亩；夏薯栽插密度淀粉型品种为3 300～3 500株/亩，鲜食型品种为3 800～4 000株/亩，高花青素型品种为3 300～3 500株/亩。

5.3　栽插方法

选用壮苗，采用斜插露三叶的方式进行栽插，栽插前用多菌灵500倍液浸泡种苗基部10～15min，再用ABT生根粉600倍液浸泡种苗基部1min，然后进行栽插，每垄栽插1行，株距为25～28cm，栽插时应尽量减少对地膜的破坏，扦插后及时覆土封住扦插口。

6 田间管理

6.1 肥水管理

栽插时浇足窝水，保证秧苗成活，缓苗后遇旱及时浇水。栽后30～40d追施纯氮7.5～9.5kg/亩，甘薯进入块根膨大期后，用0.5%尿素和0.2%磷酸二氢钾溶液30kg/亩进行叶面喷肥，每隔7d喷1次，喷施3～4次。

6.2 前期促秧、中后期控旺

栽后20～30d，用浓度为30～50mg/L己酸二乙氨基乙醇酯（DA-6）兑水30kg/亩进行叶面喷施。肥水条件好的地块，生长中期如果出现旺长现象，用5%的烯效唑可湿性粉剂进行叶面喷施，每次用量为30～50g/亩兑水30kg，每隔7～10d喷洒1次，连续喷3～4次。

7 病虫害防治

按照“预防为主，综合防治”的植保方针，坚持以“农业防治、生物防治为主，化学防治为辅”的原则，防治盐碱地甘薯病虫害。

8 适时收获

淀粉型甘薯在10月下旬至11月初完成收获；鲜食型甘薯和高花青素型甘薯在10月中上旬开始收获，霜降前收完，晴天上午收获，同时把薯块分成3级（200g以下、200～500g和500g以上），经过田间晾晒，当天下午入窖，应轻刨、轻装、轻运、轻卸，防止破伤。

9 贮藏

选择合适的贮藏窖，建在背风向阳、地势高、地下水位低、土质坚实和管理运输方便的地方，窖内应有良好的通气设备、加温设备，薯窖应坚固耐用、管理方便。